세상이 변해도
배움의 즐거움은
변함없도록

시대는 빠르게 변해도
배움의 즐거움은
변함없어야 하기에

어제의 비상은
남다른 교재부터
결이 다른 콘텐츠
전에 없던 교육 플랫폼까지

변함없는 혁신으로
교육 문화 환경의 새로운 전형을
실현해왔습니다.

비상은 오늘, 다시 한번
새로운 교육 문화 환경을 실현하기 위한
또 하나의 혁신을 시작합니다.

오늘의 내가 어제의 나를 초월하고
오늘의 교육이 어제의 교육을 초월하여
배움의 즐거움을 지속하는 혁신,

바로, 메타인지 기반 완전 학습을.

상상을 실현하는 교육 문화 기업 비상

메타인지 기반 완전 학습

초월을 뜻하는 meta와 생각을 뜻하는 인지가 결합한 메타인지는
자신이 알고 모르는 것을 스스로 구분하고 학습계획을 세우도록 하는
궁극의 학습 능력입니다. 비상의 메타인지 기반 완전 학습 시스템은
잠들어 있는 메타인지를 깨워 공부를 100% 내 것으로 만들도록 합니다.

빠른 답 체크

Ⅱ 문자와 식

1. 문자의 사용과 식

필수 기출 · 16~21쪽

1 ⑤ **2** ② **3** ④ **4** ①, ④ **5** ⑤
6 $200+10x+y$ **7** ② **8** ① **9** ① **10** ②
11 1029 m **12** (1) $3(a+b)$ cm² (2) 48 cm²
13 ④ **14** ② **15** 5 **16** ③ **17** ④ **18** ⑤
19 ② **20** 3 **21** ④ **22** ④ **23** 8 **24** ②
25 ③ **26** ① **27** $9x$ **28** $26a+2$ **29** ③
30 $\dfrac{19}{10}x-32$ **31** ⑤ **32** $-11x+7$ **33** ②
34 ② **35** ③ **36** $14x+5$

쌍둥이 · 22~23쪽

1 ④ **2** ① **3** ① **4** ④ **5** ② **6** ②
7 $-13x+36$ **8** ④ **9** $(26-6x)$ cm **10** ②
11 ③

100점 완성 · 24~25쪽

1-1 ③ **1-2** -501 **2-1** 43 **2-2** ②
3-1 -5 **3-2** ③ **4-1** 12 **4-2** 9
5-1 $(12x+4)$ cm² **5-2** $(8n+16)$ cm
6-1 $8x+11$ **6-2** $-3x-3$

서술형 완성 · 26~27쪽

1 24
2 (1) 겉넓이: $(2ab+20a+20b)$ cm², 부피: $10ab$ cm³
　(2) 겉넓이: 460 cm², 부피: 600 cm³
3 -8 **4** $\dfrac{2}{5}$ **5** $62a-29$ **6** $-\dfrac{1}{2}x-\dfrac{1}{6}y$
7 (1) $6x+2$ (2) $3x-1$ (3) $3x+3$
8 (1) $4x+20$ (2) 22 **9** $\dfrac{29}{2}a-\dfrac{9}{2}$

실전 테스트 · 28~30쪽

1 ②, ④ **2** ② **3** ⑤ **4** ③ **5** ④ **6** ④
7 ④ **8** ④ **9** ④ **10** ① **11** ③ **12** ⑤
13 ④ **14** ④ **15** ① **16** ③
17 $(25-6xy)$ cm, 1 cm **18** $9x+3$
19 $-x-9$ **20** $x+11$

2. 일차방정식

필수 기출 · 32~39쪽

1 ②, ⑤ **2** ⑤ **3** ④ **4** ② **5** ④ **6** ⑤
7 -2 **8** ④ **9** ④ **10** ⑤ **11** ㄷ, ㄱ, ㄹ
12 35 **13** ② **14** ⑤ **15** ⑤ **16** ⑤ **17** ③
18 ① **19** 12 **20** ① **21** ④ **22** 7 **23** ⑤
24 -1 **25** ④ **26** ④ **27** ④ **28** 10 **29** ②
30 ② **31** 51 **32** 45 **33** ③ **34** 7마리
35 ② **36** ⑤ **37** 10주 후 **38** 5 **39** 9 cm
40 ④ **41** 158 **42** ① **43** 15 km
44 5분 후 **45** ③ **46** 25분 후 **47** 25 m
48 ③ **49** 135쪽 **50** 4일 **51** ② **52** ②
53 ③ **54** ⑤ **55** 6000원

쌍둥이 · 40~41쪽

1 ㄱ, ㄹ **2** ⑤ **3** 1 **4** ①, ⑤ **5** ③
6 ㄴ, ㄷ, ㅁ **7** ③ **8** ② **9** -10 **10** ①
11 -7 **12** ① **13** 53 **14** ③ **15** 7일

100점 완성 · 42~43쪽

1-1 3 **1-2** ③ **2-1** 15세 **2-2** 40세
3-1 6시 $\dfrac{360}{11}$ 분 **3-2** 3시 $\dfrac{540}{11}$ 분
4-1 16 **4-2** 12 **5-1** 450 **5-2** 1120

서술형 완성 · 44~45쪽

1 $\dfrac{40+x}{200+x}\times100=25$ **2** $\dfrac{13}{3}$ **3** 3
4 (1) 4 (2) $x=-15$ **5** 8 **6** 10개월 후
7 2 **8** 363 **9** $\dfrac{1}{2}$ **10** 11

실전 테스트 · 46~48쪽

1 ⑤ **2** ④ **3** ③ **4** ① **5** ④ **6** ⑤
7 ② **8** ③ **9** ③ **10** ② **11** ① **12** ④
13 ⑤ **14** ③ **15** ② **16** ① **17** ② **18** ③
19 11 **20** 36 cm² **21** 28명 **22** 1시간 30분

1회   108~111쪽

1 ②	**2** ③	**3** ⑤	**4** ①	**5** ②	**6** ⑤
7 ②	**8** ④	**9** ②	**10** ③	**11** ⑤	**12** ③
13 ④	**14** ④	**15** ②	**16** ③	**17** ③	**18** ④
19 ②	**20** ①				

21 (1) $\dfrac{(x+y)h}{2}$ cm²   (2) 24 cm²

22 6개   **23** 14   **24** (1) 30초   (2) 270 m

25 (1) $y=\dfrac{4}{3}x$ (2) 16번

2회   112~115쪽

1 ②	**2** ①	**3** ⑤	**4** ④	**5** ③, ④	**6** ④
7 ①	**8** ⑤	**9** ②	**10** ③	**11** ②	**12** ②
13 ③	**14** ④	**15** ②	**16** ①	**17** ⑤	**18** ③
19 ⑤	**20** ④				

21 $\dfrac{19}{6}$ **22** 30   **23** 200   **24** -7

25 42

3회   116~119쪽

1 ③	**2** ③	**3** ③	**4** ①	**5** ③	**6** ④
7 ③	**8** ③	**9** ⑤	**10** ①	**11** ②	**12** ⑤
13 ②	**14** ⑤	**15** ①	**16** ④	**17** ⑤	**18** ④
19 ②	**20** ①	**21** $x+14$		**22** 1	

23 (1) 처음 수: $60+x$, 바꾼 수: $10x+6$ (2) 67   **24** 420

25 3

• 시험 '전 범위' 학습

일일 과제

1회 84~89쪽

1 ⑤　**2** ④　**3** ③　**4** ①　**5** ③　**6** ①, ⑤
7 ⑤　**8** ④　**9** ③　**10** $-\dfrac{1}{12}x-\dfrac{5}{4}$　**11** ①
12 $3a-5$　**13** ④　**14** ④　**15** ④　**16** ⑤
17 ④　**18** -2　**19** ④　**20** 23　**21** ②　**22** 6 km
23 ⑤　**24** 6　**25** ①　**26** 12　**27** 제3사분면
28 ⑤　**29** ⑴ 8 km　⑵ 25분　**30** ①, ④
31 2　**32** ④　**33** ③　**34** ⑤
35 ⑴ $y=\dfrac{7}{4}x$　⑵ 14번　**36** ②, ⑤　**37** ②
38 12　**39** ④　**40** ②

2회 90~95쪽

1 ⑤　**2** ④　**3** ②　**4** 20 ℃　**5** ②　**6** ①
7 ④　**8** ②　**9** ㉠ $2x-2$, ㉡ $5x-11$
10 $\dfrac{15}{2}a+7$　**11** ⑤　**12** $-2x+10$　**13** ①
14 ⑺ ㄴ, ⑷ ㄹ　**15** ㄱ, ㄹ, ㅁ　**16** ①
17 $x=-6$　**18** -3　**19** ①　**20** 4　**21** ③
22 2　**23** 750 m　**24** 146　**25** ④　**26** 24
27 ④　**28** ②　**29** ③　**30** ⑴ 3시간 30분　⑵ 90분 후
31 ①, ⑤　**32** ③　**33** ①　**34** 1
35 $y=10x$, 18분　**36** $y=\dfrac{8}{x}$　**37** 4　**38** ④
39 ②　**40** 25 cm³

3회 96~101쪽

1 ③　**2** ⑤　**3** ④　**4** $(30000-720x)$원, 15600원
5 5　**6** ③　**7** ②, ⑤　**8** ③　**9** $\dfrac{1}{4}$　**10** ④
11 $4x+2$　**12** ③　**13** -12　**14** ⑤　**15** $a\neq5$
16 ③　**17** $x=4$　**18** ⑤　**19** ⑤　**20** ②
21 10분 후　**22** 4일　**23** ③　**24** -5
25 ①, ④　**26** 2　**27** 제2사분면　**28** 5
29 ④　**30** ④, ⑤　**31** ⑤　**32** ③　**33** $-\dfrac{3}{2}$
34 $\dfrac{3}{2}$　**35** 5 cm　**36** ②　**37** ④
38 ㄷ, ㅁ　**39** 24　**40** 8 cm

4회 102~107쪽

1 2　**2** ⑤　**3** -7　**4** ④　**5** 35
6 $-20x+12$　**7** -20　**8** ①　**9** $4x$　**10** ③
11 $-3x+1$　**12** $a+9$　**13** $7x-10$　**14** ④
15 ⑤　**16** 21　**17** ①　**18** 4　**19** ②　**20** 15
21 84세　**22** ③　**23** ③　**24** 10000원
25 ③, ④　**26** 5　**27** ④　**28** 45　**29** ②
30 ④　**31** ②, ⑤　**32** ②　**33** -2　**34** $\dfrac{3}{4}$
35 $y=15x$, 240장　**36** 15분　**37** ㄴ, ㄷ, ㅁ　**38** 24
39 -20　**40** 10명

 **좌표평면과 그래프**

1. 좌표와 그래프

필수 기출   50~55쪽

1 ②   2 ②   3 $(1, 5), (2, 4), (3, 3), (4, 2), (5, 1)$
4 ③   5 MATHLOVE   6 ①   7 5   8 ②
9 ⑤   10 ①   11 10   12 ⑤   13 ⑤   14 ②
15 ⑤   16 ②   17 ③   18 ④   19 ③   20 ②
21 ④   22 ③   23 2번   24 ③   25 ④
26 A−ㄷ, B−ㄱ, C−ㄴ   27 ⑤   28 ①   29 ③
30 ②   31 ㄱ, ㄹ

쌍둥이   56~57쪽

1 ①   2 ③   3 -5 4 ②   5 ③   6 ⑤
7 ②   8 3   9 ①   10 ③   11 ③

100점 완성   58~59쪽

1-1 -1 1-2 4   2-1 제2사분면
2-2 제4사분면   3-1 제1사분면
3-2 제4사분면   4-1 ⑤   4-2 ④
5-1 ㄱ, ㄴ   5-2 ㄱ, ㄷ

서술형 완성   60~61쪽

1 $\dfrac{12}{5}$ 2 $(3, 6)$ 3 4
4 (1) 1   (2) -1 (3) 제4사분면   5 제3사분면
6 (1) 30분   (2) 150분 후   7 12
8 (1) 채린, 민주   (2) 수지   (3) 민주, 분속 50 m

실전 테스트   62~64쪽

1 ③   2 ②   3 ③   4 ④   5 ③   6 ①
7 ①   8 ③   9 ②   10 ⑤   11 ②   12 ⑤
13 18   14 제2사분면   15 12시간
16 민호: 2시간 15분, 현수: 1시간

2. 정비례와 반비례

필수 기출   66~73쪽

1 ㄱ, ㄷ, ㄹ   2 ③, ④   3 ②   4 ②   5 -6
6 ②   7 ④   8 ①, ③   9 ⑤   10 ④   11 ④
12 ⑤   13 ⑤   14 ④   15 ③   16 ⑤   17 ②
18 6   19 $\dfrac{1}{2}$ 20 $y=4x$, 8번   21 ③
22 30 kg   23 ④   24 ②, ⑤   25 ⑤
26 $y=-\dfrac{20}{x}$ 27 ④   28 ⑤   29 ④   30 ②
31 ④, ⑤   32 ㄴ, ㄹ, ㅂ   33 ②   34 72
35 -2 36 ①   37 ⑤   38 ③   39 ④   40 ⑤
41 6   42 $\dfrac{16}{3}$ 43 15   44 ⑦   45 12   46 ④
47 ⑤   48 ②

쌍둥이   74~75쪽

1 ③   2 16   3 ④   4 4   5 $-\dfrac{11}{3}$ 6 $\dfrac{39}{8}$
7 45분   8 ④   9 ④   10 ④   11 24   12 ②
13 $\dfrac{1}{2}$ 14 24

100점 완성   76~77쪽

1-1 $(6, 3)$ 1-2 ②   2-1 $\dfrac{3}{5}$ 2-2 ②
3-1 36초 후   3-2 31초 후   4-1 15시간   4-2 4시간
5-1 12   5-2 7

서술형 완성   78~79쪽

1 $\dfrac{7}{2}$ 2 -8 3 (1) $y=40x$ (2) 7600원
4 (1) $y=10x$ (2) 8 cm   5 6   6 -18 7 12
8 $y=\dfrac{200}{x}$ 9 $\dfrac{10}{3}$ 10 8

실전 테스트   80~82쪽

1 ③   2 ③   3 ①, ⑤   4 ②   5 ③   6 ④
7 ②   8 ②, ④   9 ④   10 ②, ⑤   11 ①
12 ④   13 ②, ④   14 ④   15 ③   16 ④
17 $\dfrac{117}{16}$ 18 8시 45분   19 75   20 49

수학만 기출문제집

기말고사 대비

1·1

수학 시험을 제대로 준비하고 싶다면,

100점을 위한 '수학만'의 알찬 시스템

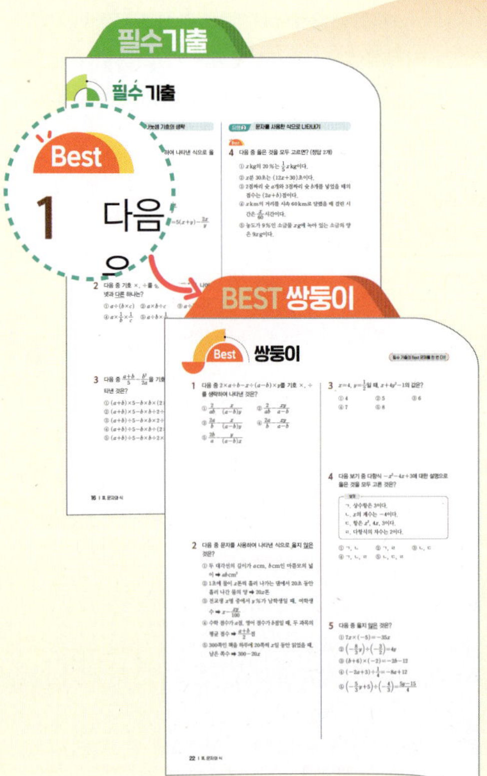

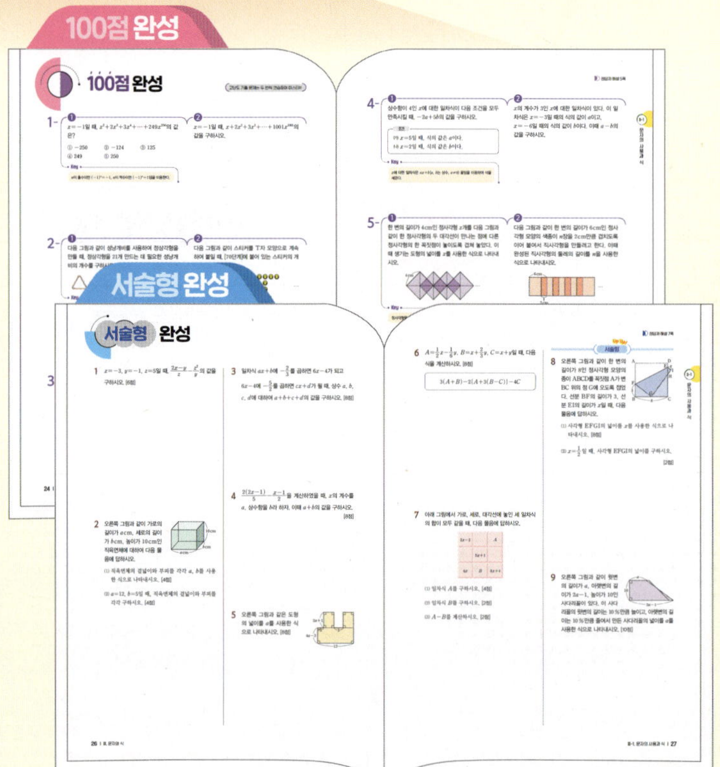

☑ '실제 시험 문제'를 풀어야 '실제 시험'에 대비할 수 있다!
전국 중학교 기출 문제를 유형별, 난이도별로 분석하여 중단원별로 구성하였습니다.

☑ '중요한 문제', '어려운 문제'는 집중적으로 반복 학습하는 것이 중요하다!
필수 기출에 수록된 문제 중 최다 빈출 문제와 100점 완성에 수록된 고난도 문제는
쌍둥이 문제로 반복 구성하여 완벽하게 풀 수 있도록 하였습니다.

수학만 기출문제집!

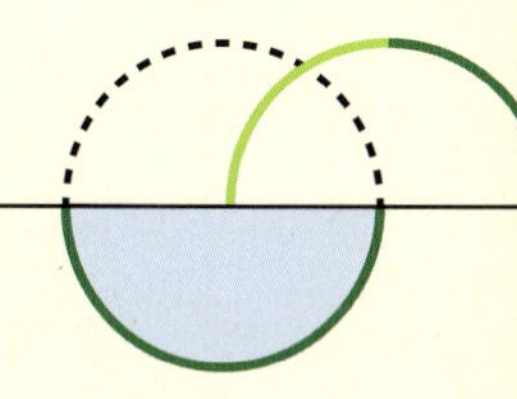

PART 2 | 시험 전 범위 구성

40문항 × 4회
일일 과제

25문항 × 3회
실전 모의고사

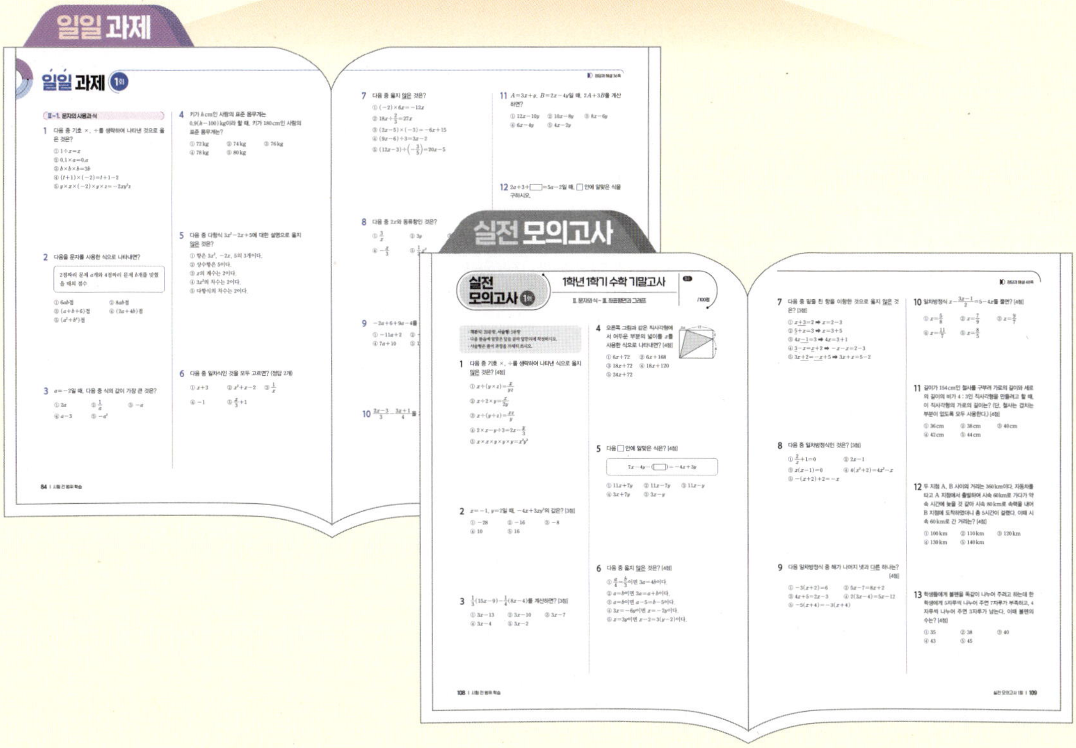

일일 과제

실전 모의고사

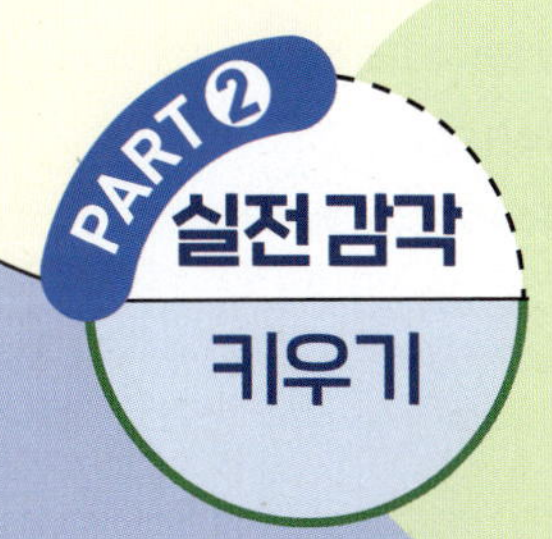

☑ **기출 문제+예상 문제로 집중 마무리!**
시험 전 범위에서 적중률 높은 문제만을 구성하여 자신의 실력을 점검할 수 있도록 하였습니다.

☑ **실전에 강해야 진정한 실력!**
실제 학교 시험과 같은 형식의 문제를 풀면서 실전 감각을 키울 수 있도록 하였습니다.

차례

1학기 중간고사

Ⅰ. 수와 연산	1. 소인수분해
	2. 최대공약수와 최소공배수
	3. 정수와 유리수
	4. 정수와 유리수의 계산
Ⅱ. 문자와 식	1. 문자의 사용과 식

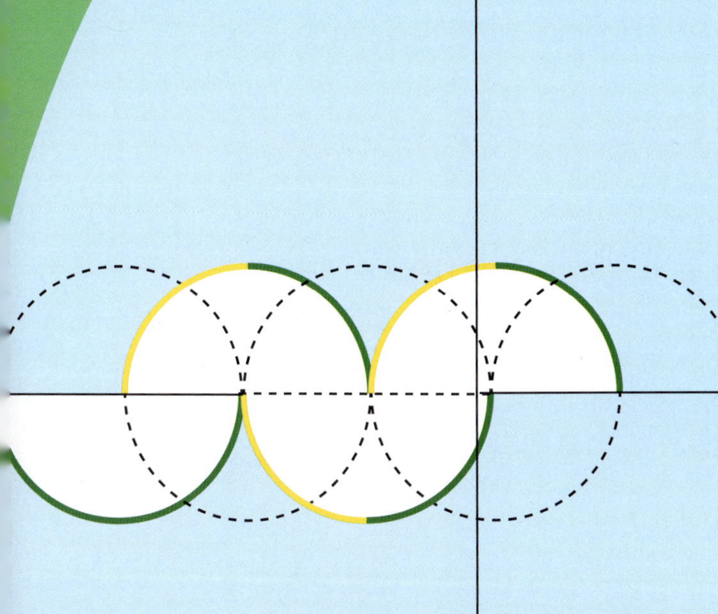

핵심
개념

1 문자의 사용과 식

1 문자를 사용한 식

(1) **문자를 사용한 식**

문자를 사용하여 수량이나 수량 사이의 관계를 간단한 식으로 나타낼 수 있다.

(2) **문자를 사용하여 식으로 나타내기**

❶ 문제의 뜻을 파악하여 수량 사이의 규칙을 찾는다.

❷ 문자를 사용하여 ❶의 규칙에 맞도록 식으로 나타낸다.

〔주의〕 식을 세울 때 단위에 주의하고, 답을 쓸 때 단위를 반드시 쓴다.

2 곱셈 기호와 나눗셈 기호의 생략

(1) **곱셈 기호의 생략**

(수)×(문자), (문자)×(문자)에서는 곱셈 기호 ×를 생략하고 다음과 같이 나타낸다.

① (수)×(문자)에서는 수를 문자 앞에 쓴다. 〔예〕 $3 \times a = 3a$, $b \times (-5) = -5b$

② $1 \times$(문자), $(-1) \times$(문자)에서 1은 생략한다. 〔예〕 $1 \times a = a$, $(-1) \times a = -a$

③ (문자)×(문자)에서 문자는 보통 알파벳 순서로 쓴다. 〔예〕 $a \times c \times b = abc$

④ 같은 문자의 곱은 거듭제곱으로 나타낸다. 〔예〕 $a \times a \times b \times b = a^2 b^2$

⑤ 괄호가 있을 때는 수를 괄호 앞에 쓴다. 〔예〕 $(a+1) \times 2 = 2(a+1)$

〔주의〕 $0.1 \times a$는 $0.a$로 쓰지 않고 $0.1a$로 쓴다.

(2) **나눗셈 기호의 생략**

나눗셈 기호 ÷를 생략하고 분수 꼴로 나타내거나 나눗셈을 역수의 곱셈으로 바꾸어 곱셈 기호를 생략한다.

〔예〕 $a \div 4 = \dfrac{a}{4}$ 또는 $a \div 4 = a \times \dfrac{1}{4} = \dfrac{1}{4}a$

〔주의〕 $a \div 1$, $a \div (-1)$은 $\dfrac{a}{1}$, $\dfrac{a}{-1}$로 쓰지 않고 각각 a, $-a$로 쓴다.

3 대입과 식의 값

(1) **대입**: 문자를 사용한 식에서 문자에 어떤 수를 바꾸어 넣는 것

(2) **식의 값**: 문자를 사용한 식에서 문자에 어떤 수를 대입하여 계산한 결과

(3) **식의 값 구하기**

① 문자에 수를 대입할 때는 생략된 곱셈 기호를 다시 쓴다.

② 문자에 음수를 대입할 때는 반드시 괄호를 사용한다.

③ 분모에 분수를 대입할 때는 생략된 나눗셈 기호를 다시 쓴다.

〔예〕 ① $x = 3$일 때, $-2x+5$의 값 ➡ $-2x+5 = -2 \times 3 + 5 = -1$

② $x = -2$일 때, $2x-1$의 값 ➡ $2x-1 = 2 \times (-2) - 1 = -5$

③ $x = \dfrac{1}{2}$일 때, $\dfrac{3}{x}$의 값 ➡ $\dfrac{3}{x} = 3 \div x = 3 \div \dfrac{1}{2} = 3 \times 2 = 6$

(1) 항과 계수

　① 항: 수 또는 문자의 곱으로 이루어진 식

　② 상수항: 문자 없이 수만으로 이루어진 항

　③ 계수: 항에서 문자에 곱해진 수

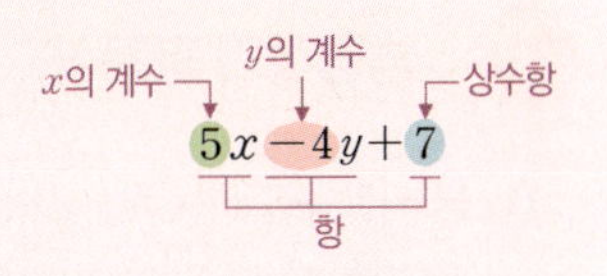

(2) 다항식과 단항식

　① 다항식: 한 개 또는 두 개 이상의 항의 합으로 이루어진 식　예 $5x,\ 2a+3b$

　② 단항식: 다항식 중에서 항이 한 개뿐인 식　예 $2x,\ -3y^2$

(3) 차수

　① 항의 차수: 어떤 항에서 문자가 곱해진 개수　예 $4x^3$의 차수는 3이다.

　② 다항식의 차수: 다항식에서 차수가 가장 큰 항의 차수　예 $3x^2+4x$의 차수는 2이다.

(4) 일차식: 차수가 1인 다항식　예 $x+2,\ \dfrac{1}{2}y+5$

---

(1) 단항식과 수의 곱셈, 나눗셈

　① (수)×(단항식), (단항식)×(수): 수끼리 곱하여 문자 앞에 쓴다.　예 $3x\times2=6x$

　② (단항식)÷(수): 나누는 수의 역수를 곱한다.　예 $8x\div2=8x\times\dfrac{1}{2}=4x$

(2) 일차식과 수의 곱셈, 나눗셈

　① (수)×(일차식), (일차식)×(수): 분배법칙을 이용하여 일차식의 각 항에 수를 곱한다.

　　예 $4(3x-5)=4\times3x-4\times5=12x-20$

　② (일차식)÷(수): 분배법칙을 이용하여 나누는 수의 역수를 일차식의 각 항에 곱한다.

　　예 $(15x+9)\div3=(15x+9)\times\dfrac{1}{3}=15x\times\dfrac{1}{3}+9\times\dfrac{1}{3}=5x+3$

---

(1) 동류항: 문자가 같고 차수도 같은 항

(2) 동류항의 덧셈과 뺄셈

　분배법칙을 이용하여 동류항의 계수끼리 더하거나 뺀 후 문자 앞에 쓴다.

　예 $3a+2a=(3+2)a$

(3) 일차식의 덧셈과 뺄셈

　❶ 괄호가 있으면 분배법칙을 이용하여 괄호를 푼다.

　　이때 괄호는 $(\ \ ) \rightarrow \{\ \ \} \rightarrow [\ \ ]$의 순서로 푼다.

　❷ 동류항끼리 모아서 계산한다.

　　주의 분배법칙을 이용하여 괄호를 풀 때, 괄호 앞에 $\begin{cases} + \Rightarrow \text{괄호 안의 부호 그대로} \\ - \Rightarrow \text{괄호 안의 부호 반대로} \end{cases}$

　　예 $3(x+3)-(2x-1)=3x+9-2x+1=(3-2)x+(9+1)=x+10$

2 일차방정식

1 방정식과 항등식

(1) **등식**: 등호(＝)를 사용하여 수량 사이의 관계를 나타낸 식

　　참고 등호의 왼쪽 부분을 좌변, 오른쪽 부분을 우변이라 하고, 좌변과 우변을 통틀어 양변이라 한다.

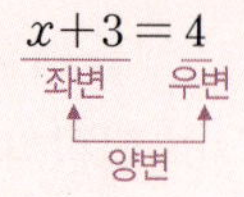

(2) **방정식**: 문자의 값에 따라 참이 되기도 하고 거짓이 되기도 하는 등식

　① 미지수: 방정식에 있는 문자

　② 방정식의 해(근): 방정식을 참이 되게 하는 미지수의 값

　　➡ 방정식의 해를 모두 구하는 것을 방정식을 푼다고 한다.

　예 등식 $x+2=3$은 $x=1$일 때 $3=3$으로 참이고, $x=-1$일 때 $1\neq3$으로 거짓이다.

　　➡ $x+2=3$은 방정식이고, $x=1$은 이 방정식의 해(근)이다.

(3) **항등식**: 미지수에 어떤 값을 대입하여도 항상 참이 되는 등식

　예 $2x+x=3x$ ➡ x에 어떤 값을 대입하여도 항상 참이 되므로 항등식이다.

2 등식의 성질

(1) **등식의 성질**

　① 등식의 양변에 같은 수를 더하여도 등식은 성립한다. ➡ $a=b$이면 $a+c=b+c$

　② 등식의 양변에서 같은 수를 빼어도 등식은 성립한다. ➡ $a=b$이면 $a-c=b-c$

　③ 등식의 양변에 같은 수를 곱하여도 등식은 성립한다. ➡ $a=b$이면 $ac=bc$

　④ 등식의 양변을 0이 아닌 같은 수로 나누어도 등식은 성립한다.

　　➡ $a=b$이면 $\dfrac{a}{c}=\dfrac{b}{c}$ (단, $c\neq0$)

(2) **등식의 성질을 이용한 방정식의 풀이**

　등식의 성질을 이용하여 주어진 방정식을 $x=(\text{수})$ 꼴로 고쳐서 해를 구한다.

　예 $4x-1=7 \xrightarrow[\text{1을 더한다.}]{\text{양변에}} 4x=8 \xrightarrow[\text{4로 나눈다.}]{\text{양변을}} x=2$

3 일차방정식

(1) **이항**: 등식의 성질을 이용하여 등식의 어느 한 변에 있는 항을 그 항의 부호를 바꾸어 다른 변으로 옮기는 것

　　참고 ＋■를 이항하면 ➡ －■

　　　　　 －■를 이항하면 ➡ ＋■

(2) **일차방정식**: 등식의 모든 항을 좌변으로 이항하여 정리한 식이 $(x$에 대한 일차식$)=0$, 즉 $ax+b=0\,(a\neq0)$ 꼴로 나타나는 방정식을 x에 대한 일차방정식이라 한다.

　예 등식 $3x+1=5$는 5를 좌변으로 이항하여 정리하면 $3x-4=0$이므로 일차방정식이다.

4 일차방정식의 풀이

⑴ 일차방정식의 풀이

❶ 괄호가 있으면 분배법칙을 이용하여 괄호를 먼저 푼다.

❷ 일차항은 좌변으로, 상수항은 우변으로 각각 이항하고 $ax=b\,(a\neq0)$ 꼴로 만든다.

❸ 양변을 x의 계수로 나누어 $x=(수)$ 꼴로 고쳐서 해를 구한다.

예
$$3(x+1)=x-5$$
$$3x+3=x-5 \quad \text{괄호 풀기}$$
$$3x-x=-5-3 \quad \text{이항하기}$$
$$2x=-8 \quad \text{정리하기}$$
$$\therefore\ x=-4 \quad x=(수)\text{ 꼴로 나타내기}$$

⑵ 복잡한 일차방정식의 풀이

① 계수가 소수인 경우: 양변에 10, 100, 1000, … 중 적당한 수를 곱하여 계수를 모두 정수로 고쳐서 푼다.

예 일차방정식 $0.2x-0.05=1$의 양변에 100을 곱하면
$$(0.2x-0.05)\times100=1\times100,\ 20x-5=100$$
$$20x=105 \quad \therefore\ x=\frac{21}{4}$$

② 계수가 분수인 경우: 양변에 분모의 최소공배수를 곱하여 계수를 모두 정수로 고쳐서 푼다.

예 일차방정식 $\dfrac{1}{2}x-1=\dfrac{2}{3}$의 양변에 분모 2와 3의 최소공배수인 6을 곱하면
$$\left(\frac{1}{2}x-1\right)\times6=\frac{2}{3}\times6,\ 3x-6=4$$
$$3x=10 \quad \therefore\ x=\frac{10}{3}$$

5 일차방정식의 활용

⑴ 일차방정식의 활용 문제의 풀이

❶ 문제의 뜻을 이해하고, 구하려는 값을 미지수로 놓는다.

❷ 문제의 뜻에 맞게 일차방정식을 세운다.

❸ 일차방정식을 푼다.

❹ 구한 해가 문제의 뜻에 맞는지 확인한다.

참고 문제의 답을 구할 때, 단위가 있는 값인 경우에는 반드시 단위를 쓴다.

⑵ 거리, 속력, 시간에 대한 문제는 다음 관계를 이용하여 방정식을 세운다.

$$(거리)=(속력)\times(시간), \qquad (속력)=\frac{(거리)}{(시간)}, \qquad (시간)=\frac{(거리)}{(속력)}$$

⑶ 증가, 감소에 대한 문제는 다음을 이용하여 방정식을 세운다.

① x가 $a\,\%$ 증가한 후의 양 ➡ $x+\dfrac{a}{100}x$

② x가 $b\,\%$ 감소한 후의 양 ➡ $x-\dfrac{b}{100}x$

좌표와 그래프

① 순서쌍과 좌표

(1) 수직선 위의 점의 좌표

수직선 위의 한 점에 대응하는 수를 그 점의 좌표라 한다.

기호 점 P의 좌표가 a이면 ➡ P(a)

참고 원점은 기호로 O(0)과 같이 나타낸다.

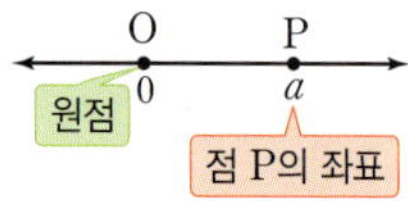

(2) 좌표평면

두 수직선이 점 O에서 서로 수직으로 만나도록 그릴 때

① 가로의 수직선을 x축, 세로의 수직선을 y축이라 하고, x축과 y축을 통틀어 좌표축이라 한다.

② 두 좌표축이 만나는 점 O를 원점이라 한다.

③ 좌표축이 정해져 있는 평면을 좌표평면이라 한다.

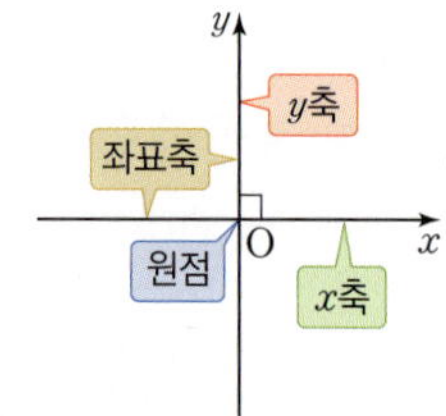

(3) 좌표평면 위의 점의 좌표

① 순서쌍: 순서를 생각하여 두 수를 짝 지어 나타낸 것

주의 $a \neq b$일 때, 순서쌍 (a, b)와 순서쌍 (b, a)는 서로 다르다.

② 좌표평면 위의 한 점 P에서 x축, y축에 각각 수선을 긋고 이 수선이 x축, y축과 만나는 점에 대응하는 수를 각각 a, b라 할 때, 순서쌍 (a, b)를 점 P의 좌표라 한다. 이때 a를 점 P의 x좌표, b를 점 P의 y좌표라 한다.

기호 점 P의 좌표가 (a, b)이면 ➡ P(a, b)

참고 • x축 위의 모든 점의 y좌표는 0이므로 x축 위의 점의 좌표 ➡ (x좌표, 0)

• y축 위의 모든 점의 x좌표는 0이므로 y축 위의 점의 좌표 ➡ (0, y좌표)

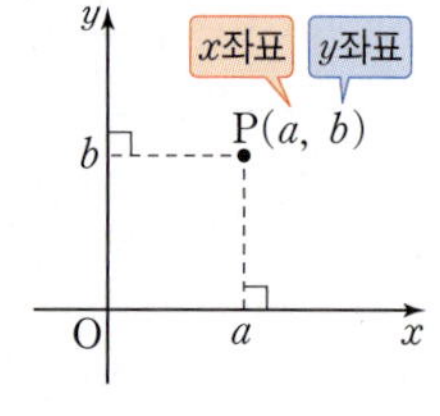

② 사분면

(1) 사분면

좌표평면은 좌표축에 의하여 네 부분으로 나누어지는데, 그 네 부분을 각각 제1사분면, 제2사분면, 제3사분면, 제4사분면이라 한다.

참고 원점과 x축 또는 y축 위의 점은 어느 사분면에도 속하지 않는다.

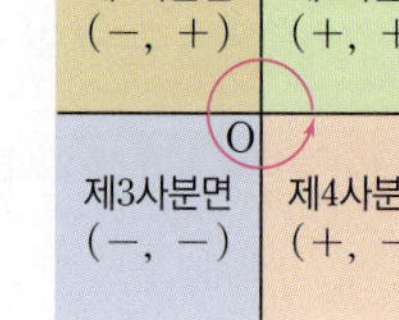

(2) 사분면 위의 점의 좌표의 부호

좌표평면 위의 점 P(a, b)에 대하여

① 제1사분면 위의 점 ➡ $a>0$, $b>0$

② 제2사분면 위의 점 ➡ $a<0$, $b>0$

③ 제3사분면 위의 점 ➡ $a<0$, $b<0$

④ 제4사분면 위의 점 ➡ $a>0$, $b<0$

⑶ **대칭인 점의 좌표**

점 (a, b)와

① x축에 대하여 대칭인 점의 좌표

➡ $(a, -b)$ → y좌표의 부호만 바뀐다.

② y축에 대하여 대칭인 점의 좌표

➡ $(-a, b)$ → x좌표의 부호만 바뀐다.

③ 원점에 대하여 대칭인 점의 좌표

➡ $(-a, -b)$ → x좌표, y좌표의 부호가 모두 바뀐다.

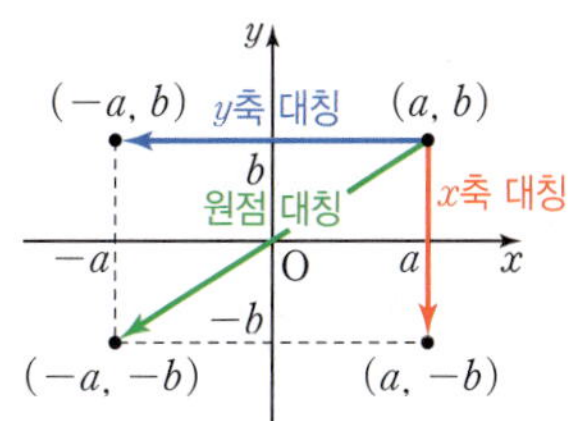

---

3 그래프와 그 해석

⑴ **그래프**

① 변수: x, y와 같이 여러 가지로 변하는 값을 나타내는 문자

참고 변수와는 달리 일정한 값을 나타내는 수나 문자를 상수라 한다.

② 그래프: 두 변수 x, y의 순서쌍 (x, y)를 좌표로 하는 점 전체를 좌표평면 위에 나타낸 것

예 다음 표는 지태가 60초 동안 일정한 속력으로 턱걸이를 할 때, x초 후의 턱걸이 횟수 y를 나타낸 것이다. 두 변수 x, y에 대한 그래프를 좌표평면 위에 그려 보자.

x	0	10	20	30	40	50	60
y	0	2	4	6	8	10	12

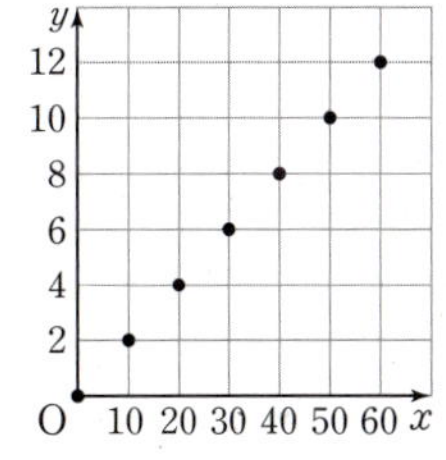

➡ 위의 표에서 두 변수 x, y의 순서쌍 (x, y)를 구하면
$(0, 0)$, $(10, 2)$, $(20, 4)$, $(30, 6)$, $(40, 8)$,
$(50, 10)$, $(60, 12)$이므로 이것을 좌표로 하는 점을
좌표평면 위에 나타내면 오른쪽 그림과 같다.

⑵ **그래프의 이해**

두 변수 사이의 관계를 좌표평면 위에 그래프로 나타내면 두 변수 사이의 변화 관계를 알 수 있다.

예 다음 그래프는 비행기의 고도를 시간에 따라 나타낸 것이고, 이 그래프에서 고도의 변화를 해석하면 아래 표와 같다.

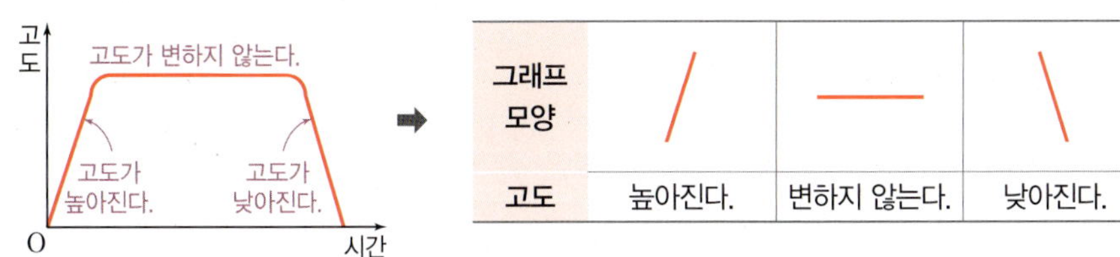

참고 그래프는 다음 그림과 같이 곡선으로 나타낼 수도 있다.

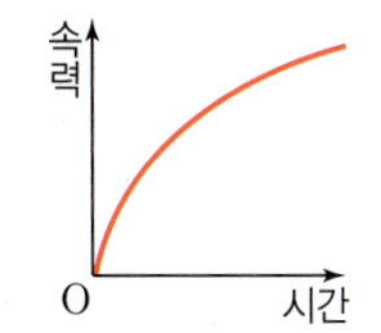

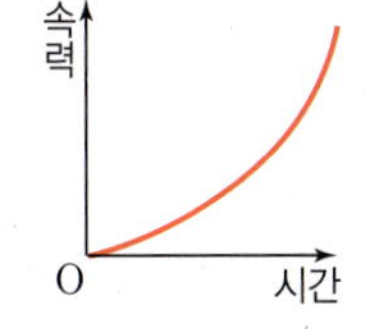

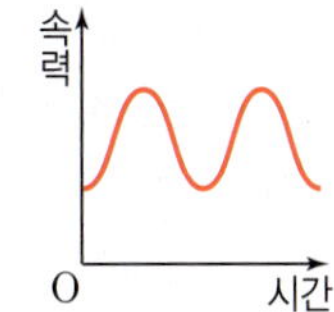

➡ 시간에 따라 속력이 점점 느리게 증가한다.　➡ 시간에 따라 속력이 점점 빠르게 증가한다.　➡ 시간에 따라 속력이 증가와 감소를 반복한다.

정비례와 반비례

① 정비례 관계

(1) 정비례 관계

① 두 변수 x, y에 대하여 x의 값이 2배, 3배, 4배, …로 변함에 따라 y의 값도 2배, 3배, 4배, …로 변하는 관계가 있을 때, y는 x에 정비례한다고 한다.

② y가 x에 정비례하면 x와 y 사이의 관계식은 $y=ax\,(a\neq0)$로 나타낼 수 있다.

> 참고 y가 x에 정비례할 때, $\dfrac{y}{x}$의 값은 항상 일정하다.
>
> 즉, $y=ax$에서 $\dfrac{y}{x}=a$ (일정)

(2) 정비례 관계 $y=ax\,(a\neq0)$의 그래프의 성질

x의 값의 범위가 수 전체일 때, 정비례 관계 $y=ax\,(a\neq0)$의 그래프는 원점을 지나는 직선이다.

	$a>0$일 때	$a<0$일 때
그래프		
지나는 사분면	제1사분면, 제3사분면	제2사분면, 제4사분면
그래프의 모양	오른쪽 위로 향하는 직선	오른쪽 아래로 향하는 직선
증가, 감소 상태	x의 값이 증가하면 y의 값도 증가	x의 값이 증가하면 y의 값은 감소

> 참고 • 특별한 말이 없으면 정비례 관계 $y=ax\,(a\neq0)$에서 x의 값의 범위는 수 전체로 생각한다.
> • 정비례 관계 $y=ax\,(a\neq0)$의 그래프는 a의 절댓값이 클수록 y축에 가깝다.

② 정비례 관계의 활용

정비례 관계의 활용 문제는 다음과 같은 순서로 해결한다.

❶ 변화하는 두 양을 x, y로 놓는다.

❷ 두 변수 x, y가 정비례 관계인지 알아본다.

❸ 정비례하면 $y=ax$로 놓고 a의 값을 구한 후 문제에서 요구하는 답을 구한다.

❹ 구한 답이 문제의 조건에 맞는지 확인한다.

> 참고 y가 x에 정비례하는 경우는 다음과 같다.
> ① x의 값이 2배, 3배, 4배, …로 변함에 따라 y의 값도 2배, 3배, 4배, …로 변할 때
> ② $y=ax\,(a\neq0)$ 꼴로 나타날 때
> ③ $\dfrac{y}{x}$의 값이 일정하게 나타날 때

3 **반비례 관계**

(1) **반비례 관계**

① 두 변수 x, y에 대하여 x의 값이 2배, 3배, 4배, …로 변함에 따라 y의 값은 $\frac{1}{2}$배, $\frac{1}{3}$배, $\frac{1}{4}$배, …로 변하는 관계가 있을 때, y는 x에 반비례한다고 한다.

② y가 x에 반비례하면 x와 y 사이의 관계식은 $y=\frac{a}{x}\,(a\neq0)$로 나타낼 수 있다.

참고 y가 x에 반비례할 때, xy의 값은 항상 일정하다.

즉, $y=\frac{a}{x}$에서 $xy=a$ (일정)

(2) **반비례 관계 $y=\dfrac{a}{x}\,(a\neq0)$의 그래프의 성질**

x의 값의 범위가 0이 아닌 수 전체일 때, 반비례 관계 $y=\frac{a}{x}\,(a\neq0)$의 그래프는 좌표축에 가까워지면서 한없이 뻗어 나가는 한 쌍의 매끄러운 곡선이다.

	$a>0$일 때	$a<0$일 때
그래프		
지나는 사분면	제1사분면, 제3사분면	제2사분면, 제4사분면
증가, 감소 상태	$x>0$, $x<0$일 때, x의 값이 증가하면 y의 값은 감소	$x>0$, $x<0$일 때, x의 값이 증가하면 y의 값도 증가

참고 • 특별한 말이 없으면 반비례 관계 $y=\frac{a}{x}\,(a\neq0)$에서 x의 값의 범위는 0이 아닌 수 전체로 생각한다.

• 반비례 관계 $y=\frac{a}{x}\,(a\neq0)$의 그래프는 a의 절댓값이 클수록 원점에서 멀다.

4 **반비례 관계의 활용**

반비례 관계의 활용 문제는 다음과 같은 순서로 해결한다.

❶ 변화하는 두 양을 x, y로 놓는다.

❷ 두 변수 x, y가 반비례 관계인지 알아본다.

❸ 반비례하면 $y=\frac{a}{x}$로 놓고 a의 값을 구한 후 문제에서 요구하는 답을 구한다.

❹ 구한 답이 문제의 조건에 맞는지 확인한다.

참고 y가 x에 반비례하는 경우는 다음과 같다.

① x의 값이 2배, 3배, 4배, …로 변함에 따라 y의 값은 $\frac{1}{2}$배, $\frac{1}{3}$배, $\frac{1}{4}$배, …로 변할 때

② $y=\frac{a}{x}\,(a\neq0)$ 꼴로 나타날 때

③ xy의 값이 일정하게 나타날 때

문자와 식

1. 문자의 사용과 식

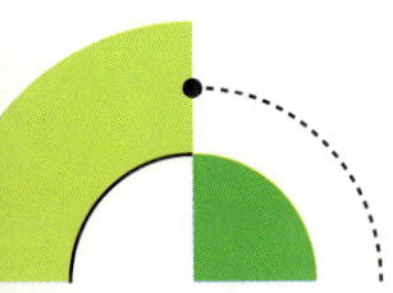

필수기출

Best

1 다음 중 기호 $\times$, $\div$를 생략하여 나타낸 식으로 옳은 것은?

① $0.1 \times x \times x = 0.x^2$

② $2 \times x + y = 2(x+y)$

③ $(x-y) \div 3 \times a = \dfrac{x-y}{3a}$

④ $x \times x \div y \div z \div (-1) = -\dfrac{x^2 z}{y}$

⑤ $5 \times (x+y) + x \times (-2) \div y = 5(x+y) - \dfrac{2x}{y}$

2 다음 중 기호 $\times$, $\div$를 생략하여 나타낼 때, 나머지 넷과 <u>다른</u> 하나는?

① $a \div (b \times c)$ ② $a \times b \div c$ ③ $a \div b \div c$

④ $a \times \dfrac{1}{b} \times \dfrac{1}{c}$ ⑤ $a \div b \times \dfrac{1}{c}$

3 다음 중 $\dfrac{a+b}{5} - \dfrac{b^2}{2a}$을 기호 $\times$, $\div$를 사용하여 나타낸 것은?

① $(a+b) \times 5 - b \times b \times (2 \times a)$

② $(a+b) \times 5 - b \times b \div 2 \div a$

③ $(a+b) \div 5 - b \times b \times 2 \div a$

④ $(a+b) \div 5 - b \times b \div (2 \times a)$

⑤ $(a+b) \div 5 - b \times b \div 2 \times a$

Best

4 다음 중 옳은 것을 모두 고르면? (정답 2개)

① $x\,\text{kg}$의 $20\,\%$는 $\dfrac{1}{5}x\,\text{kg}$이다.

② x분 30초는 $(12x+30)$초이다.

③ 2점짜리 슛 a개와 3점짜리 슛 b개를 넣었을 때의 점수는 $(2a+b)$점이다.

④ $x\,\text{km}$의 거리를 시속 $60\,\text{km}$로 달렸을 때 걸린 시간은 $\dfrac{x}{60}$시간이다.

⑤ 농도가 $9\,\%$인 소금물 $x\,\text{g}$에 녹아 있는 소금의 양은 $9x\,\text{g}$이다.

5 10자루에 a원인 연필 한 자루를 사고 b원을 냈을 때의 거스름돈을 문자를 사용한 식으로 나타내면?

① $(b-10)$원   ② $(b-a)$원

③ $(10a-b)$원   ④ $\left(b-\dfrac{10}{a}\right)$원

⑤ $\left(b-\dfrac{a}{10}\right)$원

6 다음을 문자를 사용한 식으로 나타내시오.

> 백의 자리의 숫자가 2, 십의 자리의 숫자가 x, 일의 자리의 숫자가 y인 세 자리의 자연수

7 오른쪽 그림과 같은 사각형의 넓이를 a, b를 사용한 식으로 나타내면?

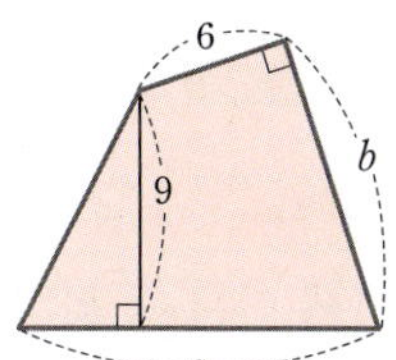

① $\dfrac{9}{4}a+\dfrac{3}{2}b$ ② $\dfrac{9}{2}a+3b$

③ $\dfrac{9}{2}a+6b$ ④ $9a+3b$

⑤ $9a+6b$

유형 ❸ 식의 값 구하기

8 $x=3$일 때, 다음 중 식의 값이 가장 작은 것은?

① $1-x$ ② $-2x+5$ ③ $10-x^2$

④ x^2-2x ⑤ $\dfrac{1}{x}$

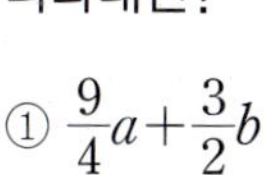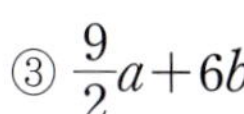

9 $x=2$, $y=-3$일 때, $-x^2+4y+1$의 값은?

① -15 ② -10 ③ -7

④ 9 ⑤ 10

10 $x=-\dfrac{1}{2}$, $y=\dfrac{2}{3}$, $z=-\dfrac{3}{4}$일 때, $\dfrac{3}{x}-\dfrac{4}{y}-\dfrac{5}{z}$의 값은?

① $-\dfrac{20}{3}$ ② $-\dfrac{16}{3}$ ③ $\dfrac{16}{3}$

④ $\dfrac{20}{3}$ ⑤ $\dfrac{35}{3}$

유형 ❹ 식의 값의 활용

11 기온이 $x\,°\text{C}$일 때, 공기 중에서 소리의 속력은 초속 $(0.6x+331)\,\text{m}$이다. 기온이 $20\,°\text{C}$일 때, 3초 동안 소리가 전달되는 거리를 구하시오.

12 오른쪽 그림과 같이 윗변의 길이가 $a\,\text{cm}$, 아랫변의 길이가 $b\,\text{cm}$, 높이가 $6\,\text{cm}$인 사다리꼴에 대하여 다음 물음에 답하시오.

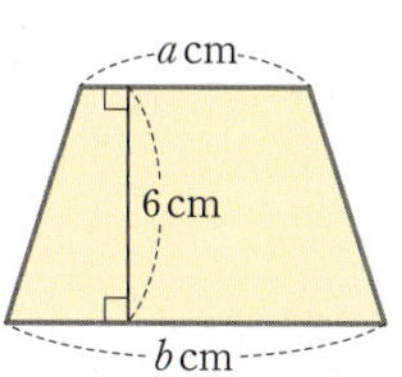

(1) 사다리꼴의 넓이를 a, b를 사용한 식으로 나타내시오.

(2) $a=6$, $b=10$일 때, 사다리꼴의 넓이를 구하시오.

필수기출

13 다음 중 일차식인 것은?

① -8 ② $\dfrac{2}{x}+5$

③ $3x^2+1$ ④ $7a^2+4a-7a^2$

⑤ $0 \times x^3 - x^2$

Best

14 다음 중 다항식 $\dfrac{x^2}{3}+4x-5$에 대한 설명으로 옳지 <u>않은</u> 것은?

① 항의 개수는 3이다.
② 상수항은 5이다.
③ x의 계수는 4이다.
④ x^2의 계수는 $\dfrac{1}{3}$이다.
⑤ 다항식의 차수는 2이다.

15 다항식 $3x^2-x+4$의 차수를 a, x의 계수를 b, 상수항을 c라 할 때, $a+b+c$의 값을 구하시오.

Best

16 다음 중 옳은 것은?

① $3 \times (-2a) = -5a$
② $5(x-1)=5x-1$
③ $\left(-\dfrac{3}{2}a+12\right) \times \dfrac{4}{3} = -2a+16$
④ $(-8x+4) \div 4 = 2x+1$
⑤ $(6y-1) \div (-3) = -2y-1$

17 $(4x-6) \div \left(-\dfrac{2}{3}\right)$를 계산하면 $ax+b$일 때, 상수 a, b에 대하여 $a+b$의 값은?

① -6 ② -3 ③ 0
④ 3 ⑤ 6

18 다음 중 계산 결과가 나머지 넷과 <u>다른</u> 하나는?

① $-(3x-5)$ ② $(9x-15) \div (-3)$

③ $-3\left(x-\dfrac{5}{3}\right)$ ④ $\left(\dfrac{1}{2}x-\dfrac{5}{6}\right) \div \left(-\dfrac{1}{6}\right)$

⑤ $\dfrac{6x-5}{2}$

유형 ❼ 동류항

19 다음 중 동류항끼리 짝 지어진 것은?

① $-2x$, x^2

② $\dfrac{1}{2}x$, $-5x$

③ $4x$, $4y$

④ $-5a^2$, $-10b^2$

⑤ $-6a$, $\dfrac{6}{a}$

20 다음 중 $3y$와 동류항인 것의 개수를 구하시오.

$$-y, \ \ 2x, \ \ 3, \ \ -\dfrac{y}{2}, \ \ y^2, \ \ \dfrac{4}{y}, \ \ 0.1y, \ \ 7xy$$

유형 ❽ 일차식의 덧셈과 뺄셈

21 다음 중 옳지 <u>않은</u> 것은?

① $4x-2+(-9x+2)=-5x$

② $5(x-1)-(3x+6)=2x-11$

③ $-(-2x+3)-(5x-1)=-3x-2$

④ $\dfrac{1}{3}(3x+9)-\dfrac{1}{2}(6-4x)=-2x+5$

⑤ $-6(2x+3)+10\left(\dfrac{1}{5}x-\dfrac{1}{2}\right)=-10x-23$

Best

22 $(4y-8)\div\left(-\dfrac{4}{3}\right)+3(4y-3)$을 계산하면 $ay+b$ 일 때, 상수 a, b에 대하여 $a-b$의 값은?

① -12 ② -6 ③ 6

④ 12 ⑤ 20

23 $2x+5-(ax+b)$를 계산하면 x의 계수는 3, 상수항은 -4일 때, 상수 a, b에 대하여 $a+b$의 값을 구하시오.

유형 ❾ 복잡한 일차식의 덧셈과 뺄셈

Best

24 $2x-[x-\{y-2(x-3)-(x+y)\}]+4$를 계산하면?

① 16 ② $-2x+10$ ③ $6x-10$

④ $6x+2$ ⑤ $2y+10$

25 $3x+7-\{2x+5(-x+2)-4\}$를 계산하였을 때, x의 계수와 상수항의 합은?

① 5　　　　② 6　　　　③ 7

④ 8　　　　⑤ 9

Best

26 $\dfrac{3x-4}{2}-\dfrac{5x-3}{3}$을 계산하였을 때, x의 계수를 a, 상수항을 b라 하자. 이때 $6a+b$의 값은?

① -2　　　② -1　　　③ 0

④ 1　　　　⑤ 2

27 다음을 계산하시오.

$$12\left(\frac{x-1}{6}+\frac{2x-1}{3}\right)-0.8(2x-5)$$
$$+0.2(3x+10)$$

Best

28 오른쪽 그림과 같은 직사각형에서 색칠한 부분의 넓이를 a를 사용한 식으로 나타내시오.

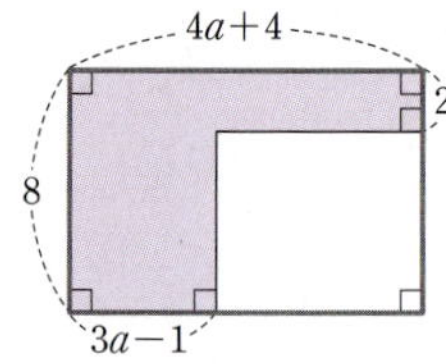

29 오른쪽 그림과 같은 직사각형에서 색칠한 부분의 넓이를 x를 사용한 식으로 나타내면?

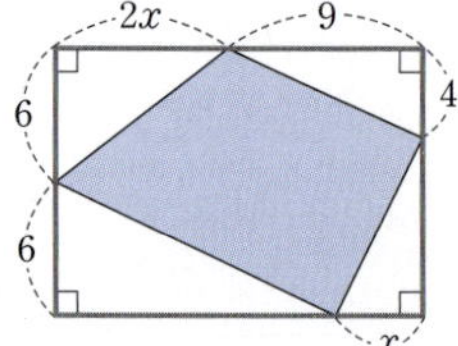

① $9x+63$　　② $11x+45$

③ $11x+63$　　④ $13x+45$

⑤ $13x+81$

30 어느 중학교의 작년 신입생은 남학생이 x명이었고, 여학생이 남학생보다 40명 적었다. 올해 이 학교의 신입생은 작년에 비해 남학생 수가 10 % 증가하였고, 여학생 수가 20 % 감소하였다고 한다. 올해 이 학교의 신입생 수를 x를 사용한 식으로 나타내시오.

유형 ⑪ 문자에 일차식 대입하기

31 $A=-x+2y$, $B=-3x-4y$일 때, $2A-3B$를 계산하면?

① $-6x-7y$　② $-4x+16y$　③ $x+2y$
④ $4x+11y$　⑤ $7x+16y$

Best

32 $A=2x-1$, $B=-3x+2$일 때,
$5A+B-2(3A-B)$를 계산하시오.

33 $A=\dfrac{-x+4}{3}$, $B=\dfrac{2x-1}{6}$일 때, $-A+3B$를 계산
하였더니 $ax+b$가 되었다. 이때 상수 a, b에 대하여
$a+b$의 값은?

① $-\dfrac{2}{3}$　　② $-\dfrac{1}{2}$　　③ $-\dfrac{1}{3}$
④ $\dfrac{1}{6}$　　⑤ $\dfrac{1}{2}$

유형 ⑫ 어떤 식 구하기

34 다음 조건을 모두 만족시키는 두 일차식 A, B에 대
하여 $A+B$를 계산하면?

> **조건**
> ㈎ 일차식 A에 $3x-5$를 더하면 $-x+1$이다.
> ㈏ $-2x+1$에서 일차식 B를 빼면 $-4x+3$
> 이다.

① $-4x+4$　　② $-2x+4$　　③ $-2x+10$
④ $2x+4$　　⑤ $4x+10$

35 다음 그림에서 □ 안의 식은 바로 위 양옆의 □ 안
의 두 식의 합이다. 이때 A에 알맞은 식은?

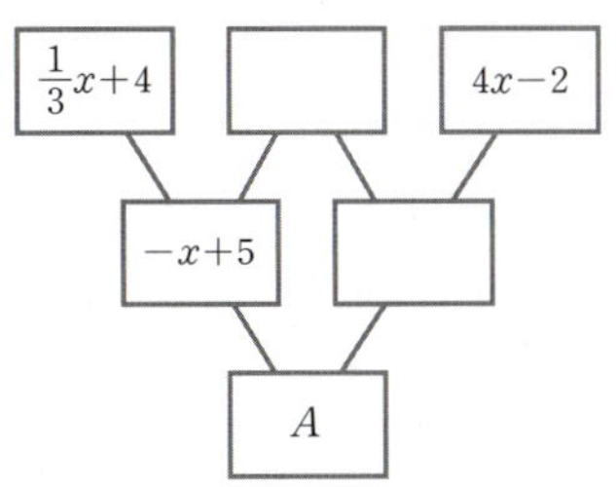

① $x+2$　　② $\dfrac{5}{3}x+2$　　③ $\dfrac{5}{3}x+4$
④ $\dfrac{11}{3}x+2$　　⑤ $\dfrac{11}{3}x+4$

Best

36 어떤 다항식에 $6x-5$를 더해야 할 것을 잘못하여 뺐
더니 $2x+15$가 되었다. 이때 바르게 계산한 식을 구
하시오.

1 다음 중 $2 \times a \div b - x \div (a-b) \times y$를 기호 $\times$, $\div$를 생략하여 나타낸 것은?

① $\dfrac{2}{ab} - \dfrac{x}{(a-b)y}$ ② $\dfrac{2}{ab} - \dfrac{xy}{a-b}$

③ $\dfrac{2a}{b} - \dfrac{x}{(a-b)y}$ ④ $\dfrac{2a}{b} - \dfrac{xy}{a-b}$

⑤ $\dfrac{2b}{a} - \dfrac{y}{(a-b)x}$

2 다음 중 문자를 사용하여 나타낸 식으로 옳지 <u>않은</u> 것은?

① 두 대각선의 길이가 $a\,\text{cm}$, $b\,\text{cm}$인 마름모의 넓이 ➡ $ab\,\text{cm}^2$

② 1초에 물이 x톤씩 흘러 나가는 댐에서 20초 동안 흘러 나간 물의 양 ➡ $20x$톤

③ 전교생 x명 중에서 $y\,\%$가 남학생일 때, 여학생 수 ➡ $x - \dfrac{xy}{100}$

④ 수학 점수가 a점, 영어 점수가 b점일 때, 두 과목의 평균 점수 ➡ $\dfrac{a+b}{2}$점

⑤ 300쪽인 책을 하루에 20쪽씩 x일 동안 읽었을 때, 남은 쪽수 ➡ $300 - 20x$

3 $x=4$, $y=\dfrac{1}{2}$일 때, $x + 4y^2 - 1$의 값은?

① 4 ② 5 ③ 6

④ 7 ⑤ 8

4 다음 보기 중 다항식 $-x^2 - 4x + 3$에 대한 설명으로 옳은 것을 모두 고른 것은?

> **보기**
>
> ㄱ. 상수항은 3이다.
> ㄴ. x의 계수는 -4이다.
> ㄷ. 항은 x^2, $4x$, 3이다.
> ㄹ. 다항식의 차수는 2이다.

① ㄱ, ㄴ ② ㄱ, ㄹ ③ ㄴ, ㄷ

④ ㄱ, ㄴ, ㄹ ⑤ ㄴ, ㄷ, ㄹ

5 다음 중 옳지 <u>않은</u> 것은?

① $7x \times (-5) = -35x$

② $\left(-\dfrac{8}{3}y\right) \div \left(-\dfrac{3}{2}\right) = 4y$

③ $(b+6) \times (-2) = -2b - 12$

④ $(-2a+3) \div \dfrac{1}{4} = -8a + 12$

⑤ $\left(-\dfrac{5}{3}y + 5\right) \div \left(-\dfrac{4}{3}\right) = \dfrac{5y - 15}{4}$

6 $\dfrac{1}{2}(8x+4)+(4x-2)\div\left(-\dfrac{2}{5}\right)$ 를 계산하면?

① $-6x-3$ ② $-6x+7$ ③ $6x-6$
④ $6x+2$ ⑤ $6x+9$

7 $2x-3\left[x-4\left\{x-\dfrac{1}{7}(14x-21)\right\}\right]$ 을 계산하시오.

8 $\dfrac{4x+1}{5}-\dfrac{2x-2}{3}$ 를 계산하였을 때, x의 계수와 상수항의 차는?

① $\dfrac{8}{15}$ ② $\dfrac{3}{5}$ ③ $\dfrac{2}{3}$
④ $\dfrac{11}{15}$ ⑤ $\dfrac{4}{5}$

9 다음 그림과 같이 한 변의 길이가 $7\,\mathrm{cm}$인 정사각형에서 가로의 길이를 $x\,\mathrm{cm}$만큼, 세로의 길이를 $(2x+1)\,\mathrm{cm}$만큼 줄였더니 직사각형이 되었다. 이 직사각형의 둘레의 길이를 x를 사용한 식으로 나타내시오.

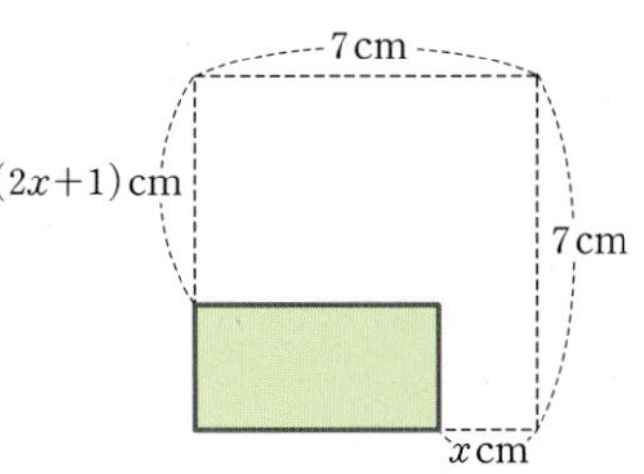

10 $A=3x-5$, $B=-2x+3$일 때, $-A+9B-3(2B-A)$를 계산하면?

① -7 ② -1 ③ $-12x-2$
④ $-12x+4$ ⑤ $12x-19$

11 어떤 다항식에서 $-3x+7$을 빼야 할 것을 잘못하여 더했더니 $x+1$이 되었다. 이때 바르게 계산한 식은?

① $x-1$ ② $4x-6$ ③ $7x-13$
④ $7x-1$ ⑤ $7x+1$

1-

① $x=-1$일 때, $x^2+2x^3+3x^4+\cdots+249x^{250}$의 값은?

① -250 ② -124 ③ 125

④ 249 ⑤ 250

Key n이 홀수이면 $(-1)^n=-1$, n이 짝수이면 $(-1)^n=1$임을 이용한다.

② $x=-1$일 때, $x+2x^2+3x^3+\cdots+1001x^{1001}$의 값을 구하시오.

2-

① 다음 그림과 같이 성냥개비를 사용하여 정삼각형을 만들 때, 정삼각형을 21개 만드는 데 필요한 성냥개비의 개수를 구하시오.

 → 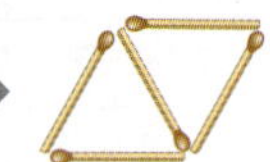 → 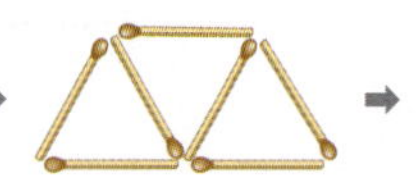 → $\cdots$

Key 정삼각형을 1개, 2개, 3개, … 만드는 데 필요한 성냥개비의 개수의 규칙을 찾는다.

② 다음 그림과 같이 스티커를 T자 모양으로 계속하여 붙일 때, [70단계]에 붙어 있는 스티커의 개수는?

 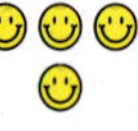  $\cdots$

[1단계] [2단계] [3단계]

① 205 ② 208 ③ 211

④ 276 ⑤ 280

3-

① $x=-\dfrac{1}{5}$, $y=1$일 때,

$y-3-[-(x-4y)+\{2x+y-(6x+3y)\}]$의 값을 구하시오.

Key 먼저 식을 간단히 한 후 x, y의 값을 대입한다.

② $x=-1$, $y=2$일 때,

$-x-2y-[3x+y-2\{y-2(x+1)\}]+5$의 값은?

① 5 ② 6 ③ 7

④ 8 ⑤ 9

4- ❶

상수항이 4인 x에 대한 일차식이 다음 조건을 모두 만족시킬 때, $-2a+5b$의 값을 구하시오.

조건

㉮ $x=5$일 때, 식의 값은 a이다.

㉯ $x=2$일 때, 식의 값은 b이다.

Key

x에 대한 일차식은 $ax+b$ $(a, b$는 상수, $a \neq 0)$ 꼴임을 이용하여 식을 세운다.

❷

x의 계수가 3인 x에 대한 일차식이 있다. 이 일차식은 $x=-3$일 때의 식의 값이 a이고, $x=-6$일 때의 식의 값이 b이다. 이때 $a-b$의 값을 구하시오.

5- ❶

한 변의 길이가 $4\,\mathrm{cm}$인 정사각형 x개를 다음 그림과 같이 한 정사각형의 두 대각선이 만나는 점에 다른 정사각형의 한 꼭짓점이 놓이도록 겹쳐 놓았다. 이때 생기는 도형의 넓이를 x를 사용한 식으로 나타내시오.

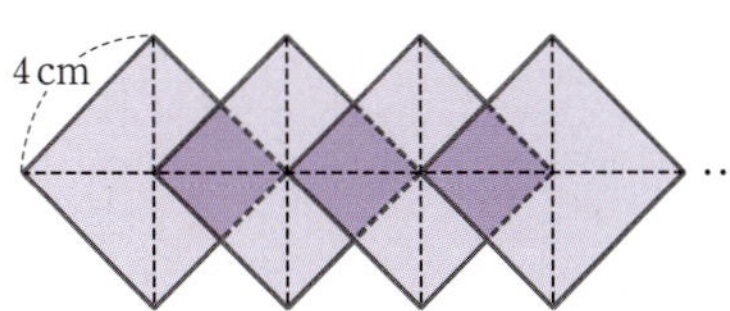

Key

정사각형을 겹쳐 놓을 때 겹쳐지는 부분이 몇 개 생기는지 찾는다.

❷

다음 그림과 같이 한 변의 길이가 $6\,\mathrm{cm}$인 정사각형 모양의 색종이 n장을 $2\,\mathrm{cm}$만큼 겹치도록 이어 붙여서 직사각형을 만들려고 한다. 이때 완성된 직사각형의 둘레의 길이를 n을 사용한 식으로 나타내시오.

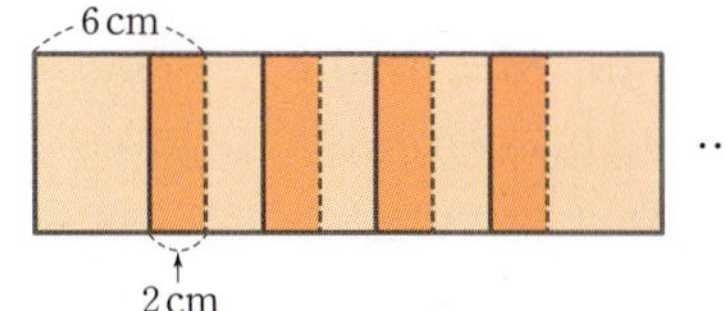

6- ❶

세 일차식 A, B, C가 다음 조건을 모두 만족시킬 때, $2A-(3A-2B)+C$를 계산하시오.

조건

㉮ A에 $2x+1$을 더하면 $7x-10$이다.

㉯ B에 $-\dfrac{5}{2}$를 곱하면 $-10x+5$이다.

㉲ C에서 $3x-4$를 빼면 $2x+8$이다.

Key

$A+\square=\bigcirc$이면 $A=\bigcirc-\square$, $B\times\square=\bigcirc$이면 $B=\bigcirc\div\square$, $C-\square=\bigcirc$이면 $C=\bigcirc+\square$임을 이용하여 A, B, C를 먼저 구한다.

❷

세 일차식 A, B, C가 다음 조건을 모두 만족시킬 때, $A+3B-2(A+C)$를 계산하시오.

조건

㉮ A에 $\dfrac{1}{2}$을 곱하면 $-6x+4$이다.

㉯ B에서 $x+1$을 빼면 A이다.

㉲ C에 $-2x-2$를 더하면 B이다.

1 $x=-3$, $y=-1$, $z=5$일 때, $\dfrac{2x-y}{z}-\dfrac{z^2}{y}$의 값을 구하시오. [6점]

2 오른쪽 그림과 같이 가로의 길이가 $a\,$cm, 세로의 길이가 $b\,$cm, 높이가 $10\,$cm인 직육면체에 대하여 다음 물음에 답하시오.

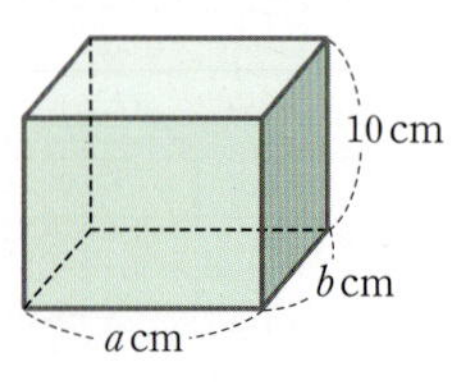

⑴ 직육면체의 겉넓이와 부피를 각각 a, b를 사용한 식으로 나타내시오. [4점]

⑵ $a=12$, $b=5$일 때, 직육면체의 겉넓이와 부피를 각각 구하시오. [4점]

3 일차식 $ax+b$에 $-\dfrac{2}{3}$를 곱하면 $6x-4$가 되고 $6x-4$에 $-\dfrac{5}{2}$를 곱하면 $cx+d$가 될 때, 상수 a, b, c, d에 대하여 $a+b+c+d$의 값을 구하시오. [8점]

4 $\dfrac{2(2x-1)}{5}-\dfrac{x-1}{2}$을 계산하였을 때, x의 계수를 a, 상수항을 b라 하자. 이때 $a+b$의 값을 구하시오. [8점]

5 오른쪽 그림과 같은 도형의 넓이를 a를 사용한 식으로 나타내시오. [8점]

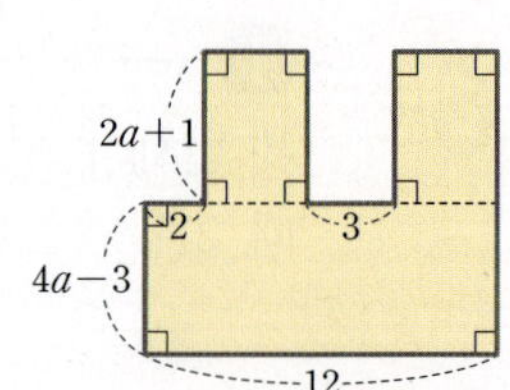

6 $A=\dfrac{1}{2}x-\dfrac{1}{6}y$, $B=x+\dfrac{2}{3}y$, $C=x+y$일 때, 다음 식을 계산하시오. [8점]

$$3(A+B)-2\{A+3(B-C)\}-4C$$

7 아래 그림에서 가로, 세로, 대각선에 놓인 세 일차식의 합이 모두 같을 때, 다음 물음에 답하시오.

$2x-2$		A
	$5x+1$	
$4x$	B	$8x+4$

(1) 일차식 A를 구하시오. [4점]

(2) 일차식 B를 구하시오. [2점]

(3) $A-B$를 계산하시오. [2점]

(서술형)

8 오른쪽 그림과 같이 한 변의 길이가 8인 정사각형 모양의 종이 ABCD를 꼭짓점 A가 변 BC 위의 점 G에 오도록 접었다. 선분 BF의 길이가 3, 선분 EI의 길이가 x일 때, 다음 물음에 답하시오.

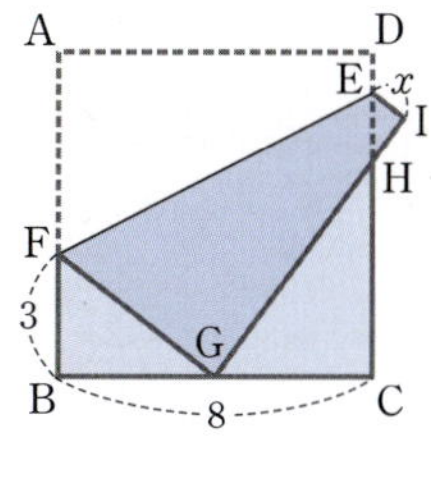

(1) 사각형 EFGI의 넓이를 x를 사용한 식으로 나타내시오. [8점]

(2) $x=\dfrac{1}{2}$일 때, 사각형 EFGI의 넓이를 구하시오. [2점]

9 오른쪽 그림과 같이 윗변의 길이가 a, 아랫변의 길이가 $2a-1$, 높이가 10인 사다리꼴이 있다. 이 사다리꼴의 윗변의 길이는 10 %만큼 늘이고, 아랫변의 길이는 10 %만큼 줄여서 만든 사다리꼴의 넓이를 a를 사용한 식으로 나타내시오. [10점]

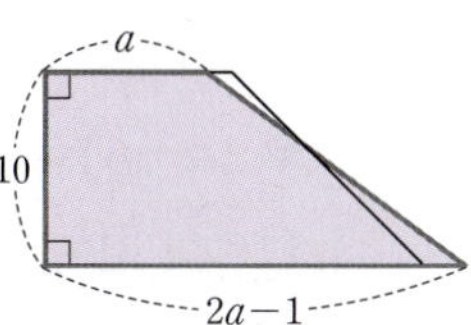

1 다음 중 기호 ×, ÷를 생략하여 나타낸 식으로 옳은 것을 모두 고르면? (정답 2개)

① $x \div (2 \times y) = \dfrac{2y}{x}$

② $-0.1 \times (x+y) = -0.1(x+y)$

③ $x \div y \times z = \dfrac{x}{yz}$

④ $a \div b + x \times (-3) = \dfrac{a}{b} - 3x$

⑤ $a - b \div x = \dfrac{a-b}{x}$

2 다음 중 문자를 사용하여 나타낸 식으로 옳지 <u>않은</u> 것은?

① 자동차가 시속 60 km로 x시간 동안 달린 거리
➡ $60x$ km

② 정가가 x원인 옷을 20 % 할인하여 샀을 때 지불한 금액 ➡ $\dfrac{1}{5}x$원

③ 십의 자리의 숫자가 a, 일의 자리의 숫자가 b인 두 자리의 자연수 ➡ $10a+b$

④ 형의 나이가 a살일 때, 6살 어린 동생의 나이
➡ $(a-6)$살

⑤ 가로의 길이가 x cm, 세로의 길이가 y cm인 직사각형의 둘레의 길이 ➡ $2(x+y)$ cm

3 $a = -2$일 때, 다음 중 식의 값이 나머지 넷과 <u>다른</u> 하나는?

① a^2　　② $(-a)^2$　　③ $-2a$

④ $a+6$　　⑤ $10-a^2$

4 $x = -3$, $y = 4$일 때, 다음 중 식의 값이 가장 큰 것은?

① $x+3y$　　② $3x^2-y$　　③ x^2+y^2

④ $-\dfrac{x}{y}$　　⑤ $10-|xy|$

5 지면에서 초속 30 m로 똑바로 위로 던져 올린 물체의 t초 후의 높이는 $(30t-5t^2)$ m라 한다. 이 물체의 3초 후의 높이는?

① 30 m　　② 35 m　　③ 40 m

④ 45 m　　⑤ 50 m

6 다음 보기 중 일차식의 개수는?

> **보기**
>
> ㄱ. $8x-2$　　ㄴ. $-\dfrac{1}{x}+6$　　ㄷ. $\dfrac{2}{3}-\dfrac{y}{5}$
>
> ㄹ. $x-0 \times x^2$　　ㅁ. 10　　ㅂ. $\dfrac{5-x}{7}$

① 1　　② 2　　③ 3

④ 4　　⑤ 5

7 다항식 $\dfrac{x^2}{10}-x+\dfrac{1}{5}$ 에서 x^2의 계수를 a, x의 계수를 b, 다항식의 차수를 c라 할 때, $(c-b)\div a$의 값은?

① $\dfrac{1}{10}$ ② $\dfrac{3}{10}$ ③ 10
④ 30 ⑤ 50

8 다음 중 옳은 것은?

① $-2x\times(-5)=-10x$
② $(x+6)\div3=x+2$
③ $6\left(\dfrac{5}{2}x-\dfrac{1}{3}\right)=15x-\dfrac{1}{18}$
④ $(12x-4)\div(-4)=-3x+1$
⑤ $(-2x+3)\div\left(-\dfrac{2}{3}\right)=3x-2$

9 다음 그림과 같이 성냥개비를 사용하여 정사각형을 만든다. 정사각형을 20개 만들었을 때 사용한 성냥개비의 개수는?

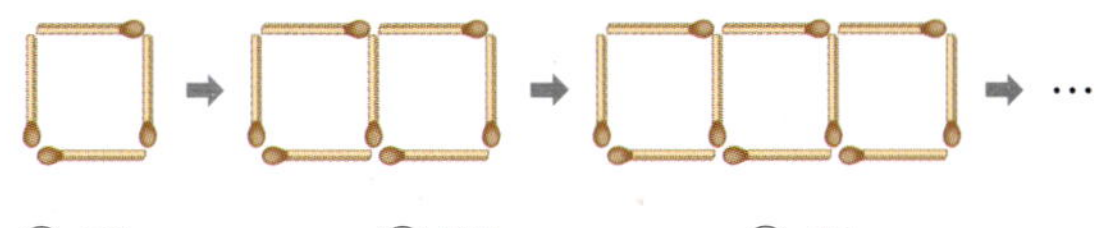

① 51 ② 56 ③ 61
④ 66 ⑤ 71

10 다음 보기 중 동류항끼리 짝 지어진 것을 모두 고른 것은?

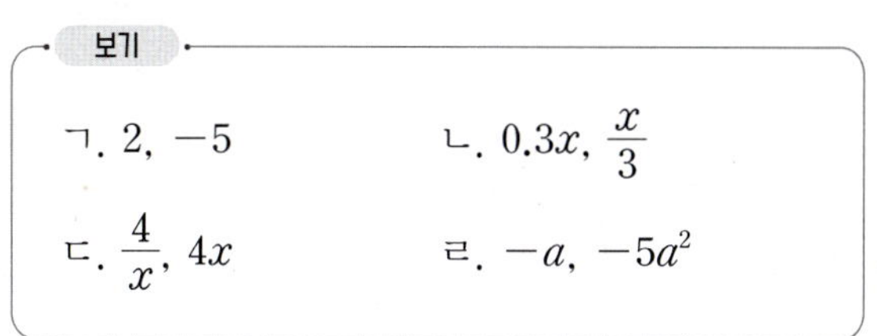

> **보기**
>
> ㄱ. $2,\ -5$ ㄴ. $0.3x,\ \dfrac{x}{3}$
>
> ㄷ. $\dfrac{4}{x},\ 4x$ ㄹ. $-a,\ -5a^2$

① ㄱ, ㄴ   ② ㄱ, ㄷ   ③ ㄱ, ㄹ
④ ㄴ, ㄷ   ⑤ ㄴ, ㄹ

11 다음 중 옳지 <u>않은</u> 것은?

① $-3a+1+2a=-a+1$
② $(2x+7)+(3x-4)=5x+3$
③ $(-y+7)-(2y+1)=-3y+8$
④ $3(a-1)-(2a-5)=a+2$
⑤ $0.75x+\dfrac{1}{2}-\dfrac{1}{4}x+0.2=\dfrac{1}{2}x+\dfrac{7}{10}$

12 $3(5x+2)-2(4x-5)$를 계산하였을 때, x의 계수와 상수항의 합은?

① 18 ② 19 ③ 20
④ 22 ⑤ 23

13 $-4x^2-3x+1+ax^2+bx+2$가 x에 대한 일차식이 되도록 하는 상수 a, b의 조건은?

① $a=-4$, $b=-3$ ② $a=4$, $b=3$
③ $a\neq-4$, $b=-3$ ④ $a=4$, $b\neq3$
⑤ $a\neq-4$, $b\neq3$

14 $\dfrac{5x-3}{2}-\dfrac{2x-4}{3}$ 를 계산하면?

① $\dfrac{5}{6}x-\dfrac{1}{3}$ ② $\dfrac{7}{6}x-\dfrac{1}{6}$ ③ $\dfrac{7}{6}x+\dfrac{1}{3}$
④ $\dfrac{11}{6}x-\dfrac{1}{6}$ ⑤ $\dfrac{11}{6}x+\dfrac{1}{2}$

15 $-\dfrac{3}{4}(8x-12)-\left\{(-10x+15)\div\left(-\dfrac{5}{3}\right)-3x\right\}$ 를 계산하였을 때, x의 계수를 a, 상수항을 b라 하자. 이때 $a-b$의 값은?

① -27 ② -18 ③ -9
④ 9 ⑤ 18

16 다음 □ 안에 알맞은 식은?

$$(-3x+2)-\boxed{}=4x-1$$

① $-7x+1$ ② $-7x+3$ ③ $x+3$
④ $7x-3$ ⑤ $7x+1$

17 길이가 $25\,\mathrm{cm}$인 양초에 불을 붙이면 10초에 $x\,\mathrm{cm}$씩 줄어든다고 한다. 불을 붙인 지 y분 후에 남은 양초의 길이를 x, y를 사용한 식으로 나타내고, $x=0.2$, $y=20$일 때, 남은 양초의 길이를 구하시오. [8점]

18 오른쪽 그림과 같은 직사각형 ABCD에서 색칠한 부분의 넓이를 x를 사용한 식으로 나타내시오. [10점]

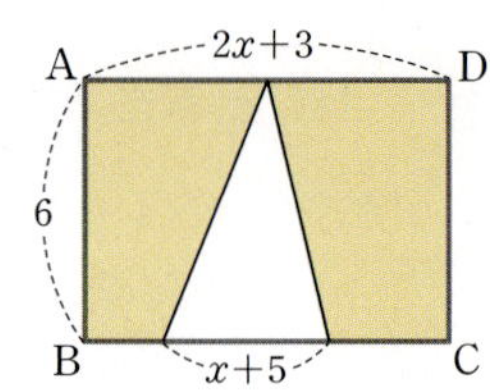

19 $A=-3x-5$, $B=x-2$일 때, $3A-2(A-B)$를 계산하시오. [8점]

20 어떤 다항식에서 $2x-5$를 빼야 할 것을 잘못하여 더했더니 $5x+1$이 되었다. 이때 바르게 계산한 식을 구하시오. [10점]

2. 일차방정식

출제 유형

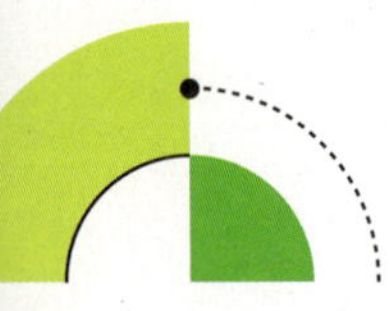

필수기출

1 다음 중 등식인 것을 모두 고르면? (정답 2개)

① $4-2x$　　　② $3x-2=4$

③ $2x<4x$　　　④ $7+x\geq3$

⑤ $x-1=2x-5$

2 다음 중 문장을 등식으로 나타낸 것으로 옳지 <u>않은</u> 것은?

① 어떤 수 x에 4를 더한 후 3배 한 것은 28과 같다.

➡ $3(x+4)=28$

② 집에서 $x\,\mathrm{km}$ 떨어진 공원까지 시속 $5\,\mathrm{km}$로 뛰어 가면 40분이 걸린다. ➡ $\dfrac{x}{5}=\dfrac{2}{3}$

③ 참외 60개를 한 상자에 x개씩 넣었더니 8상자가 되고 참외가 4개 남았다. ➡ $8x+4=60$

④ 한 개에 800원인 사탕 x개를 사고 3000원을 냈더니 거스름돈이 600원이었다.

➡ $3000-800x=600$

⑤ 가로의 길이가 $x\,\mathrm{cm}$, 세로의 길이가 $2\,\mathrm{cm}$인 직사각형의 둘레의 길이는 $20\,\mathrm{cm}$이다.

➡ $2x+2=20$

Best

3 다음 방정식 중 해가 $x=-1$인 것은?

① $-3x+2=-1$

② $\dfrac{1}{2}x+\dfrac{2}{3}=\dfrac{1}{3}x-\dfrac{1}{6}$

③ $-2x+3(x-1)=5$

④ $2(5x+2)=3(x-1)$

⑤ $0.3x-1=0.1x+0.4$

4 다음 중 [ ] 안의 수가 주어진 방정식의 해인 것은?

① $2x+1=-5$　　[3]

② $-3x-5=7$　　$[-4]$

③ $\dfrac{2}{5}x-1=3$　　[5]

④ $-x+1=x-3$　$[-1]$

⑤ $x+5=2x+3$　$[-2]$

Best

5 다음 보기 중 항등식인 것을 모두 고른 것은?

> 보기
>
> ㄱ. $x-3=-2x+3$
> ㄴ. $2x+3x=5x$
> ㄷ. $\dfrac{1}{2}(4x-1)=2x-1$
> ㄹ. $4x+4=1+(3+4x)$
> ㅁ. $-2(x-2)+2=x+5-3x$

① ㄱ, ㄴ　　　② ㄱ, ㄹ　　　③ ㄴ, ㄷ

④ ㄴ, ㄹ　　　⑤ ㄷ, ㅁ

6 다음 중 x의 값에 관계없이 항상 참이 되는 등식은?

① $2x-5=5-2x$

② $3x-2x=2x$

③ $-(x+2)=x+3$

④ $3(x-1)=x-3$

⑤ $2x+1=(x+3)+(x-2)$

Best

7 등식 $-3x+2a=3(bx-2)$가 x에 대한 항등식일 때, 상수 a, b에 대하여 $a-b$의 값을 구하시오.

8 다음 등식이 모든 x의 값에 대하여 항상 참일 때, ☐ 안에 알맞은 식은?

$$4(x-2)+7=2x+\boxed{}$$

① $-2x+3$　　② $-x-1$　　③ $x-4$
④ $2x-1$　　⑤ $3x-2$

유형 ④　등식의 성질

Best

9 다음 중 옳지 <u>않은</u> 것은?

① $a=b$이면 $a-2=b-2$이다.
② $a=-b$이면 $a+5=5-b$이다.
③ $\dfrac{a}{3}=\dfrac{b}{4}$이면 $\dfrac{a+1}{3}=\dfrac{b+1}{4}$이다.
④ $\dfrac{a}{5}=b$이면 $a=5b$이다.
⑤ $9a=3b$이면 $3a=b$이다.

10 $a=4b$일 때, 다음 중 옳은 것은?

① $\dfrac{a}{2}=b$　　　　② $\dfrac{4}{3}a=3b$
③ $a-2=4(b-2)$　　④ $-2a+1=-8b-1$
⑤ $\dfrac{a}{2}+5=2b+5$

유형 ⑤　등식의 성질을 이용한 방정식의 풀이

11 오른쪽은 등식의 성질을 이용하여 방정식을 푸는 과정이다. ㈎, ㈏, ㈐에 이용된 등식의 성질을 다음 보기에서 골라 차례로 나열하시오.

$$\dfrac{4x-2}{3}=6 \quad \text{㈎}$$
$$4x-2=18 \quad \text{㈏}$$
$$4x=20 \quad \text{㈐}$$
$$\therefore x=5$$

──── 보기 ────

$a=b$이고 c는 자연수일 때

ㄱ. $a+c=b+c$　　ㄴ. $a-c=b-c$
ㄷ. $ac=bc$　　　ㄹ. $\dfrac{a}{c}=\dfrac{b}{c}$

12 다음은 등식의 성질을 이용하여 방정식 $4x-6=2x+12$를 푸는 과정이다. ㈎~㈑에 알맞은 수들의 합을 구하시오.

$$4x-6=2x+12$$
$$4x-6+\boxed{\text{㈎}}=2x+12+\boxed{\text{㈎}}$$
$$4x=2x+\boxed{\text{㈏}}$$
$$4x-2x=2x+\boxed{\text{㈏}}-2x$$
$$2x=\boxed{\text{㈏}}$$
$$2x\div\boxed{\text{㈐}}=\boxed{\text{㈏}}\div\boxed{\text{㈐}}$$
$$\therefore x=\boxed{\text{㈑}}$$

유형 ❻ 이항

Best

13 다음 중 밑줄 친 항을 바르게 이항한 것은?

① $2x\underline{+7}=4 \Rightarrow 2x=7-4$

② $x\underline{-6}=-2 \Rightarrow x=-2+6$

③ $3x=1\underline{-2x} \Rightarrow 3x-2x=1$

④ $-2x=7\underline{+x} \Rightarrow -2x+x=7$

⑤ $2x\underline{+1}=\underline{-x}+4 \Rightarrow 2x+x=4+1$

14 등식 $7x-3=5x+6$을 이항만을 이용하여 $ax=b$ 꼴로 고쳤을 때, 상수 a, b에 대하여 $a+b$의 값은?

(단, $a>0$)

① 7   ② 8   ③ 9

④ 10   ⑤ 11

유형 ❼ 일차방정식

Best

15 다음 중 일차방정식이 <u>아닌</u> 것은?

① $2x=0$ ② $4=1-\dfrac{x}{2}$

③ $2x-3=-2x$ ④ $x^2+1=3x+x^2$

⑤ $2x-3=3(x-1)-x$

16 방정식 $-8x+3=2-a(x-1)$이 x에 대한 일차방정식이 되기 위한 상수 a의 값으로 알맞지 <u>않은</u> 것은?

① -8 ② -5 ③ 3

④ 5 ⑤ 8

유형 ❽ 일차방정식의 풀이

17 일차방정식 $4(x+1)-(3-x)=11$을 풀면?

① $x=-4$ ② $x=0$ ③ $x=2$

④ $x=3$ ⑤ $x=4$

18 비례식 $(x+2):3=(3x+2):5$를 만족시키는 x의 값은?

① 1   ② 2   ③ 3

④ 4   ⑤ 5

19 일차방정식 $0.15x-0.2=0.1x+0.35$의 해를 $x=a$, 일차방정식 $\dfrac{x-1}{4}+\dfrac{2x+1}{3}=1$의 해를 $x=b$라 할 때, $a+b$의 값을 구하시오.

20 일차방정식 $\dfrac{1}{4}x+0.1=\dfrac{x-2}{5}$ 를 풀면?

① $x=-10$　② $x=-7$　③ $x=3$
④ $x=5$　⑤ $x=8$

Best

21 다음 방정식 중 해가 나머지 넷과 <u>다른</u> 하나는?

① $2x-4=2$　② $4x-3=2x+3$
③ $3(x-1)=2x$　④ $-x+1=2(x+2)$
⑤ $1-x=4x-(3x+5)$

Best

24 다음 x에 대한 두 일차방정식의 해가 서로 같을 때, 상수 a의 값을 구하시오.

$$12-x=5(4-x),\quad \dfrac{3}{4}x-\dfrac{2x+a}{3}=\dfrac{1}{2}$$

유형 ⑩　**해에 대한 조건이 주어질 때, 상수 구하기**

25 x에 대한 일차방정식 $4x-a=b+3x$의 해가 일차방정식 $2(3x-1)=4(x+2)$의 해의 2배일 때, 상수 a, b에 대하여 $a+b$의 값은?

① -10　② -5　③ 5
④ 10　⑤ 15

유형 ⑨　**일차방정식의 해를 알 때, 상수 구하기**

Best

22 x에 대한 일차방정식 $-3(x-2)+ax=10$의 해가 $x=1$일 때, 상수 a의 값을 구하시오.

26 x에 대한 두 일차방정식 $\dfrac{5x-3}{3}=4$,

$3x+2k=-x+4k-6$의 해의 절댓값이 같고 부호가 서로 반대일 때, 상수 k의 값은?

① -6　② -5　③ -4
④ -3　⑤ -2

23 x에 대한 일차방정식 $a(2x-1)-4x=x-1$의 해가 $x=2$일 때, x에 대한 일차방정식 $2-2a=\dfrac{3-7x}{2}+5$를 풀면? (단, a는 상수)

① $x=-5$　② $x=-3$　③ $x=-1$
④ $x=1$　⑤ $x=3$

Best

27 x에 대한 일차방정식 $3(5-x)=a$의 해가 자연수가 되도록 하는 자연수 a의 개수는?

① 1   ② 2   ③ 3
④ 4   ⑤ 5

28 x에 대한 일차방정식 $\dfrac{a-(4x-1)}{3}=4$의 해가 음의 정수가 되도록 하는 모든 자연수 a의 값의 합을 구하시오.

유형 ⑪ **일차방정식의 활용 - 수**

29 어떤 수에 5를 더한 수는 어떤 수의 3배보다 5만큼 작을 때, 어떤 수는?

① 1   ② 5   ③ 9
④ 13   ⑤ 17

Best

30 연속하는 세 자연수의 합이 162일 때, 세 자연수 중에서 가장 큰 수는?

① 54   ② 55   ③ 56
④ 57   ⑤ 58

---

31 연속하는 세 홀수의 합이 159일 때, 세 홀수 중에서 가장 작은 수를 구하시오.

32 십의 자리의 숫자가 4인 두 자리의 자연수가 있다. 이 자연수의 십의 자리의 숫자와 일의 자리의 숫자를 바꾼 수는 처음 수보다 9만큼 크다고 할 때, 처음 수를 구하시오.

유형 ⑫ **일차방정식의 활용 - 개수**

33 한 개에 500원 하는 사과와 한 개에 200원 하는 귤을 합하여 20개를 사고 7000원을 냈더니 600원을 거슬러 받았다. 이때 사과는 몇 개를 샀는가?

① 6개   ② 7개   ③ 8개
④ 9개   ⑤ 10개

34 어느 농장에 염소와 오리가 총 12마리 있다. 염소와 오리의 다리의 수의 합이 34일 때, 오리는 몇 마리인지 구하시오.

유형 ⑬ 일차방정식의 활용 - 나이, 예금

35 현재 아버지의 나이는 46세이고 딸의 나이는 15세이다. 아버지의 나이가 딸의 나이의 2배가 되는 것은 몇 년 후인가?

① 13년 후 ② 14년 후 ③ 15년 후
④ 16년 후 ⑤ 17년 후

Best
36 현재 어머니의 나이는 아들의 나이의 3배이고, 13년 후에 어머니의 나이는 아들의 나이의 2배가 된다고 한다. 이때 현재 아들의 나이는?

① 9세 ② 10세 ③ 11세
④ 12세 ⑤ 13세

37 현재 형과 동생의 저금통에는 각각 8000원, 4000원이 들어 있다. 다음 주부터 매주 형은 800원씩, 동생은 1200원씩 각자의 저금통에 넣을 때, 형과 동생의 저금통에 들어 있는 금액이 같아지는 것은 몇 주 후인지 구하시오.

유형 ⑭ 일차방정식의 활용 - 도형

38 오른쪽 그림과 같이 한 변의 길이가 12 cm인 정사각형에서 가로의 길이를 4 cm만큼, 세로의 길이를 $(2x-3)$ cm 만큼 줄였더니 직사각형이 되었다. 이 직사각형의 넓이가 40 cm²일 때, x의 값을 구하시오.

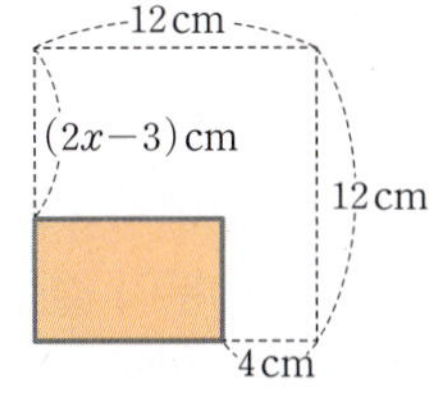

39 가로의 길이가 세로의 길이보다 5 cm만큼 더 긴 직사각형의 둘레의 길이가 46 cm일 때, 이 직사각형의 세로의 길이를 구하시오.

유형 ⑮ 일차방정식의 활용 - 과부족

Best
40 학생들에게 사과를 똑같이 나누어 주려고 하는데 한 학생에게 6개씩 나누어 주면 5개가 남고, 7개씩 나누어 주면 8개가 부족하다고 한다. 이때 학생 수는?

① 10 ② 11 ③ 12
④ 13 ⑤ 14

41 1학년 학생들이 강당에 모두 모여 긴 의자에 앉는데 한 의자에 5명씩 앉으면 3명이 앉지 못하고, 한 의자에 6명씩 앉으면 마지막 의자에는 2명이 앉고 완전히 빈 의자가 4개 남는다고 한다. 이때 1학년 학생 수를 구하시오.

Best

42 두 지점 A, B 사이를 왕복하는데 갈 때는 시속 4 km로 걷고, 올 때는 시속 5 km로 걸어서 총 4시간 30분이 걸렸다고 한다. 이때 두 지점 A, B 사이의 거리는?

① 10 km ② 11 km ③ 12 km
④ 13 km ⑤ 14 km

43 집에서 서점까지 시속 10 km로 자전거를 타고 가면 시속 6 km로 걸어가는 것보다 1시간 빨리 도착한다고 한다. 이때 집과 서점 사이의 거리를 구하시오.

44 동생이 집에서 출발한 지 10분 후에 형이 동생을 따라나섰다. 동생은 매분 80 m의 속력으로 걷고, 형은 매분 240 m의 속력으로 뛰었을 때, 형은 집에서 출발한 지 몇 분 후에 동생을 만나는지 구하시오.

45 둘레의 길이가 800 m인 호수의 둘레를 진희와 민호가 같은 지점에서 동시에 출발하여 같은 방향으로 걸었다. 진희는 매분 30 m의 속력으로, 민호는 매분 50 m의 속력으로 걸었다면 두 사람은 출발한 지 몇 분 후에 처음으로 만나는가?

① 30분 후 ② 35분 후 ③ 40분 후
④ 45분 후 ⑤ 50분 후

46 찬호와 준형이네 집 사이의 거리는 3 km이다. 찬호는 매분 50 m의 속력으로, 준형이는 매분 70 m의 속력으로 각자의 집에서 동시에 출발하여 서로 상대방의 집을 향해 걸어갔다. 이때 두 사람은 출발한 지 몇 분 후에 만나는지 구하시오.

47 일정한 속력으로 달리는 열차가 길이가 350 m인 터널을 완전히 통과하는 데 25초가 걸리고, 길이가 500 m인 철교를 완전히 통과하는 데 35초가 걸린다고 할 때, 이 열차의 길이를 구하시오.

48 지혜네 가족이 여행을 다녀왔는데 총 여행 시간의 $\frac{1}{3}$ 은 잠을 자고, $\frac{1}{6}$ 은 유적지를 돌아보고, $\frac{1}{4}$ 은 차를 타고 이동하였다. 나머지 4시간은 식사를 하였다면 지혜네 가족의 총 여행 시간은?

① 12시간 ② 15시간 ③ 16시간
④ 18시간 ⑤ 20시간

49 다음 글을 읽고, 예슬이가 읽고 있는 소설책은 모두 몇 쪽인지 구하시오.

> 예슬이는 소설책을 읽고 있다. 어제는 전체의 $\frac{5}{9}$ 를 읽었고, 오늘은 남은 양의 $\frac{7}{12}$ 을 읽었다. 내일 10쪽을 읽고 나면 전체의 $\frac{1}{9}$ 이 남는다.

유형 ⑱ 일차방정식의 활용 - 일

Best

50 어떤 일을 완성하는 데 지수는 15일, 준호는 18일이 걸린다고 한다. 지수가 먼저 1일 동안 일한 후에 둘이 함께 일하다가 나머지를 준호가 혼자서 8일 동안 일하여 그 일을 완성하였다. 이때 둘이 함께 일한 기간은 며칠인지 구하시오.

51 어느 빵집에서 빵 반죽을 100개 만드는 데 사장은 20분이 걸리고, 직원은 50분이 걸린다고 한다. 사장과 직원이 오전 10시에 시작하여 함께 빵 반죽 1050개를 쉬지 않고 만든다고 할 때, 끝나는 시각은 언제인가?

① 오후 12시 ② 오후 12시 30분
③ 오후 1시 ④ 오후 1시 30분
⑤ 오후 2시

52 어떤 물통에 물을 가득 채우는 데 A 호스로는 4시간, B 호스로는 2시간이 걸리고, 이 물통에 가득 찬 물을 C 호스로 빼는 데 3시간이 걸린다고 한다. A, B 두 호스로 물을 넣는 동시에 C 호스로 물을 뺀다면 이 물통에 물을 가득 채우는 데 걸리는 시간은?

① 2시간 ② $\dfrac{12}{5}$시간 ③ $\dfrac{14}{5}$시간

④ 3시간 ⑤ $\dfrac{16}{5}$시간

유형 ⑲ 일차방정식의 활용 - 증가와 감소, 정가와 원가

53 어느 중학교의 작년 전체 학생은 750명이었다. 올해에는 작년에 비해 남학생 수가 6 % 증가하고 여학생 수가 8 % 감소하여 전체 학생이 11명 감소하였다. 이때 올해 남학생 수는?

① 350 ② 368 ③ 371
④ 376 ⑤ 378

54 어떤 가수의 앨범 50장 중에서 $\dfrac{7}{10}$은 원가에 30 %의 이익을 붙여서 정가를 정하고, 나머지 $\dfrac{3}{10}$은 원가에 20 %의 이익을 붙여서 정가를 정한 후 모두 팔았더니 총 270000원의 이익이 생겼다. 이때 앨범 한 장의 원가는?

① 10000원 ② 15000원 ③ 20000원
④ 25000원 ⑤ 30000원

55 어떤 제품의 원가에 10 %의 이익을 붙여서 정가를 정했다가 정가에서 400원을 할인하여 팔았더니 1개를 팔 때마다 200원의 이익을 얻었다. 이때 이 제품의 원가를 구하시오.

1 다음 보기 중 해가 $x=2$인 것을 모두 고르시오.

> **보기**
>
> ㄱ. $\dfrac{1}{2}x=1$ ㄴ. $3x-4=2x+2$
>
> ㄷ. $1-x=2x+1$ ㄹ. $\dfrac{3}{4}x+1=5-\dfrac{5}{4}x$
>
> ㅁ. $-3(x+1)=\dfrac{1}{2}x$

2 다음 중 항등식인 것은?

① $\dfrac{1}{2}x+7=0$ ② $5x-2=3x$

③ $-5x+2=2x-5$ ④ $4(x-3)=4x-3$

⑤ $-3x+9=3(3-x)$

3 등식 $a(4x+7)=x+b+1$이 모든 x의 값에 대하여 항상 참일 때, $a+b$의 값을 구하시오.
(단, a, b는 상수)

4 다음 중 옳은 것을 모두 고르면? (정답 2개)

① $\dfrac{a}{2}=\dfrac{b}{5}$이면 $5a=2b$이다.

② $a=2b$이면 $2a+1=4(b+1)$이다.

③ $a+7=b-7$이면 $a=-b$이다.

④ $1+3a=1-6b$이면 $a=2b$이다.

⑤ $3(a-1)=3(b-1)$이면 $a=b$이다.

5 다음 중 밑줄 친 항을 바르게 이항한 것은?

① $2\underline{x+8}=2 \Rightarrow 2x=2+8$

② $3\underline{x}-8=\underline{2x}+2 \Rightarrow 3x+2x=2+8$

③ $5x-\underline{3}=\underline{x}+5 \Rightarrow 5x-x=5+3$

④ $6\underline{x+2}=\underline{2x}+14 \Rightarrow 6x+2x=14+2$

⑤ $\underline{2}+8x=6\underline{x}-10 \Rightarrow 8x-6x=-10+2$

6 다음 보기 중 일차방정식인 것을 모두 고르시오.

> **보기**
>
> ㄱ. $2x=2x+1$
>
> ㄴ. $\dfrac{x}{3}+5=0$
>
> ㄷ. $0.4y-2=y-3$
>
> ㄹ. $3x+2=2(x-1)+x$
>
> ㅁ. $-x^2+3=-(x^2+x)-3$

7 다음 방정식 중 해가 나머지 넷과 다른 하나는?

① $3x+4=7x+12$

② $0.3x+0.4=0.4x+0.6$

③ $\dfrac{1}{2}(3x+8)=\dfrac{5}{2}x+2$

④ $-\dfrac{3}{4}(x-4)=-1.5x+1.5$

⑤ $\dfrac{x+3}{2}-\dfrac{x-5}{3}=\dfrac{15-x}{6}$

8 x에 대한 일차방정식 $\dfrac{2x-3}{4}+a=\dfrac{x-2a}{3}$ 의 해가 $x=2$일 때, 상수 a에 대하여 $8a+2$의 값은?

① 2   ② 4   ③ 6
④ 8   ⑤ 10

9 x에 대한 두 일차방정식 $\dfrac{x}{3}+2=\dfrac{x+6}{4}$, $\dfrac{1}{2}(x+5)+\dfrac{3}{2}a=\dfrac{1}{2}(a+3)+2x$의 해가 서로 같을 때, 상수 a의 값을 구하시오.

10 x에 대한 일차방정식 $0.3(a-2x)=\dfrac{2}{5}(a-10)$의 해가 자연수가 되도록 하는 자연수 a의 개수는?

① 6   ② 7   ③ 8
④ 9   ⑤ 10

11 연속하는 세 정수의 합이 -24일 때, 세 수 중에서 가장 큰 수를 구하시오.

12 현재 아버지와 아들의 나이의 차는 37세이고, 15년 후에는 아버지의 나이가 아들의 나이의 3배보다 3세 적어진다고 한다. 이때 현재 아들의 나이는?

① 5세   ② 6세   ③ 7세
④ 8세   ⑤ 9세

13 가을이가 친구들에게 쿠키를 나누어 주려고 한다. 쿠키를 7개씩 나누어 주면 4개가 남고, 8개씩 나누어 주면 마지막 친구는 5개만 줄 수 있다고 할 때, 가을이가 처음에 갖고 있던 쿠키의 개수를 구하시오.

14 등산을 하는데 올라갈 때는 시속 $2\,km$로 걷고, 내려올 때는 올라갈 때보다 $2\,km$가 더 긴 다른 등산로를 시속 $3\,km$로 걸어서 총 5시간이 걸렸다고 한다. 이때 올라갈 때 걸은 등산로의 길이는?

① $4.8\,km$ ② $5\,km$ ③ $5.2\,km$
④ $5.6\,km$ ⑤ $6\,km$

15 어떤 일을 완성하는 데 주헌이는 15일, 기현이는 9일이 걸린다고 한다. 이 일을 주헌이와 기현이가 함께 3일 동안 하고 나머지는 주헌이가 혼자 하여 완성했다고 할 때, 주헌이가 혼자 일한 기간은 며칠인지 구하시오.

100점 완성

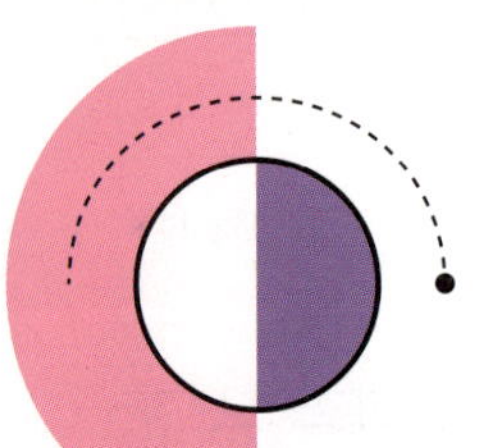

1-

❶

x에 대한 두 방정식 $\dfrac{a}{2}x+7=3x+4$,

$(a+b)x+4=\dfrac{3-b}{2}x+5$의 해가 존재하지 않을

때, 상수 a, b에 대하여 $a+b$의 값을 구하시오.

• Key •

x에 대한 방정식 $ax=b$의 해가 존재하지 않을 때, $a=0$, $b\neq0$이다.

❷

x에 대한 방정식 $ax+6=(7-2b)x+3b$의 해가 존재하지 않을 때, x에 대한 일차방정식 $\dfrac{(b+3)x+7}{2}=ax-1$의 해는?

(단, a, b는 자연수이고, $a>b$)

① $x=\dfrac{1}{2}$　　② $x=1$　　③ $x=\dfrac{3}{2}$

④ $x=2$　　⑤ $x=\dfrac{5}{2}$

2-

❶

예나네 가족은 부모님과 언니를 포함하여 모두 4명이다. 현재 예나네 가족의 나이가 다음 조건을 모두 만족시킬 때, 현재 예나의 나이를 구하시오.

> **조건**
>
> ㈎ 언니의 나이의 2배에 7을 더하면 어머니의 나이인 43세와 같다.
>
> ㈏ 아버지의 나이는 언니의 나이의 $\dfrac{5}{2}$배이다.
>
> ㈐ 15년 후에 아버지의 나이는 예나의 나이의 2배가 된다.

• Key •

언니의 나이를 미지수 x로, 예나의 나이를 미지수 y로 놓고 주어진 조건을 식으로 나타낸다.

❷

경민이네 가족은 부모님을 포함하여 모두 3명이다. 현재 경민이네 가족의 나이가 다음 조건을 모두 만족시킬 때, 현재 아버지의 나이를 구하시오.

> **조건**
>
> ㈎ 어머니의 나이는 경민이의 나이의 3배이다.
>
> ㈏ 6년 후에 어머니의 나이는 경민이의 나이의 $\dfrac{7}{3}$배이다.
>
> ㈐ 아버지의 나이는 어머니의 나이보다 4세 더 많다.

3-

❶ 도윤이가 아침에 일어났을 때 시계를 보니 6시와 7시 사이에서 시침과 분침이 일치하고 있었다. 이때 도윤이가 아침에 일어난 시각을 구하시오.

● **Key** ●

시침은 1시간에 $30°$, 즉 1분에 $0.5°$씩 움직이고 분침은 1분에 $6°$씩 움직인다.

❷ 형원이가 숙제를 하다가 시계를 보니 3시와 4시 사이에서 시침과 분침이 서로 반대 방향으로 일직선을 이루고 있었다. 이때 형원이가 시계를 본 시각을 구하시오.

4-

❶ 오른쪽 그림은 어느 달의 달력이다. 이 달력에 그림과 같이 '➕' 모양으로 5개의 날짜를 묶어 그 수의 합이 80이 되도록 할 때, 한가운데 수를 구하시오.

일	월	화	수	목	금	토
			1	2	3	4
5	6	7	8	9	10	11
12	13	14	15	16	17	18
19	20	21	22	23	24	25
26	27	28	29	30	31	

● **Key** ●

구하는 수를 x로 놓고 다른 위치에 있는 수를 x에 대한 식으로 나타낸다.

❷ 오른쪽 그림과 같이 달력에 사각형 모양을 그려 그 안에 들어가는 4개의 수의 합이 64가 되도록 할 때, 가장 작은 수를 구하시오.

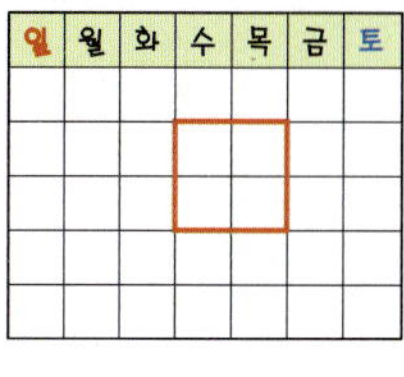

5-

❶ 어느 떡집에서 송편을 만드는데 사장은 직원보다 3분 동안 75개의 송편을 더 만든다고 한다. 사장이 10분, 직원이 30분 동안 송편을 만들었더니 직원은 사장이 만든 송편의 개수의 $\frac{1}{2}$만큼 만들었다고 할 때, 두 사람이 만든 송편의 개수의 합을 구하시오.

● **Key** ●

직원이 1분 동안 만드는 송편의 개수를 x로 놓고 사장이 1분 동안 만드는 송편의 개수를 x에 대한 식으로 나타낸다.

❷ 어느 복싱 학원에서 줄넘기를 하는데 원장님은 학생보다 3분 동안 줄넘기 240개를 더 넘는다고 한다. 원장님이 5분, 학생이 10분 동안 줄넘기를 넘었더니 학생은 원장님이 넘은 줄넘기의 개수의 $\frac{3}{4}$만큼 넘었다고 할 때, 두 사람이 넘은 줄넘기의 개수의 합을 구하시오.

1 다음 문장을 등식으로 나타내시오. [6점]

> 농도가 $20\,\%$인 소금물 $200\,$g에 $x\,$g의 소금을 더 넣었더니 농도가 $25\,\%$가 되었다.

2 등식 $ax-1+\dfrac{1}{3}x=\dfrac{5}{2}x-\dfrac{1}{2}b$가 x에 대한 항등식일 때, 상수 a, b에 대하여 ab의 값을 구하시오.
[6점]

3 일차방정식 $0.1-0.02x=0.04x+0.5$의 해가 $x=a$일 때, $\dfrac{3}{10}a+5$의 값을 구하시오. [6점]

4 x에 대한 일차방정식 $a(2-x)-5(1-2x)=-3$의 해가 $x=-1$일 때, x에 대한 일차방정식 $0.2x-a=\dfrac{1}{2}(x-3)+2$의 해를 구하려고 한다. 다음 물음에 답하시오. (단, a는 상수)

⑴ a의 값을 구하시오. [4점]

⑵ 일차방정식 $0.2x-a=\dfrac{1}{2}(x-3)+2$의 해를 구하시오. [4점]

5 x에 대한 두 일차방정식 $5(x-3)=2x-18$, $\dfrac{a(x+2)}{3}-\dfrac{2-ax}{4}=\dfrac{1}{6}$의 해가 서로 같을 때, 상수 a의 값을 구하시오. [8점]

6 현재 수진이의 예금액은 80000원, 재현이의 예금액은 60000원이다. 다음 달부터 두 사람이 매달 4000원씩 찾아 쓸 때, 수진이의 예금액이 재현이의 예금액의 2배가 되는 것은 몇 개월 후인지 구하시오.
[8점]

7 다음 그림과 같이 가로의 길이가 18 m, 세로의 길이가 12 m인 직사각형 모양의 화단에 폭이 각각 x m, 3 m로 일정한 길을 만들었다. 이 길을 제외한 화단의 넓이가 처음 화단의 넓이의 $\dfrac{2}{3}$일 때, x의 값을 구하시오. [8점]

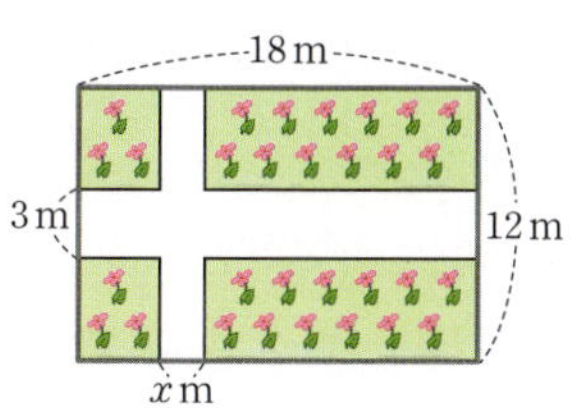

8 작년에 승희네 학교의 전체 학생은 580명이었다. 올해는 작년에 비해 여학생 수는 10 % 증가하고, 남학생은 4명 감소하여 전체 학생 수가 5 % 증가하였다. 이때 승희네 학교의 올해 여학생 수를 구하시오.

[8점]

(서술형)

9 두 수 a, b에 대하여
$$a * b = a + b - 1$$
이라 할 때, $(x * 3) * 5x = 2x * 4$를 만족시키는 x의 값을 구하시오. [10점]

10 일차방정식 $ax + 4 = 2(x - 2) + b$를 푸는데 채경이는 좌변의 상수 a를 3으로 잘못 보고 풀었더니 해가 $x = -1$이었고, 시원이는 우변의 상수 b를 12로 잘못 보고 풀었더니 해가 $x = 2$이었다. 이때 $a + b$의 값을 구하시오. [10점]

1 다음 중 [ ] 안의 수가 주어진 방정식의 해인 것은?

① $1-2x=3$ 　　　　[1]
② $3x=x+4$ 　　　　[-1]
③ $x-7=4x+1$ 　　[-2]
④ $-3x+2(x-1)=1$ [2]
⑤ $\dfrac{1}{3}x-\dfrac{7}{6}=\dfrac{1}{2}x-2$ [5]

2 다음 중 항등식인 것은?

① $2x+6=-2$ 　　　② $4x-3x=-x$
③ $3x-7=7-3x$ 　④ $-2x+4=-2(x-2)$
⑤ $3(x+1)=3x+1$

3 등식 $2x+b=ax+3$이 x에 대한 항등식일 때, 상수 a, b에 대하여 $a+b$의 값은?

① 1 　　　② 3 　　　③ 5
④ 7 　　　⑤ 9

4 등식의 성질을 이용하여 다음 등식이 성립하도록 할 때, ☐ 안에 알맞은 수는?

$$6a+12=12(b+2)\text{이면 } a-3=2b-\boxed{}$$

① 1 　　　② 2 　　　③ 3
④ 4 　　　⑤ 5

5 다음 중 등식 $3\underline{x}-7=2x+11$에서 밑줄 친 항을 바르게 이항한 것은?

① $3x+2x=-11-7$ 　② $3x+2x=11+7$
③ $3x-2x=-11-7$ 　④ $3x-2x=11+7$
⑤ $-3x+2x=11-7$

6 일차방정식 $\dfrac{1}{2}x-5.5=-x+6.5$를 풀면?

① $x=-8$ 　② $x=-5$ 　③ $x=1$
④ $x=5$ 　　⑤ $x=8$

7 일차방정식 $3(x+1)=a-2(4-x)$의 해가 $x=-4$일 때, 상수 a의 값은?

① 6 　　　② 7 　　　③ 8
④ 9 　　　⑤ 10

8 비례식 $3:(x-2)=4:(2x-6)$을 만족시키는 x의 값이 x에 대한 일차방정식 $\dfrac{7x-5}{2}=12+a$의 해일 때, 상수 a의 값은?

① 1 　　　② 2 　　　③ 3
④ 4 　　　⑤ 5

9 x에 대한 두 일차방정식 $4x-3a+1=3x-4$, $\dfrac{2}{3}(x+4)-\dfrac{5}{6}(8-x)=2$의 해가 서로 같을 때, 상수 a의 값은?

① 1 ② 2 ③ 3
④ 4 ⑤ 5

10 x에 대한 일차방정식 $0.3(4x-a)=1.4x-1$의 해가 자연수가 되도록 하는 자연수 a의 값은?

① 1 ② 2 ③ 3
④ 4 ⑤ 5

11 합이 99인 두 자리의 두 자연수가 있다. 이 두 수 중 작은 수의 일의 자리의 숫자 뒤에 0을 하나 더 붙여 만든 세 자리의 자연수와 다른 수의 차가 242일 때, 처음에 주어진 작은 수는?

① 31 ② 32 ③ 33
④ 34 ⑤ 35

12 한 개에 300원인 사탕과 한 개에 500원인 초콜릿을 합하여 10개를 샀더니 총금액이 3600원이었다. 이때 사탕은 몇 개를 샀는가?

① 4개 ② 5개 ③ 6개
④ 7개 ⑤ 8개

13 선영이와 동생의 나이의 합은 56세이고 차는 4세이다. 이때 선영이의 나이는?

① 26세 ② 27세 ③ 28세
④ 29세 ⑤ 30세

14 오른쪽 그림과 같이 학교의 담에 길이가 41 m인 철망을 사용하여 직사각형 모양의 울타리를 만들려고 한다. 이 울타리의 가로의 길이를 세로의 길이보다 8 m 더 길게 하려고 할 때, 세로의 길이는?

① 7 m ② 8 m ③ 9 m
④ 10 m ⑤ 11 m

15 강당의 긴 의자에 학생들이 앉는데 한 의자에 6명씩 앉으면 2명이 앉지 못하고, 한 의자에 7명씩 앉으면 마지막 의자에는 4명이 앉고 빈 의자가 5개 남는다고 한다. 강당에 있는 의자의 개수를 x, 강당에 있는 학생 수를 y라 할 때, $x+y$의 값은?

① 280 ② 282 ③ 284
④ 286 ⑤ 288

16 등산을 하는데 올라갈 때는 시속 $2\,\mathrm{km}$로 걷고, 정상에서 30분 동안 휴식을 취한 후 내려올 때는 같은 등산로를 시속 $3\,\mathrm{km}$로 걸어서 총 3시간이 걸렸다. 이때 등산로의 길이는?

① $3\,\mathrm{km}$　　② $3.5\,\mathrm{km}$　　③ $4\,\mathrm{km}$
④ $4.5\,\mathrm{km}$　　⑤ $5\,\mathrm{km}$

17 흐르는 강물 사이의 두 지점 A, B를 배를 타고 왕복하려고 한다. 강물은 A 지점에서 B 지점을 향하여 시속 $5\,\mathrm{km}$로 흐르고, 배의 속력은 시속 $10\,\mathrm{km}$이다. 왕복하는 데 걸린 시간이 4시간일 때, 두 지점 A, B 사이의 거리는?

① $10\,\mathrm{km}$　　② $15\,\mathrm{km}$　　③ $20\,\mathrm{km}$
④ $25\,\mathrm{km}$　　⑤ $30\,\mathrm{km}$

18 어느 가게에서 어떤 상품의 원가에 $20\,\%$의 이익을 붙여서 정가를 정했다가 팔리지 않아 700원을 할인하여 팔았더니 1개를 팔 때마다 원가의 $10\,\%$의 이익을 얻었다. 이때 이 상품의 원가는?

① 5000원　　② 6000원　　③ 7000원
④ 8000원　　⑤ 9000원

19 일차방정식 $3x-10=x+6$의 해가 $x=a$일 때, x에 대한 일차방정식 $\dfrac{x}{2}-\dfrac{2x-a}{3}=\dfrac{13}{6}$의 해는 $x=b$이다. 이때 $a+b$의 값을 구하시오. [6점]

20 둘레의 길이가 $14\,\mathrm{cm}$인 직사각형 6개를 이어 붙였더니 오른쪽 그림과 같은 정사각형이 만들어졌다. 이 정사각형의 넓이를 구하시오. [6점]

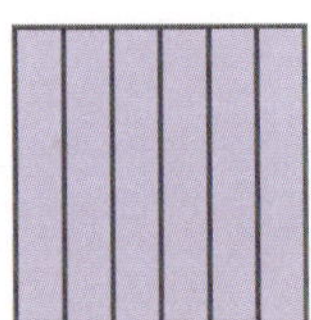

21 다음은 고대 그리스의 수학자 피타고라스가 말한 이야기의 일부이다. 피타고라스의 제자는 모두 몇 명인지 구하시오. [8점]

> 내 제자의 $\dfrac{1}{2}$은 수의 아름다움을 탐구하고, $\dfrac{1}{4}$은 자연의 이치를 연구한다. 또한 제자의 $\dfrac{1}{7}$은 굳게 입을 다물고 깊은 사색에 잠겨 있다. 그 외에 여자인 제자가 3명이 있다. 이들이 제자의 전부이다.

22 어떤 일을 완성하는 데 지호가 혼자서 하면 4시간이 걸리고, 지훈이가 혼자서 하면 6시간이 걸린다. 오후 12시부터 지호 혼자서 일을 시작하고 도중에 지훈이와 함께 일하여 오후 3시에 일을 끝마쳤다고 할 때, 지호는 혼자 몇 시간 몇 분 일했는지 구하시오. [8점]

1. 좌표와 그래프

출제 유형

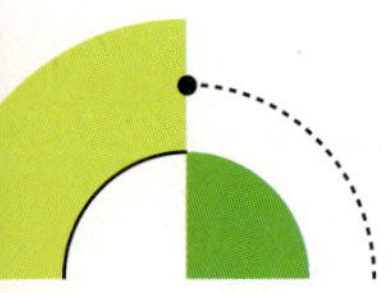

필수기출

Best

1 두 순서쌍 $(a+2,\ 3)$, $(3,\ 2b-1)$이 서로 같을 때, $a-b$의 값은?

① -2　　　　② -1　　　　③ 0

④ 1　　　　⑤ 2

Best

4 다음 중 오른쪽 좌표평면 위의 점 A, B, C, D, E의 좌표를 나타낸 것으로 옳은 것은?

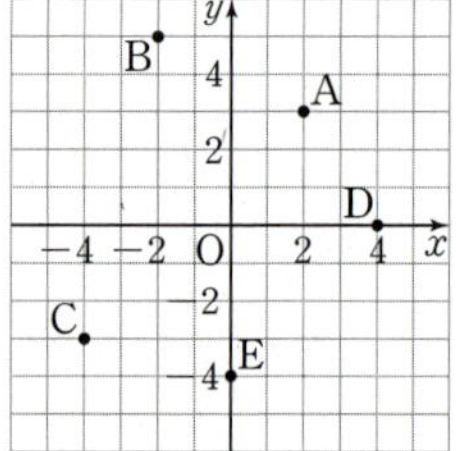

① $\mathrm{A}(3,\ 2)$

② $\mathrm{B}(-2,\ -5)$

③ $\mathrm{C}(-4,\ -3)$

④ $\mathrm{D}(0,\ 4)$

⑤ $\mathrm{E}(-4,\ 0)$

2 두 수 a, b에 대하여 a는 4의 약수이고 $|b|=3$일 때, 순서쌍 $(a,\ b)$의 개수는?

① 5　　　　② 6　　　　③ 7

④ 8　　　　⑤ 9

5 다음 순서쌍을 좌표로 하는 점을 아래 좌표평면에서 찾은 후 각 좌표가 나타내는 글자를 차례로 적어 문구를 완성하시오.

$$(0,\ -3) \rightarrow (1,\ 3) \rightarrow (2,\ 1) \rightarrow (-5,\ -2)$$
$$\rightarrow (2,\ -3) \rightarrow (0,\ 0) \rightarrow (-2,\ 2) \rightarrow (4,\ 0)$$

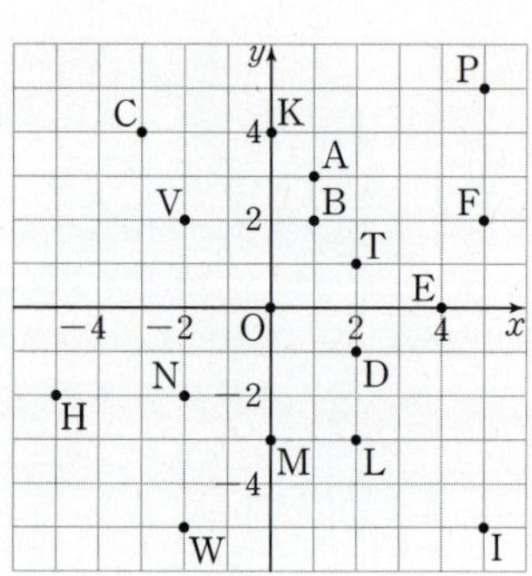

3 두 주사위 A, B를 던져서 나온 눈의 수를 각각 a, b라 할 때, 두 눈의 수의 합이 6이 되는 순서쌍 $(a,\ b)$를 모두 구하시오.

6 x축 위에 있고, x좌표가 $-\dfrac{1}{3}$인 점은?

① $\left(-\dfrac{1}{3},\ 0\right)$ ② $\left(-\dfrac{1}{3},\ \dfrac{1}{3}\right)$ ③ $\left(0,\ -\dfrac{1}{3}\right)$

④ $\left(0,\ \dfrac{1}{3}\right)$ ⑤ $\left(\dfrac{1}{3},\ 0\right)$

Best

7 점 $\mathrm{A}(a+1,\ 2-a)$는 x축 위의 점이고, 점 $\mathrm{B}(b-3,\ 2b+1)$은 y축 위의 점일 때, $a+b$의 값을 구하시오.

유형 ③ 좌표평면 위의 도형의 넓이

Best

8 세 점 $\mathrm{A}(-2,\ 4)$, $\mathrm{B}(-2,\ -1)$, $\mathrm{C}(4,\ 0)$을 꼭짓점으로 하는 삼각형 ABC의 넓이는?

① 3 ② 6 ③ 9
④ 12 ⑤ 15

9 네 점 $\mathrm{A}(-2,\ 2)$, $\mathrm{B}(-2,\ -3)$, $\mathrm{C}(2,\ -3)$, $\mathrm{D}(2,\ 2)$를 꼭짓점으로 하는 사각형 ABCD의 넓이는?

① 12 ② 14 ③ 16
④ 18 ⑤ 20

10 네 점 $\mathrm{A}(-3,\ 3)$, $\mathrm{B}(-5,\ -2)$, $\mathrm{C}(3,\ -2)$, $\mathrm{D}(2,\ 3)$을 꼭짓점으로 하는 사각형 ABCD의 넓이는?

① $\dfrac{65}{2}$ ② 35 ③ $\dfrac{75}{2}$

④ 40 ⑤ $\dfrac{85}{2}$

11 세 점 $\mathrm{A}(-1,\ 2)$, $\mathrm{B}(0,\ -4)$, $\mathrm{C}(3,\ -2)$를 꼭짓점으로 하는 삼각형 ABC의 넓이를 구하시오.

| 유형 ④ 사분면 | 유형 ⑤ 사분면의 판단 |

---

12 다음 중 제4사분면 위의 점은?

① $(-1, -6)$ ② $(-4, 5)$ ③ $(0, 4)$
④ $(2, 3)$ ⑤ $(3, -3)$

13 다음 중 주어진 점이 속하는 사분면으로 옳은 것은?

① $(6, 5)$ ➡ 제4사분면
② $(-2, 0)$ ➡ 제2사분면
③ $(0, -5)$ ➡ 제4사분면
④ $(1, -2)$ ➡ 제1사분면
⑤ $(-3, -1)$ ➡ 제3사분면

Best

14 다음 중 옳지 <u>않은</u> 것은?

① 점 $(0, 0)$은 어느 사분면에도 속하지 않는다.
② 제2사분면 위의 점의 x좌표는 양수이다.
③ 점 $(0, -3)$은 y축 위의 점이다.
④ 점 $(1, -5)$는 제4사분면 위의 점이다.
⑤ 점 $(7, 4)$와 점 $(4, 7)$은 서로 다른 점이다.

Best

15 점 (a, b)가 제2사분면 위의 점일 때, 다음 중 제4사분면 위의 점은?

① $(-a, b)$ ② $(a, -b)$ ③ $(a-b, a)$
④ $(b, b-a)$ ⑤ (b, ab)

16 점 $(-a, b)$가 제4사분면 위의 점일 때, 점 $(a+b, ab)$는 제몇 사분면 위의 점인가?

① 제1사분면 ② 제2사분면
③ 제3사분면 ④ 제4사분면
⑤ 어느 사분면에도 속하지 않는다.

17 점 (a, b)는 제1사분면 위의 점이고 점 (c, d)는 제3사분면 위의 점일 때, 점 $(ac, d-b)$는 제몇 사분면 위의 점인가?

① 제1사분면 ② 제2사분면
③ 제3사분면 ④ 제4사분면
⑤ 어느 사분면에도 속하지 않는다.

Best

18 $ab<0$, $b-a<0$일 때, 점 (a, b)는 제몇 사분면 위의 점인가?

① 제1사분면   ② 제2사분면
③ 제3사분면   ④ 제4사분면
⑤ 어느 사분면에도 속하지 않는다.

19 점 $A\left(\dfrac{a}{b}, a-b\right)$가 제2사분면 위의 점일 때, 다음 중 점 $B(a^2-b, ab^2)$과 같은 사분면 위의 점은?

① $(-2, 1)$ ② $(0, 3)$ ③ $(4, 3)$
④ $(-3, -2)$ ⑤ $(5, -1)$

유형 ⑥ 대칭인 점의 좌표

20 다음 중 점 $(2, -7)$과 원점에 대하여 대칭인 점은?

① $(-2, -7)$ ② $(-2, 7)$ ③ $(0, 7)$
④ $(2, 0)$ ⑤ $(2, 7)$

Best

21 점 $(-3, a-3)$과 y축에 대하여 대칭인 점의 좌표가 $(2+b, 5)$일 때, $a+b$의 값은?

① 6   ② 7   ③ 8
④ 9   ⑤ 10

22 점 $A(-2, 3)$과 x축에 대하여 대칭인 점을 B라 하자. 두 점 A, B와 원점 O를 꼭짓점으로 하는 삼각형 ABO의 넓이는?

① 4   ② 5   ③ 6
④ 7   ⑤ 8

유형 ⑦ 그래프의 해석

23 다음 그래프는 연우가 공원에서 방패연을 날렸을 때, 지면으로부터 방패연의 높이를 시간에 따라 나타낸 것이다. 방패연을 날린 후 방패연이 지면에 닿았다가 다시 떠오른 것은 몇 번인지 구하시오.

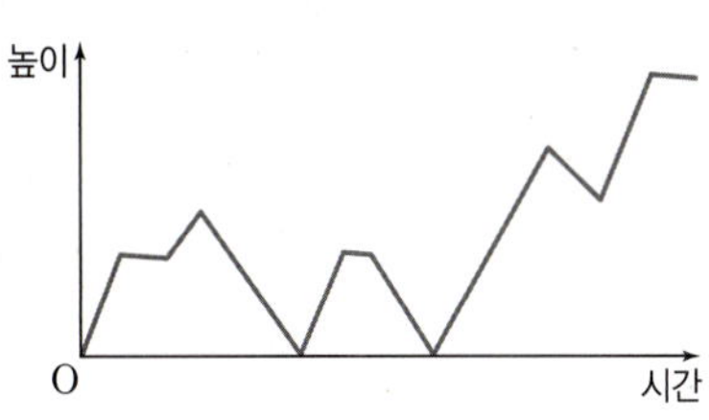

24 지연이와 은수가 운동장의 양 끝에서 동시에 출발하여 서로를 향해 일정한 속력으로 걸어가서 만났다. 다음 중 두 사람 사이의 거리를 시간에 따라 나타낸 그래프로 알맞은 것은?

① 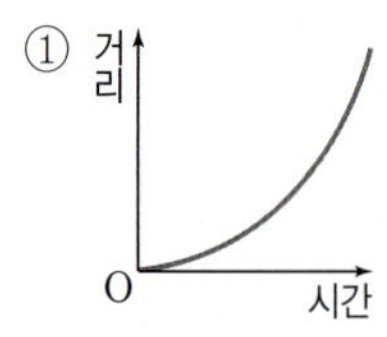
② 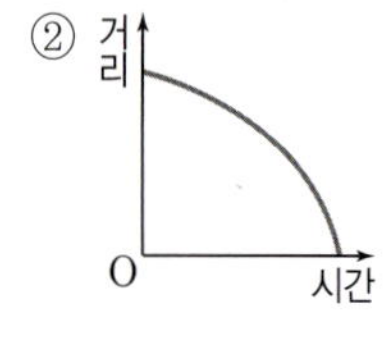
③ 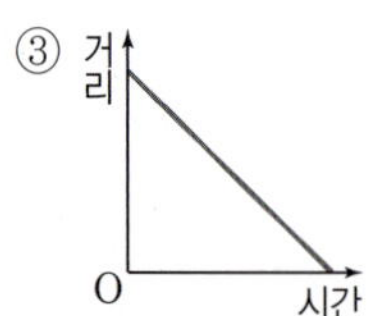
④ 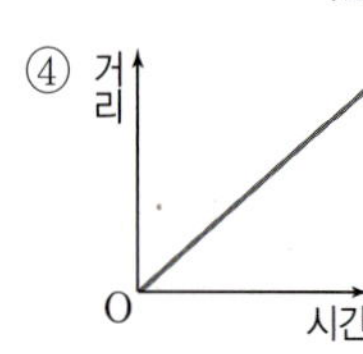
⑤ 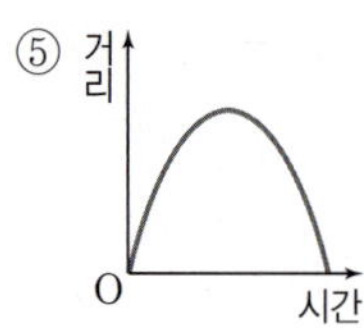

25 오른쪽 그림과 같은 모양의 컵에 일정한 속력으로 물을 계속 넣을 때, 다음 중 물의 높이를 시간에 따라 나타낸 그래프로 알맞은 것은?

① 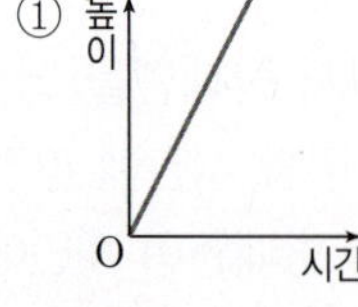
② 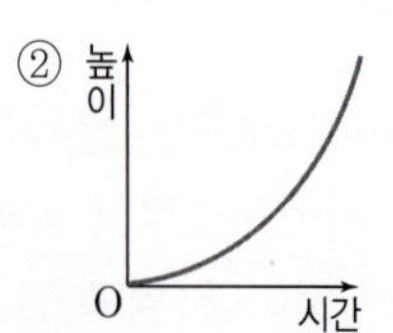
③ 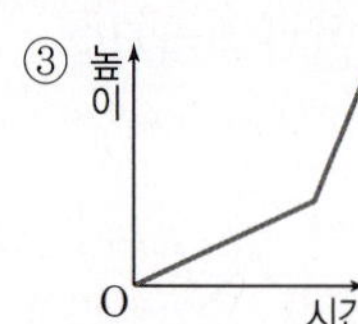
④ 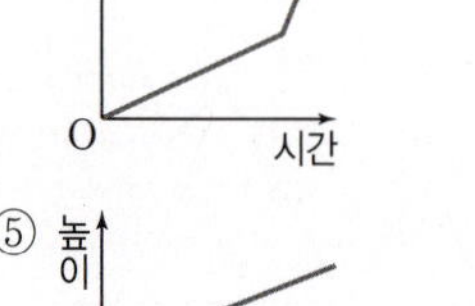
⑤ 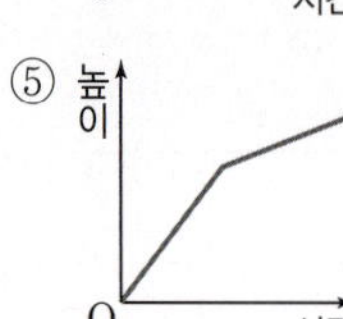

26 다음 그림과 같은 세 용기 A, B, C에 일정한 속력으로 물을 채울 때, 물을 채우는 시간 x에 따른 물의 높이를 y라 하자. 세 용기 A, B, C에 해당하는 그래프를 보기에서 골라 바르게 짝 지으시오.

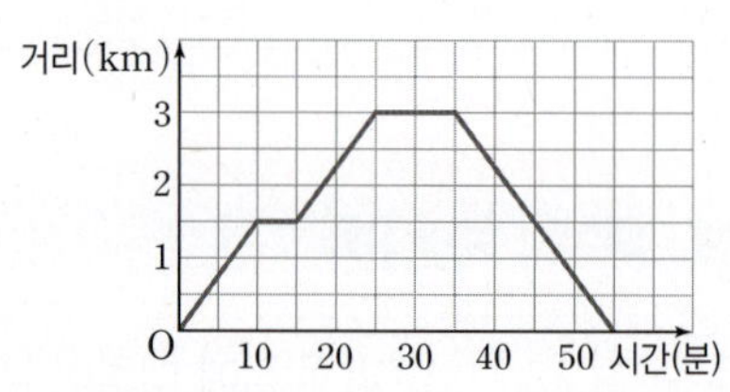

유형 ❽ 좌표가 주어진 그래프의 해석

27 창현이는 집에서 3 km 떨어진 도서관까지 직선 도로를 이용하여 갔다가 다시 집으로 돌아왔다. 아래 그래프는 창현이가 집에서부터 떨어진 거리를 시간에 따라 나타낸 것이다. 다음 중 이 그래프에 대한 설명으로 옳은 것은?

① 도서관까지 갔다 오는 데 총 50분이 걸렸다.
② 집에서 출발한 지 15분 후에 창현이는 집에서 2 km 떨어진 지점에 있었다.
③ 도서관에 머문 시간은 15분이다.
④ 창현이가 이동한 거리는 총 3 km이다.
⑤ 도서관을 출발하여 집까지 오는 데 걸린 시간은 20분이다.

28 다음 그래프는 시우가 자전거를 타고 직선 도로 위를 움직였을 때, 자전거의 속력을 시간에 따라 나타낸 것이다. 자전거가 일정한 속력으로 움직인 시간은?

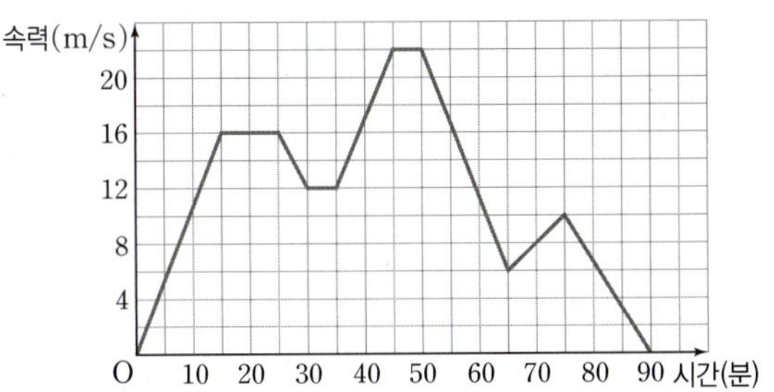

① 20분　　　② 25분　　　③ 30분
④ 35분　　　⑤ 40분

29 정재가 100 m 직선 레인이 있는 수영장에서 수영 연습을 하고 있다. 다음 그래프는 출발 지점에서부터 정재가 위치한 지점까지의 거리를 시간에 따라 나타낸 것이다. 정재가 처음으로 출발 지점에서부터 60 m 지점을 통과하는 것은 출발한 지 a분 후이고, 수영 연습을 하는 동안 방향을 바꾼 횟수는 b일 때, $a+b$의 값은?

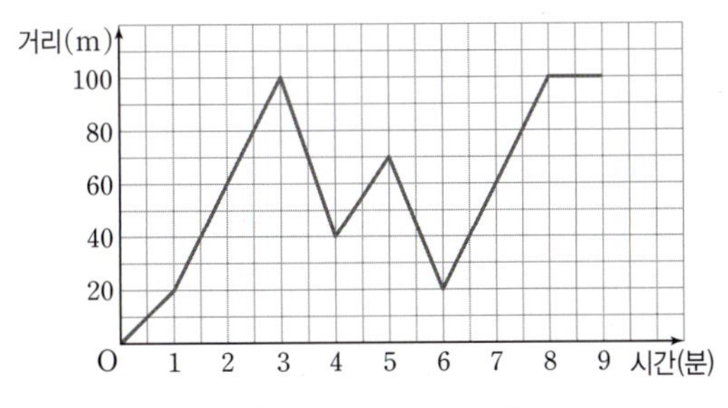

① 4　　　　② 5　　　　③ 6
④ 7　　　　⑤ 8

Best

30 아래 그래프는 형과 동생이 집에서 출발하여 공원까지 직선으로 이동할 때, 각각 집에서부터 떨어진 거리를 시간에 따라 나타낸 것이다. 다음 중 이 그래프에 대한 설명으로 옳지 <u>않은</u> 것은?

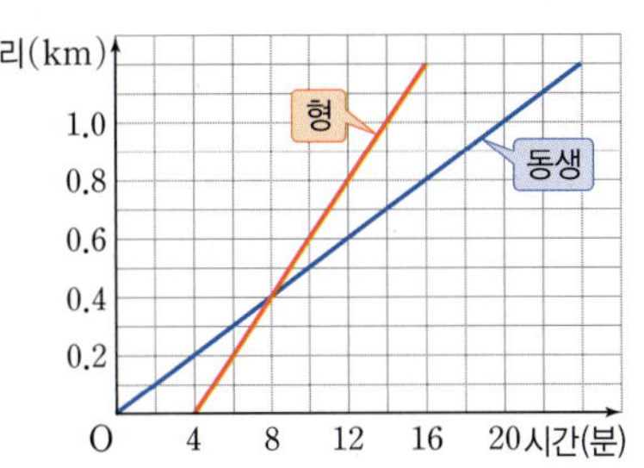

① 형은 동생이 출발하고 4분 후에 출발하였다.
② 형과 동생은 형이 출발한 지 8분 후에 만났다.
③ 동생이 출발한 지 14분 후에 형과 동생 사이의 거리는 0.3 km이다.
④ 집에서 공원까지의 거리는 1.2 km이다.
⑤ 형이 출발한 지 6분 후에 형은 동생보다 집에서 멀리 떨어져 있다.

31 아래 그래프는 성준이와 지한이가 10 km 마라톤을 할 때, x분 동안 달린 거리 y km를 나타낸 것이다. 다음 보기 중 이 그래프에 대한 설명으로 옳은 것을 모두 고르시오. (단, 두 사람은 같은 길을 달렸다.)

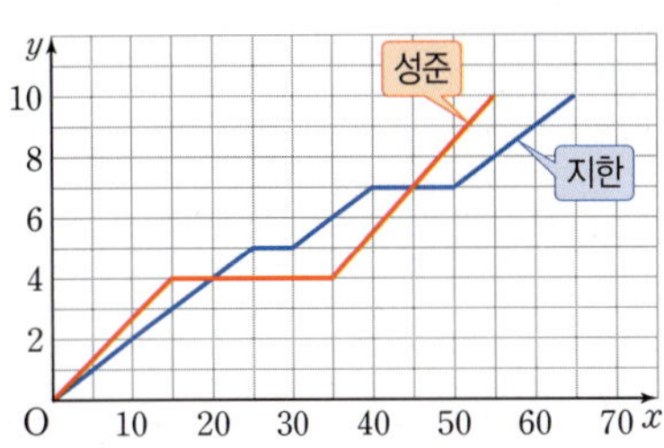

> **보기**
>
> ㄱ. 두 사람은 출발한 지 20분 후에 처음으로 만났다.
> ㄴ. 출발한 지 35분 후에 두 사람 사이의 거리는 1 km이다.
> ㄷ. 성준이는 출발한 지 40분 후에 다시 지한이를 앞서기 시작하였다.
> ㄹ. 성준이가 결승점에 도착한 지 10분 후에 지한이가 도착하였다.

필수 기출의 Best 문제를 한 번 더!!

1 두 순서쌍 $(2a+3, -3b-1)$, $(-a-3, 2b+4)$ 가 서로 같을 때, $a+b$의 값은?

① -3 ② -2 ③ -1
④ 0 ⑤ 1

2 다음 중 오른쪽 좌표평면 위의 점 A, B, C, D, E의 좌표를 나타낸 것으로 옳은 것은?

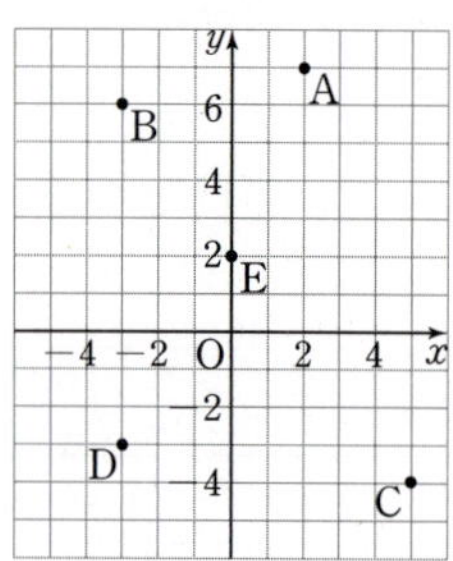

① A(7, 2)
② B(3, 6)
③ C(5, -4)
④ D(-3, 3)
⑤ E(2, 0)

3 점 A($1-a$, $a+3$)은 x축 위의 점이고, 점 B($b-2$, $3b-1$)은 y축 위의 점일 때, $a-b$의 값을 구하시오.

4 세 점 A(-3, 2), B(-3, -3), C(5, 1)을 꼭짓점으로 하는 삼각형 ABC의 넓이는?

① 18   ② 20   ③ 22
④ 24   ⑤ 26

5 다음 중 옳지 <u>않은</u> 것은?

① y축 위의 점의 x좌표는 0이다.
② 점 $(1, -1)$의 x좌표는 1이다.
③ 점 $(0, -2)$는 x축 위의 점이다.
④ 점 $(-3, -2)$는 제3사분면 위의 점이다.
⑤ 제1사분면과 제4사분면 위의 점의 x좌표는 양수이다.

6 점 (b, a)가 제3사분면 위의 점일 때, 다음 중 제4사분면 위의 점은?

① (a, b) ② $(ab, -a)$ ③ $(a+b, b)$
④ $(-a, -b)$ ⑤ $(-a, b)$

7 $a+b<0$, $ab>0$일 때, 점 $(a, -b)$는 제몇 사분면 위의 점인가?

① 제1사분면 ② 제2사분면
③ 제3사분면 ④ 제4사분면
⑤ 어느 사분면에도 속하지 않는다.

8 점 $(2a+1, 3-b)$와 x축에 대하여 대칭인 점의 좌표가 $(a+2, 2b-1)$일 때, $a-b$의 값을 구하시오.

9 오른쪽 그림과 같은 모양의 컵에 일정한 속력으로 물을 계속 넣을 때, 다음 중 물의 높이를 시간에 따라 나타낸 그래프로 알맞은 것은?

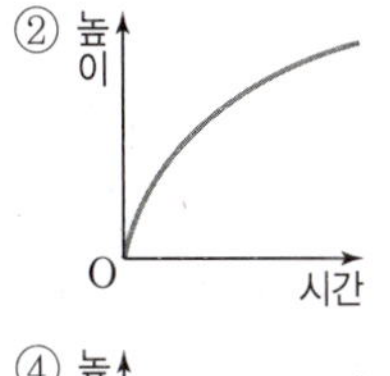

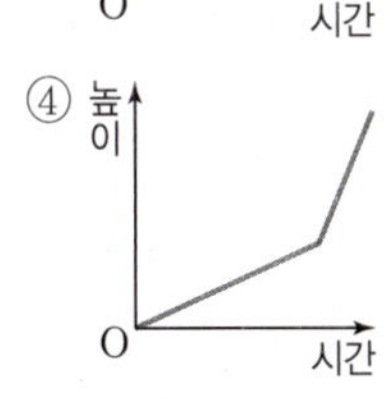

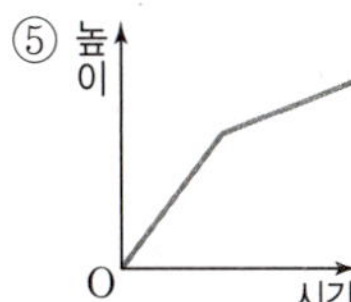

10 은우는 집에서 출발하여 직선 도로를 이용하여 자전거를 타고 여행을 다녀왔다. 아래 그래프는 은우가 집에서부터 떨어진 거리를 시각에 따라 나타낸 것이다. 다음 중 이 그래프에 대한 설명으로 옳지 <u>않은</u> 것은?

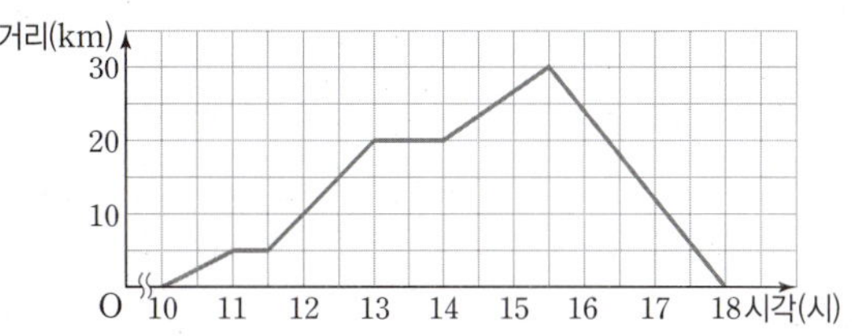

① 은우는 총 8시간 동안 여행을 했다.
② 집에서 출발한 지 2시간 후에 은우는 집에서부터 10 km 떨어진 지점에 있었다.
③ 은우가 자전거를 탄 총거리는 30 km이다.
④ 은우가 집으로 돌아오기 시작한 시각은 15시 30분이다.
⑤ 은우는 자전거를 타는 동안 총 90분을 이동하지 않았다.

11 아래 그래프는 연지와 기훈이가 집에서 출발하여 공원까지 직선으로 이동할 때, 각각 집에서부터 떨어진 거리를 시간에 따라 나타낸 것이다. 다음 중 이 그래프에 대한 설명으로 옳지 <u>않은</u> 것은?

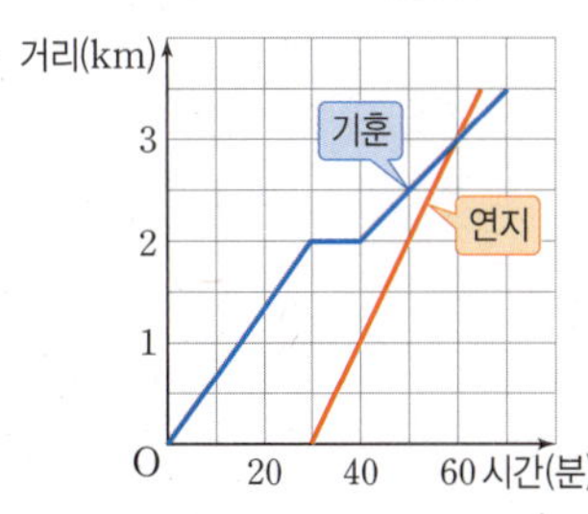

① 기훈이가 중간에 멈춘 시간은 10분이다.
② 기훈이가 출발하고 30분 후에 연지가 출발하였다.
③ 집에서 공원까지의 거리는 3 km이다.
④ 두 사람은 연지가 출발한 지 30분 후에 만났다.
⑤ 연지가 출발한 지 20분 후에 두 사람 사이의 거리는 0.5 km이다.

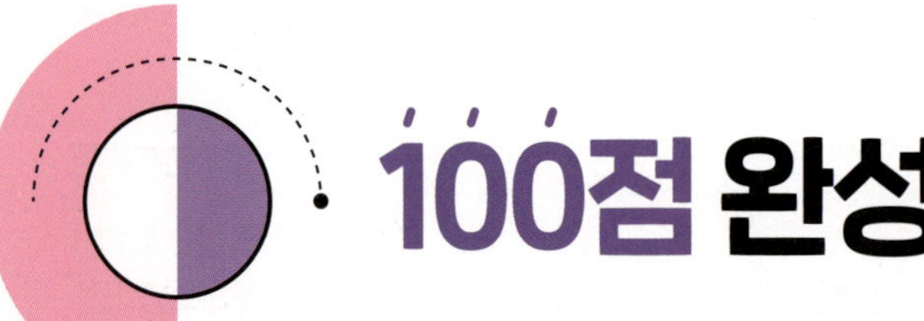

100점 완성

1-

①

세 점 A(3, 5), B(a, 0), C(3, −2)를 꼭짓점으로 하는 삼각형 ABC의 넓이가 14일 때, a의 값을 구하시오. (단, $a<0$)

Key

삼각형의 넓이를 a에 대한 식으로 나타낸다.

②

세 점 A(1, a), B(−3, −2), C(2, −2)를 꼭짓점으로 하는 삼각형 ABC의 넓이가 15일 때, a의 값을 구하시오. (단, $a>0$)

2-

①

두 점 A($a-2$, $6-3b$), B($a+2$, $2b$)는 각각 x축, y축 위의 점이고, 점 C($c-3$, b^2-1)은 어느 사분면에도 속하지 않을 때, 점 P($a-b$, c)는 제몇 사분면 위의 점인지 구하시오.

Key

x축 위의 점은 y좌표가 0이고, y축 위의 점은 x좌표가 0이다. 또 어느 사분면에도 속하지 않는 점은 좌표축 위에 있다.

②

두 점 A($a-3$, $b+1$), B($2a+4$, $1-b$)는 각각 x축, y축 위의 점이고, 점 C(a^2-b^2, $2c-6$)은 어느 사분면에도 속하지 않을 때, 점 P($a+c$, $b-2c$)는 제몇 사분면 위의 점인지 구하시오.

3-

①

$\dfrac{b}{a}<0$, $|a|>|b|$, $a+b>0$일 때, 점 P(a, $a-b$)는 제몇 사분면 위의 점인지 구하시오.

Key

조건을 만족시키는 a, b의 부호를 먼저 구한다.

②

점 ($a+b$, ab)가 제2사분면 위의 점이고 $|a|<|b|$일 때, 점 P($a-b$, $b-a$)는 제몇 사분면 위의 점인지 구하시오.

4-

① 오른쪽 그림과 같은 물병에 일정한 속력으로 물을 계속 넣을 때, 다음 중 물의 높이를 시간에 따라 나타낸 그래프로 알맞은 것은?

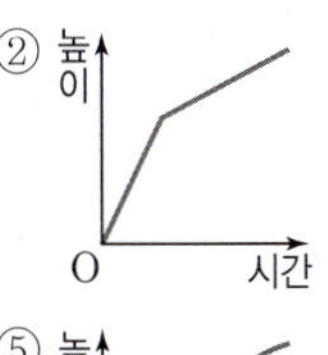
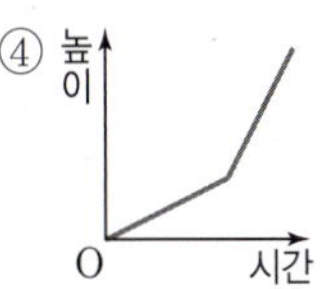
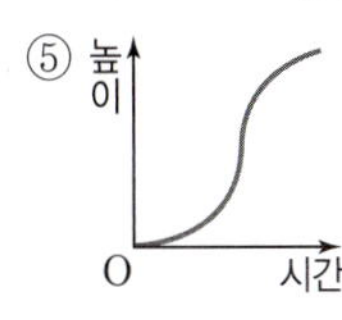

> **Key**
>
> 폭이 넓을수록 점점 느리게 증가하고, 폭이 좁을수록 점점 빠르게 증가한다.

② 오른쪽 그림과 같은 물통에 일정한 속력으로 물을 계속 넣을 때, 다음 중 물의 높이를 시간에 따라 나타낸 그래프로 알맞은 것은?

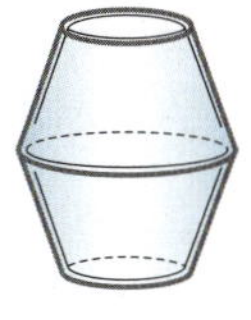

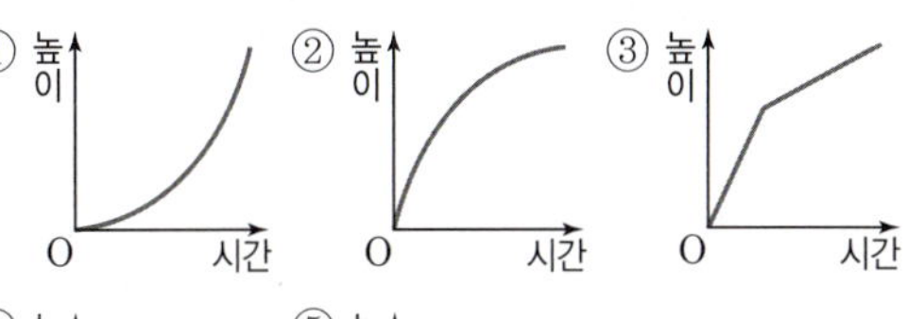
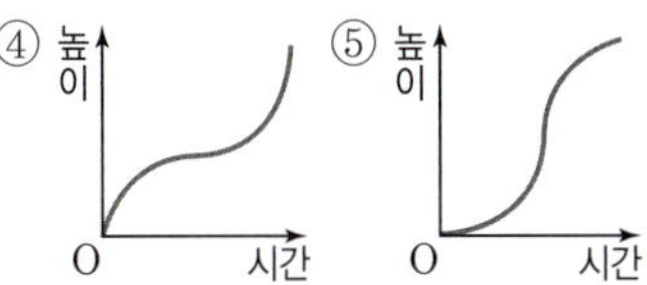

5-

① 두 지점 A, B 사이를 직선 도로를 이용하여 일정한 속력으로 왕복하는 순환 버스가 있다. 아래 그래프는 순환 버스가 A 지점을 처음 출발한 지 x분 후에 A 지점과 순환 버스 사이의 거리를 y km라 할 때, x와 y 사이의 관계를 나타낸 것이다. 다음 보기 중 이 그래프에 대한 설명으로 옳은 것을 모두 고르시오.

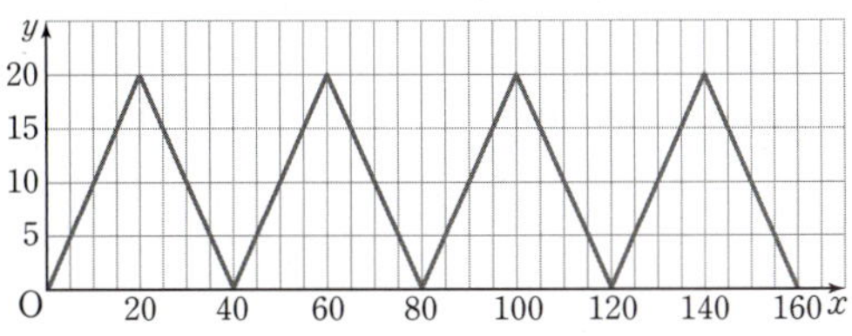

> **보기**
>
> ㄱ. 두 지점 A, B 사이의 거리는 20 km이다.
> ㄴ. A 지점에서 순환 버스를 타려면 최대 40분을 기다려야 한다.
> ㄷ. 처음 출발하여 두 번째로 B 지점에 도착하는 것은 출발한 지 80분 후이다.
> ㄹ. 160분 동안 순환 버스는 두 지점 A, B 사이를 8번 왕복하였다.

> **Key**
>
> 출발 후 y의 값이 0이 되는 것은 A 지점으로 돌아온 것임을 이용하여 그래프를 해석한다.

② 아래 그래프는 대관람차의 어느 칸의 출발한 지 x분 후의 지면으로부터의 높이를 y m라 할 때, x와 y 사이의 관계를 나타낸 것이다. 다음 보기 중 이 그래프에 대한 설명으로 옳은 것을 모두 고르시오.

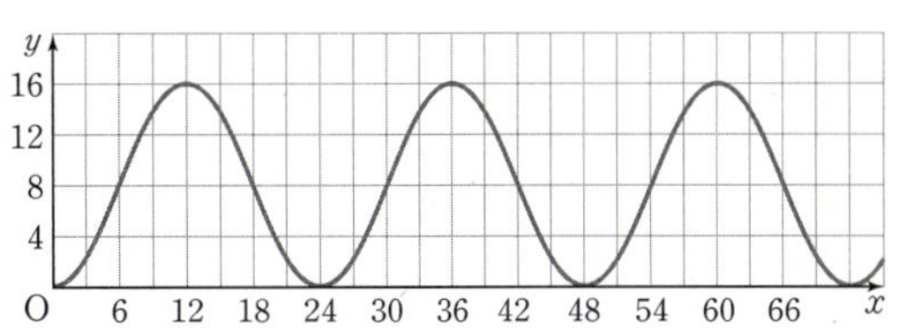

> **보기**
>
> ㄱ. 가장 높이 올라갔을 때의 지면으로부터의 높이는 16 m이다.
> ㄴ. 대관람차는 출발한 지 36분 후에 2바퀴를 돌아 처음 위치로 돌아온다.
> ㄷ. 대관람차가 한 바퀴 도는 데 걸리는 시간은 24분이다.

서술형 완성

1 두 순서쌍 $\left(\dfrac{2}{3}a-1,\ b+2\right)$, $\left(1-a,\ \dfrac{1}{2}b+3\right)$이 서로 같을 때, ab의 값을 구하시오. [6점]

2 세 점 A, B, C의 좌표가 다음과 같을 때, 사각형 ABCD가 정사각형이 되도록 하는 점 D의 좌표를 구하시오. [8점]

$$A(0,\ 3),\quad B(3,\ 0),\quad C(6,\ 3)$$

3 점 A$(2a+8,\ a+5)$는 x축 위의 점이고, 점 B$(2b+6,\ -b+1)$은 y축 위의 점일 때, 삼각형 AOB의 넓이를 구하시오. (단, O는 원점) [8점]

4 두 점 A$(a+2,\ 3b)$, B$(-3a,\ 2-b)$가 원점에 대하여 대칭일 때, 다음 물음에 답하시오.

(1) a의 값을 구하시오. [2점]

(2) b의 값을 구하시오. [2점]

(3) 점 C$(a,\ b)$는 제몇 사분면 위의 점인지 구하시오. [2점]

5 점 $\left(\dfrac{b}{a},\ a-b\right)$가 제2사분면 위의 점일 때, 점 $(-a-b^2,\ b^3)$은 제몇 사분면 위의 점인지 구하시오. [8점]

6 아래 그래프는 지수가 집에서 30 km 떨어진 도서관에 자전거를 타고 가서 책을 보고 집으로 돌아왔을 때, 지수가 집에서부터 떨어진 거리를 시각에 따라 나타낸 것이다. 다음 물음에 답하시오.
(단, 자전거는 직선 도로로만 이동한다.)

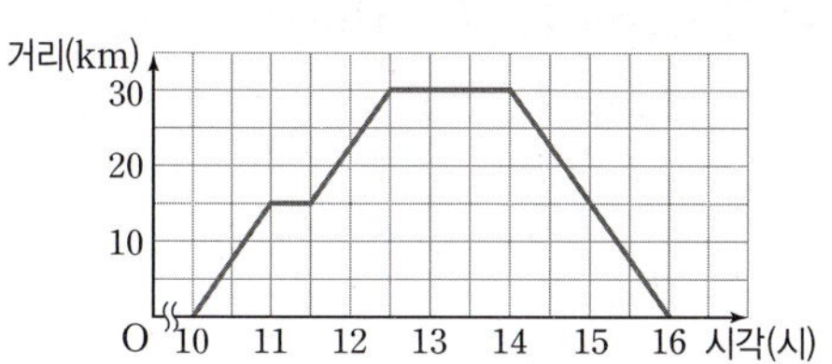

(1) 지수가 도서관에 가는 도중에 공원에서 휴식을 취하다가 갔을 때, 공원에 머문 시간을 구하시오. [2점]

(2) 지수는 출발한 지 몇 분 후에 도서관에 도착하였는지 구하시오. [4점]

7 점 $A(2,\ 3)$과 x축에 대하여 대칭인 점을 P, y축에 대하여 대칭인 점을 Q, 원점에 대하여 대칭인 점을 R라 할 때, 삼각형 PQR의 넓이를 구하시오. [10점]

8 아래 그래프는 4 km 마라톤 경기에 참가한 4명의 학생 채린, 민주, 지원, 수지의 이동 거리를 시간에 따라 나타낸 것이다. 다음 물음에 답하시오.

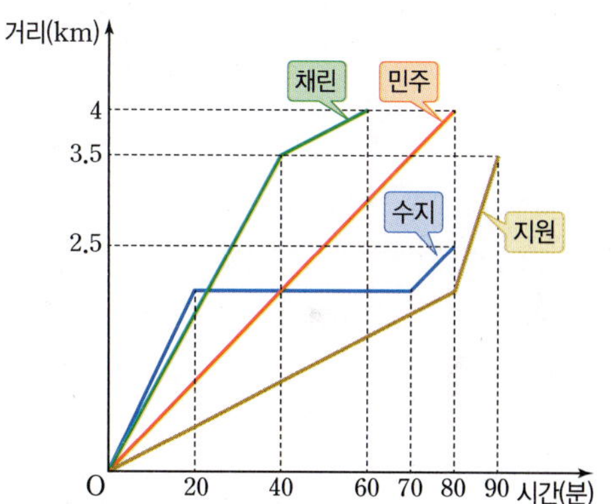

(1) 마라톤을 완주한 사람을 모두 구하시오. [3점]

(2) 처음 20분 동안 가장 선두에 달린 사람을 구하시오. [3점]

(3) 4명의 학생 중에서 처음부터 끝까지 쉬지 않고 일정한 속력으로 달린 사람은 누구인지 구하고, 그 사람의 속력은 분속 몇 m인지 구하시오. [4점]

1 두 수 a, b에 대하여 a는 6의 약수이고 $|b|=4$일 때, 순서쌍 (a, b)의 개수는?

① 4   ② 6   ③ 8
④ 10   ⑤ 12

2 다음 점 P, Q, R, S, T를 오른쪽 좌표평면 위에 바르게 나타낸 것은?

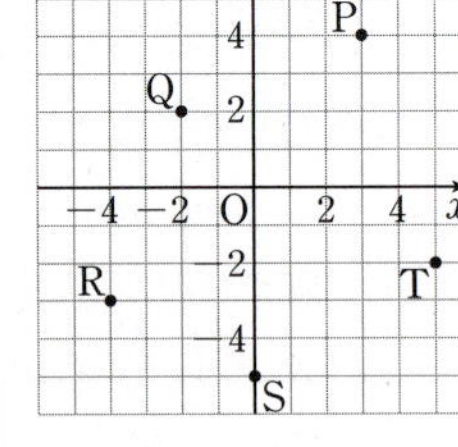

$$P(4, 3),\ Q(-2, 2),$$
$$R(-4, -2),$$
$$S(-5, 0),\ T(-2, 5)$$

① P   ② Q   ③ R
④ S   ⑤ T

3 y축 위에 있고, y좌표가 -2인 점은?

① $(-2, 0)$ ② $(2, 0)$ ③ $(0, -2)$
④ $(0, 2)$ ⑤ $(-2, -2)$

4 두 점 $A\left(3a, \dfrac{a}{2}-2\right)$, $B\left(b+\dfrac{1}{2}, 2b+3\right)$이 각각 x축, y축 위의 점일 때, $a+b$의 값은?

① $\dfrac{1}{2}$ ② $\dfrac{3}{2}$ ③ $\dfrac{5}{2}$
④ $\dfrac{7}{2}$ ⑤ $\dfrac{9}{2}$

5 점 $(-2, 3)$은 제a사분면 위의 점이고, 점 $(-3, -5)$는 제b사분면 위의 점일 때, $a+b$의 값은?

① 3   ② 4   ③ 5
④ 6   ⑤ 7

6 다음 조건을 모두 만족시키는 세 점 A, B, C를 꼭짓점으로 하는 삼각형 ABC의 넓이는?

> **조건**
> ㈎ 점 A의 좌표는 $(2, 6)$이다.
> ㈏ 점 B는 x축 위에 있고 x좌표가 2이다.
> ㈐ 점 C는 제2사분면 위의 점이고 x좌표와 y좌표의 절댓값이 모두 2이다.

① 12   ② 14   ③ 16
④ 18   ⑤ 20

7 다음 보기 중 옳은 것을 모두 고른 것은?

> **보기**
>
> ㄱ. 제4사분면 위의 점의 y좌표는 음수이다.
> ㄴ. x축 또는 y축 위의 점은 어느 사분면에도 속하지 않는다.
> ㄷ. x축 위의 점의 x좌표는 0이다.
> ㄹ. 점 $(-1, -3)$과 점 $\left(4, -\dfrac{1}{4}\right)$은 같은 사분면 위에 있다.

① ㄱ, ㄴ　　　② ㄱ, ㄷ　　　③ ㄴ, ㄷ
④ ㄴ, ㄹ　　　⑤ ㄷ, ㄹ

8 점 $\left(b-a, \dfrac{b}{a}\right)$가 제4사분면 위의 점일 때, 점 $(-b, a)$는 제몇 사분면 위의 점인가?

① 제1사분면　　　　　② 제2사분면
③ 제3사분면　　　　　④ 제4사분면
⑤ 어느 사분면에도 속하지 않는다.

9 점 $A(5, -3)$과 y축에 대하여 대칭인 점을 $B(a, b)$, 원점에 대하여 대칭인 점을 $C(c, d)$라 할 때, $a+b+c+d$의 값은?

① -16　　　② -10　　　③ -6
④ 6　　　⑤ 10

10 두 점 $A(-2, 3a)$, $B(a+1, 2b+3)$이 x축에 대하여 대칭일 때, $b-a$의 값은?

① -6　　　② -3　　　③ 0
④ 3　　　⑤ 6

11 하루 동안의 기온의 변화가 아래와 같을 때, 다음 그래프 중 이 상황을 가장 잘 나타낸 것은?

> 오전 몇 시간 동안 기온은 변함이 없었다. 그 후 기온이 떨어지다가 다시 몇 시간 동안 변함이 없었고, 다시 기온이 올랐다.

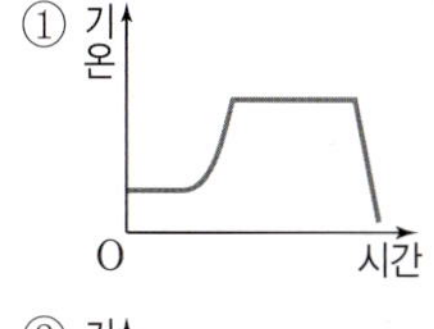

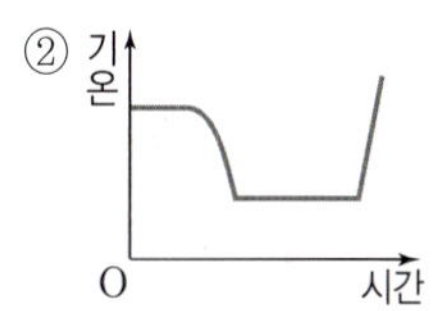

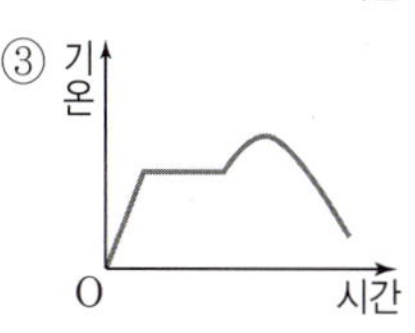

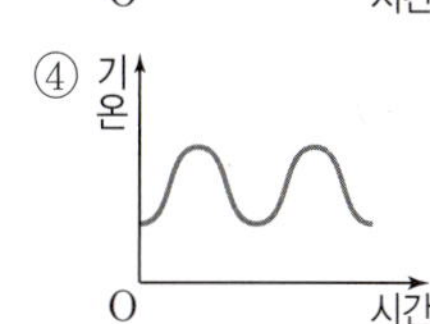

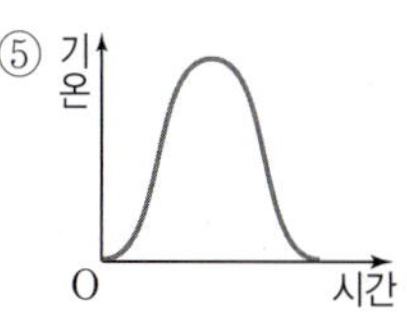

▶ 정답과 해설 25쪽

12 오른쪽 그림과 같은 모양의 물통에 물이 가득 차 있다. 이 물통에서 일정한 속력으로 물을 내보낼 때, 다음 중 물의 높이를 시간에 따라 나타낸 그래프로 알맞은 것은?

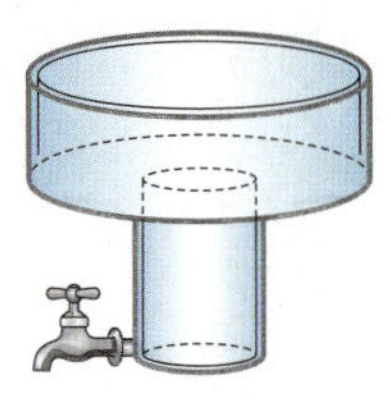

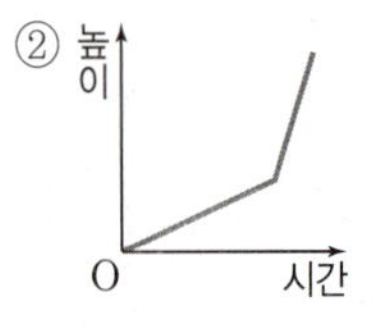

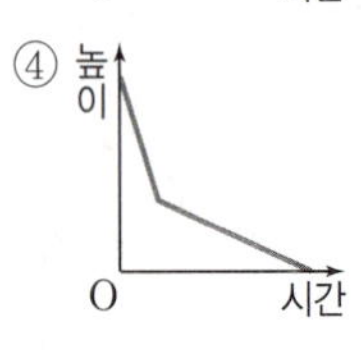

서술형

13 네 점 $A(a, b-1)$, $B(1-b, b-a)$, $C(ab-3, a+2b)$, $D(2b+1, 2a-b)$를 꼭짓점으로 하는 사각형 ABCD의 넓이를 구하시오. (단, 점 B와 점 C는 y축 위의 점이다.) [12점]

14 $a-b<0$, $ab<0$일 때, 점 $\left(\dfrac{b}{a}, \dfrac{b}{b-a}\right)$는 제몇 사분면 위의 점인지 구하시오. [12점]

15 다음 그래프는 어느 해안가에서 하루 동안 시간의 흐름에 따른 해수면의 높이를 측정하여 나타낸 것이다. x시일 때의 해수면의 높이를 y m라 할 때, 이날 몇 시간마다 해수면의 높이가 반복되었는지 구하시오. [8점]

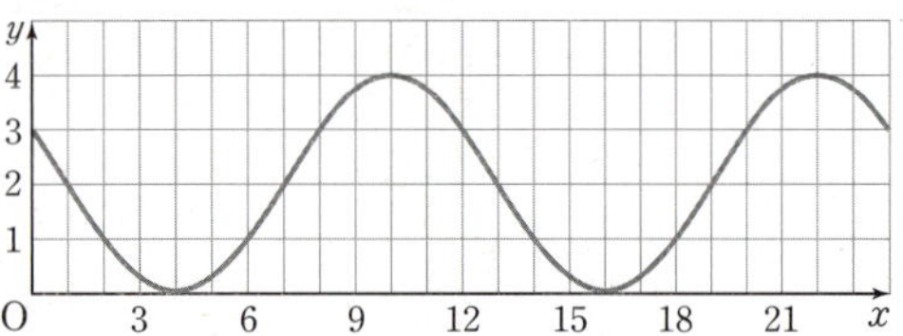

16 민호와 현수가 학교에서 출발하여 도서관까지 가는데 민호는 인라인스케이트를, 현수는 자전거를 타고 갔다. 다음 그래프는 두 사람이 학교에서 떨어진 거리를 시각에 따라 각각 나타낸 것이다. 두 사람이 학교에서 도서관까지 가는 데 걸린 시간을 각각 구하시오. [8점]

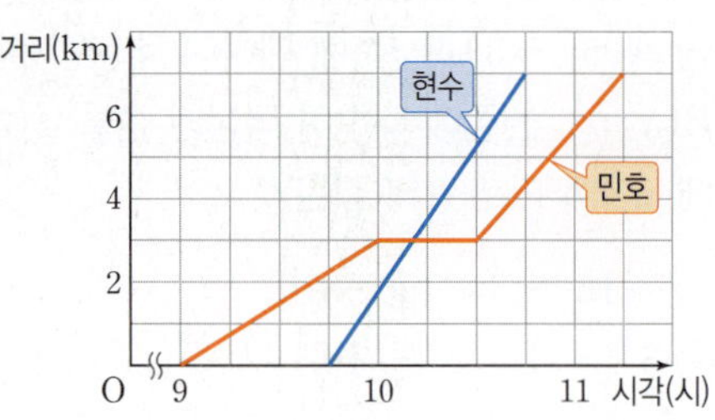

2. 정비례와 반비례

**출제
유형**

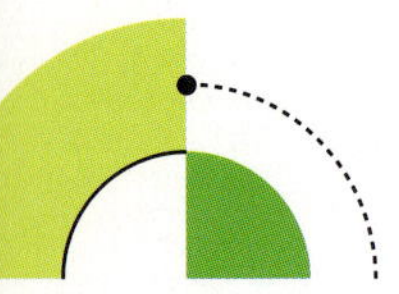

필수 기출

1 다음 보기 중 y가 x에 정비례하는 것을 모두 고르시오.

> **보기**
>
> ㄱ. $y=10x$ ㄴ. $xy=1$ ㄷ. $\dfrac{y}{x}=-5$
>
> ㄹ. $y=\dfrac{1}{9}x$ ㅁ. $y=-\dfrac{8}{x}$ ㅂ. $y=x+30$

Best

2 다음 중 y가 x에 정비례하지 <u>않는</u> 것을 모두 고르면? (정답 2개)

① 강아지 x마리의 다리 개수 y

② 시속 $x\,\text{km}$로 6시간 동안 이동한 거리 $y\,\text{km}$

③ 길이가 $20\,\text{m}$인 테이프를 $x\,\text{m}$ 사용하고 남은 테이프의 길이 $y\,\text{m}$

④ 넓이가 $25\,\text{cm}^2$인 직사각형의 가로의 길이가 $x\,\text{cm}$일 때, 세로의 길이 $y\,\text{cm}$

⑤ 한 자루에 500원인 볼펜 x자루의 가격 y원

3 x의 값이 2배, 3배, 4배, …가 될 때 y의 값도 2배, 3배, 4배, …가 되고, $x=6$일 때 $y=3$이다. 이때 x와 y 사이의 관계식은?

① $y=\dfrac{1}{3}x$ ② $y=\dfrac{1}{2}x$ ③ $y=2x$

④ $y=3x$ ⑤ $y=6x$

Best

4 y가 x에 정비례하고, $x=-2$일 때 $y=8$이다. $y=-24$일 때, x의 값은?

① 4   ② 6   ③ 8

④ 10   ⑤ 12

5 다음 표에서 y가 x에 정비례할 때, $A+B$의 값을 구하시오.

x	1	2	3	B
y	-5	A	-15	-20

6 다음 중 정비례 관계 $y=-\dfrac{3}{2}x$의 그래프는?

① 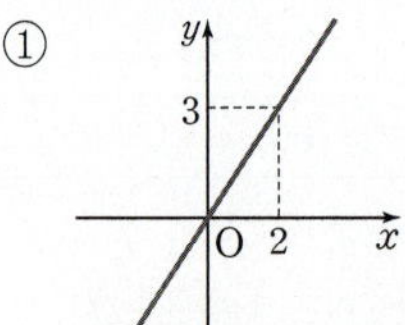   ② 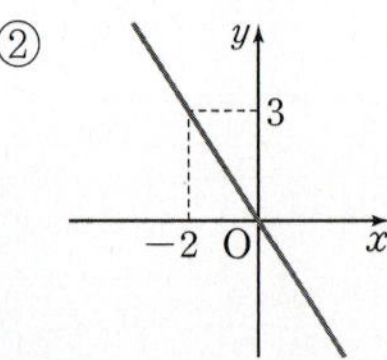

③ 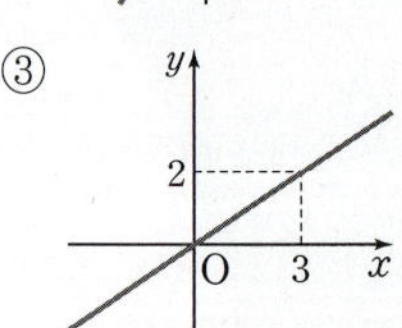   ④ 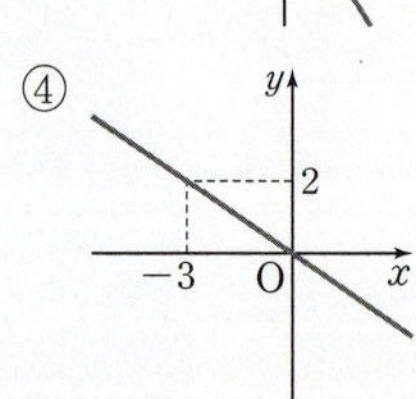

⑤ 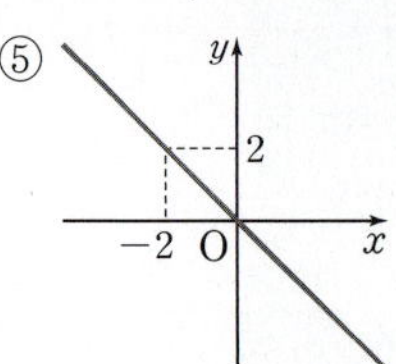

Best

7 다음 중 정비례 관계 $y=\dfrac{3}{4}x$의 그래프에 대한 설명으로 옳지 <u>않은</u> 것은?

① 점 $(-4, -3)$을 지난다.
② 원점을 지나는 직선이다.
③ 제1사분면과 제3사분면을 지난다.
④ 정비례 관계 $y=\dfrac{1}{2}x$의 그래프보다 x축에 더 가깝다.
⑤ x의 값이 증가하면 y의 값도 증가한다.

8 다음 중 정비례 관계 $y=ax(a\neq0)$의 그래프에 대한 설명으로 옳은 것을 모두 고르면? (정답 2개)

① a의 값에 관계없이 항상 원점을 지난다.
② 점 $(a, 1)$을 지나는 직선이다.
③ a의 절댓값이 클수록 y축에 가깝다.
④ $a<0$일 때, 제1사분면과 제3사분면을 지난다.
⑤ $a>0$일 때, x의 값이 증가하면 y의 값은 감소한다.

9 두 정비례 관계 $y=x$, $y=ax$의 그래프가 오른쪽 그림과 같을 때, 다음 중 상수 a의 값이 될 수 있는 것은?

① -3
② -1
③ $\dfrac{1}{3}$
④ $\dfrac{1}{2}$
⑤ 2

10 오른쪽 그림은 정비례 관계 $y=ax$, $y=bx$, $y=cx$, $y=dx$의 그래프이다. 이때 상수 a, b, c, d 중 가장 큰 값과 가장 작은 값을 차례로 나열한 것은?

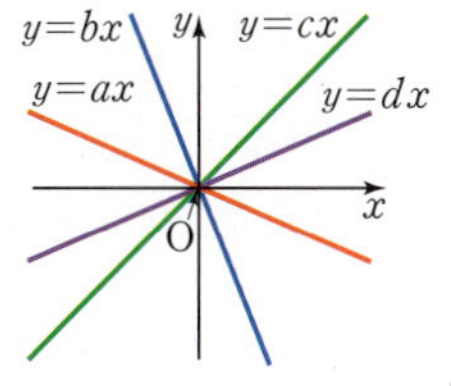

① a, d
② b, c
③ c, a
④ c, b
⑤ d, a

유형 ④ **정비례 관계 $y=ax$의 그래프 위의 점**

11 다음 중 정비례 관계 $y=-2x$의 그래프 위의 점이 <u>아닌</u> 것은?

① $(-2, 4)$
② $(3, -6)$
③ $(0, 0)$
④ $(-4, -8)$
⑤ $\left(\dfrac{3}{2}, -3\right)$

12 정비례 관계 $y=\dfrac{1}{3}x$의 그래프가 점 $(a, a-3)$을 지날 때, a의 값은?

① $\dfrac{5}{2}$
② 3
③ $\dfrac{7}{2}$
④ 4
⑤ $\dfrac{9}{2}$

Best

13 정비례 관계 $y=-\dfrac{5}{2}x$의 그래프가 오른쪽 그림과 같을 때, ab의 값은?

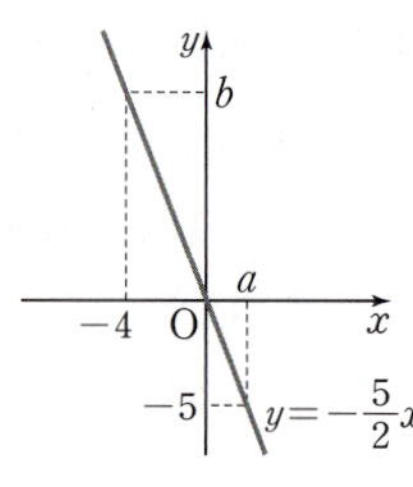

① 12 ② 14
③ 16 ④ 18
⑤ 20

14 정비례 관계 $y=ax$의 그래프가 점 $(3,\ -9)$를 지날 때, 다음 중 이 그래프 위에 있는 점은?

(단, a는 상수)

① $(1,\ 3)$ ② $(-2,\ 4)$ ③ $(-3,\ 1)$
④ $(2,\ -6)$ ⑤ $(-4,\ 16)$

Best

15 정비례 관계 $y=ax$의 그래프가 오른쪽 그림과 같을 때, k의 값은? (단, a는 상수)

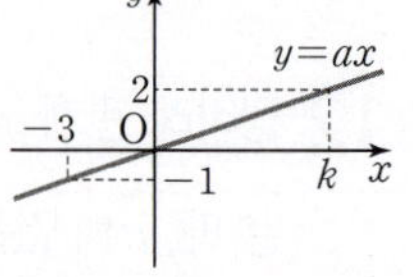

① 4 ② 5
③ 6 ④ 7
⑤ 8

유형 ⑤ 정비례 관계식 구하기 ⑵

16 오른쪽 그림과 같은 그래프가 나타내는 x와 y 사이의 관계식은?

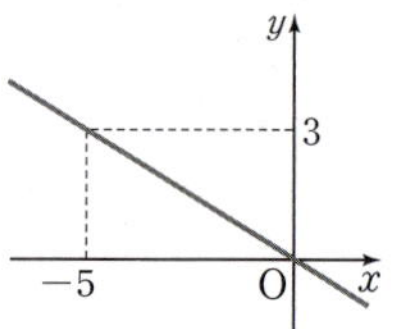

① $y=-5x$ ② $y=-3x$
③ $y=-\dfrac{5}{3}x$ ④ $y=-x$
⑤ $y=-\dfrac{3}{5}x$

17 다음 중 오른쪽 그림과 같은 그래프 위의 점이 __아닌__ 것은?

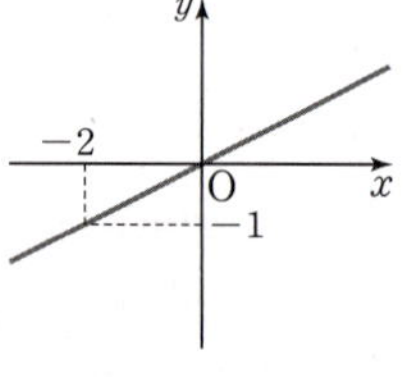

① $(8,\ 4)$ ② $(6,\ 3)$
③ $(4,\ 2)$ ④ $(-4,\ -2)$
⑤ $(-6,\ -4)$

유형 ⑥ 정비례 관계 $y=ax$의 그래프와 도형의 넓이

Best

18 오른쪽 그림과 같이 정비례 관계 $y=2x$의 그래프 위의 한 점 A에서 x축에 수직인 직선을 그어 정비례 관계 $y=\dfrac{2}{3}x$의 그래프와 만나는 점을 B라 하자.
점 A의 x좌표가 3일 때, 삼각형 AOB의 넓이를 구하시오. (단, O는 원점)

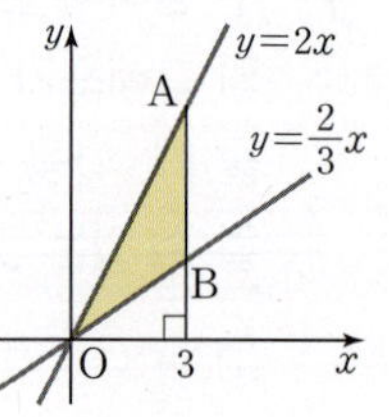

19 오른쪽 그림과 같이 정비례 관계 $y=ax$의 그래프 위의 점 A와 정비례 관계 $y=-2x$의 그래프 위의 점 B의 x좌표가 모두 4일 때, 삼각형 AOB의 넓이가 20이다. 이때 상수 a의 값을 구하시오. (단, O는 원점)

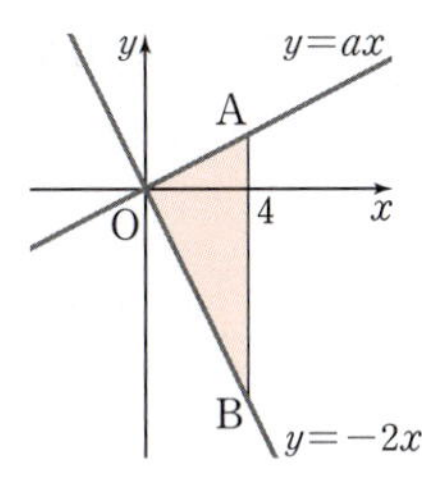

 정비례 관계의 활용

20 톱니가 각각 48개, 12개인 두 톱니바퀴 A, B가 서로 맞물려 돌아가고 있다. 톱니바퀴 A가 x번 회전하는 동안 톱니바퀴 B는 y번 회전한다고 할 때, x와 y 사이의 관계식을 구하고, 톱니바퀴 A가 2번 회전하는 동안 톱니바퀴 B는 몇 번 회전하는지 구하시오.

21 9 L의 휘발유로 108 km를 달릴 수 있는 자동차가 있다. 이 자동차가 x L의 휘발유로 달릴 수 있는 거리를 y km라 할 때, 192 km를 가는 데 필요한 휘발유의 양은?

① 12 L   ② 14 L   ③ 16 L
④ 18 L   ⑤ 20 L

22 지구에서 측정한 무게가 x kg인 물체를 달에서 측정하면 y kg이 된다고 할 때, y는 x에 정비례한다. 지구에서 몸무게가 72 kg인 사람의 몸무게를 달에서 측정하면 12 kg이라 할 때, 달에서 무게가 5 kg인 물체를 지구에서 측정했을 때의 무게를 구하시오.

Best

23 집에서 2 km 떨어진 도서관까지 형은 자전거를 타고 가고, 동생은 걸어갔다. 오른쪽 그래프는 두 사람이 동시에 출발하여 x분 동안 간 거리를 y m라 할 때, x와 y 사이의 관계를 각각 나타낸 것이다. 다음 중 옳지 <u>않은</u> 것은?

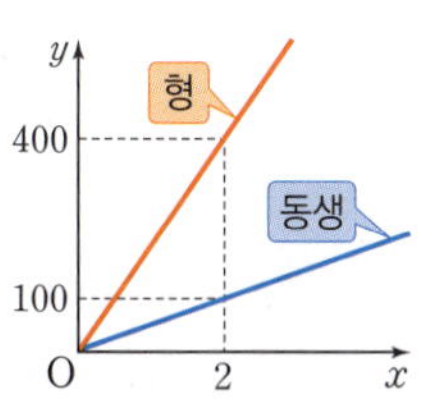

① 형의 그래프가 나타내는 x와 y 사이의 관계식은 $y=200x$이다.
② 동생의 그래프가 나타내는 x와 y 사이의 관계식은 $y=50x$이다.
③ 동생이 10분 동안 간 거리는 500 m이다.
④ 도서관에 동생은 형보다 40분 늦게 도착한다.
⑤ 동시에 출발한 지 5분 후에 형이 간 거리와 동생이 간 거리의 차는 750 m이다.

 반비례 관계

24 다음 중 y가 x에 반비례하는 것을 모두 고르면?

(정답 2개)

① $y=-10x$ ② $y=-\dfrac{5}{x}$ ③ $x=\dfrac{1}{5}y$
④ $x+y=1$ ⑤ $xy=10$

Best

25 다음 보기 중 y가 x에 반비례하는 것을 모두 고른 것은?

> **보기**
> ㄱ. 시속 x km로 2시간 동안 달린 거리 y km
> ㄴ. 한 개에 4000원인 팝콘 x개의 가격 y원
> ㄷ. 집에서 1 km 떨어진 학교까지 자동차를 타고 시속 x km로 가는 데 걸린 시간 y시간
> ㄹ. 넓이가 $24\,cm^2$인 삼각형의 밑변의 길이 x cm와 높이 y cm
> ㅁ. 주스 10 L를 x명이 똑같이 나누어 마실 때, 한 사람이 마시는 주스의 양 y L

① ㄱ, ㄴ   ② ㄱ, ㄷ   ③ ㄴ, ㅁ
④ ㄴ, ㄷ, ㄹ   ⑤ ㄷ, ㄹ, ㅁ

유형 ❾ **반비례 관계식 구하기 (1)**

26 x의 값이 2배, 3배, 4배, …가 될 때 y의 값은 $\dfrac{1}{2}$배, $\dfrac{1}{3}$배, $\dfrac{1}{4}$배, …가 되고, $x=4$일 때 $y=-5$이다. 이때 x와 y 사이의 관계식을 구하시오.

Best

27 y가 x에 반비례하고, $x=-3$일 때 $y=6$이다. $y=-9$일 때, x의 값은?

① -8 ② -4 ③ -2
④ 2 ⑤ 4

28 x와 y 사이의 관계가 다음 표와 같을 때, x와 y 사이의 관계식은?

x	1	2	3	4	…
y	48	24	16	12	…

① $y=\dfrac{16}{x}$ ② $y=\dfrac{24}{x}$ ③ $y=\dfrac{48}{x}$
④ $y=16x$ ⑤ $y=48x$

유형 ❿ **반비례 관계 $y=\dfrac{a}{x}$의 그래프의 성질**

29 다음 중 반비례 관계 $y=-\dfrac{2}{x}$의 그래프는?

① 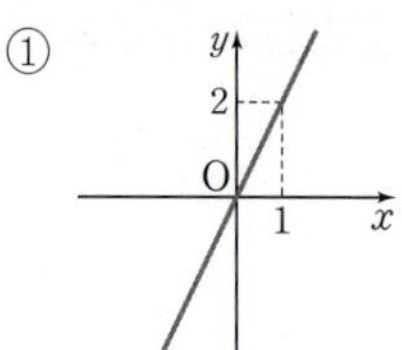   ② 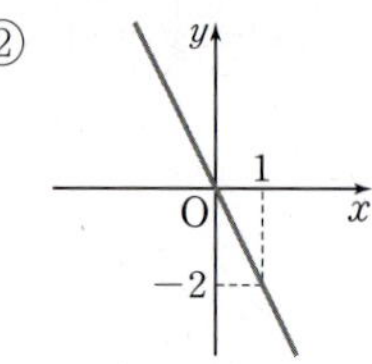

③ 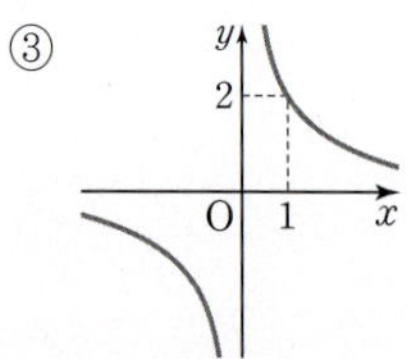   ④ 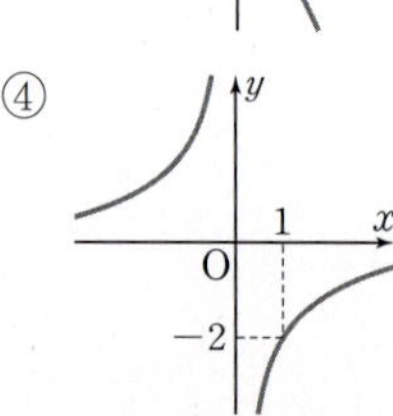

⑤ 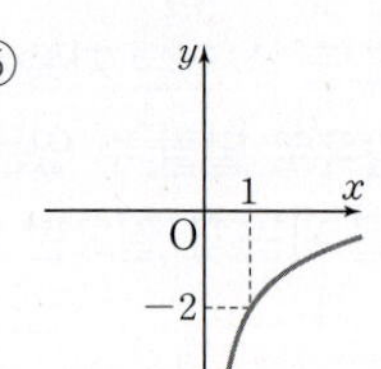

Best

30 다음 중 반비례 관계 $y=\dfrac{4}{x}$의 그래프에 대한 설명으로 옳은 것은?

① 점 $(2,\ 8)$을 지난다.
② x축, y축과 만나지 않는다.
③ 반비례 관계 $y=\dfrac{1}{x}$의 그래프보다 좌표축에 더 가깝다.
④ $x<0$일 때, x의 값이 증가하면 y의 값도 증가한다.
⑤ 제2사분면과 제4사분면을 지난다.

31 다음 중 반비례 관계 $y=\dfrac{a}{x}\ (a\neq0)$의 그래프에 대한 설명으로 옳은 것을 모두 고르면? (정답 2개)

① 점 $(2,\ 2a)$를 지난다.
② x축과 한 점에서 만난다.
③ $a<0$일 때, 제1사분면과 제3사분면을 지난다.
④ a의 절댓값이 클수록 원점에서 멀어진다.
⑤ $a>0$, $x>0$일 때, x의 값이 증가하면 y의 값은 감소한다.

32 다음 보기 중 그 그래프가 제3사분면을 지나는 것을 모두 고르시오.

> **보기**
>
> ㄱ. $y=-3x$　　ㄴ. $y=\dfrac{5}{x}$　　ㄷ. $xy=-6$
>
> ㄹ. $y=\dfrac{1}{10}x$　　ㅁ. $y=-\dfrac{9}{x}$　　ㅂ. $xy=12$

유형 ⑪ 반비례 관계 $y=\dfrac{a}{x}$의 그래프 위의 점

33 다음 중 반비례 관계 $y=-\dfrac{12}{x}$의 그래프 위에 있는 점은?

① $(-6,\ 1)$　　② $(-4,\ 3)$　　③ $(2,\ -12)$
④ $(3,\ -2)$　　⑤ $\left(8,\ -\dfrac{2}{3}\right)$

34 반비례 관계 $y=\dfrac{16}{x}$의 그래프가 두 점 $(2,\ a)$, $\left(b,\ -\dfrac{1}{4}\right)$을 지날 때, $a-b$의 값을 구하시오.

35 반비례 관계 $y=\dfrac{a}{x}$의 그래프가 오른쪽 그림과 같을 때, 상수 a의 값을 구하시오.

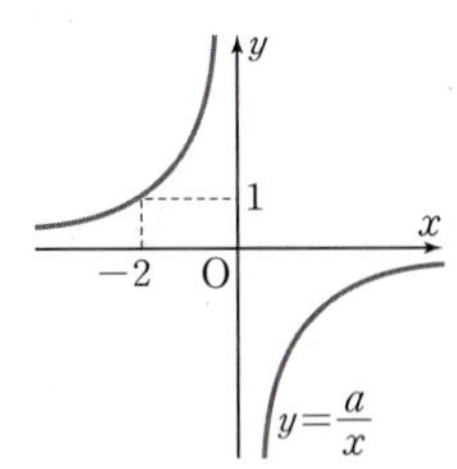

Best

36 반비례 관계 $y=\dfrac{a}{x}$의 그래프가 두 점 $(6,\ -1)$, $(b,\ -2)$를 지날 때, $a+b$의 값은? (단, a는 상수)

① -3　　② -2　　③ -1
④ 1　　⑤ 2

37 오른쪽 그림은 반비례 관계 $y=\dfrac{a}{x}$ $(x>0)$의 그래프이다. 이 그래프 위의 두 점 A, B 의 y좌표의 차가 4일 때, 상수 a의 값은?

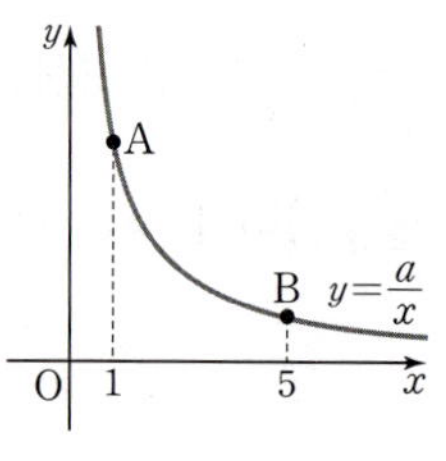

① $\dfrac{4}{5}$ ② 1 ③ $\dfrac{5}{4}$

④ 4 ⑤ 5

Best

38 반비례 관계 $y=\dfrac{15}{x}$의 그래프 위의 점 중에서 x좌표와 y좌표가 모두 정수인 점의 개수는?

① 6 ② 7 ③ 8

④ 9 ⑤ 10

유형 ⑫ 반비례 관계식 구하기 (2)

39 오른쪽 그림과 같은 그래프가 나타내는 x와 y 사이의 관계식은?

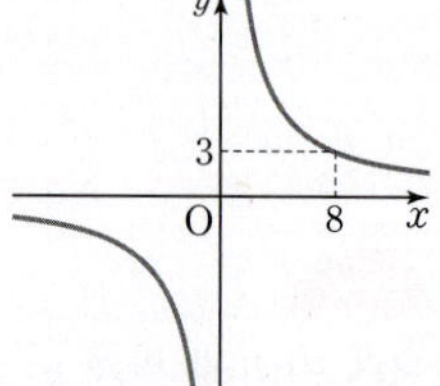

① $y=\dfrac{3}{8}x$ ② $y=\dfrac{8}{3}x$

③ $y=\dfrac{11}{x}$ ④ $y=\dfrac{24}{x}$

⑤ $y=24x$

40 오른쪽 그림과 같은 그래프에서 k의 값은?

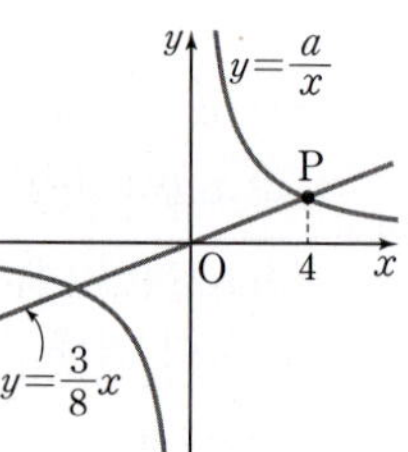

① $\dfrac{1}{3}$ ② $\dfrac{1}{2}$

③ 1 ④ $\dfrac{4}{3}$

⑤ $\dfrac{3}{2}$

유형 ⑬ $y=ax$의 그래프와 $y=\dfrac{a}{x}$의 그래프가 만나는 점

Best

41 정비례 관계 $y=\dfrac{3}{8}x$의 그래프와 반비례 관계 $y=\dfrac{a}{x}$의 그래프가 오른쪽 그림과 같이 x좌표가 4인 점 P에서 만날 때, 상수 a의 값을 구하시오.

42 오른쪽 그림은 정비례 관계 $y=ax$의 그래프와 반비례 관계 $y=\dfrac{12}{x}$ $(x>0)$의 그래프이다. 두 그래프가 점 $(3,\ b)$에서 만날 때, ab의 값을 구하시오.

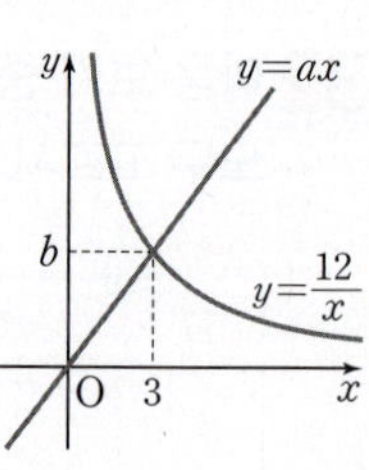

(단, a는 상수)

유형 ⑭ 반비례 관계 $y=\dfrac{a}{x}$의 그래프와 도형의 넓이

43 오른쪽 그림은 반비례 관계 $y=\dfrac{15}{x}$의 그래프이고, 점 C는 이 그래프 위의 점이다. 이때 직사각형 AOBC의 넓이를 구하시오. (단, O는 원점)

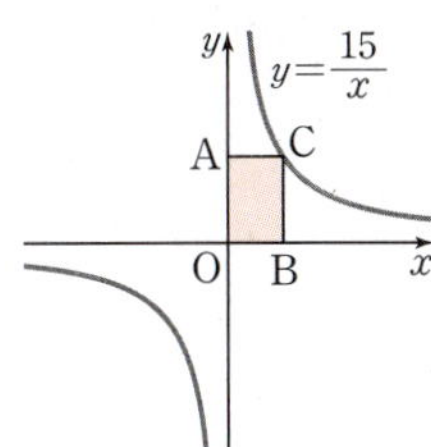

44 오른쪽 그림은 반비례 관계 $y=\dfrac{a}{x}$의 그래프의 일부이고, 점 P는 이 그래프 위의 점이다. 두 점 A, B가 각각 x축, y축 위의 점일 때, 직사각형 OAPB의 넓이는? (단, a는 상수이고, O는 원점)

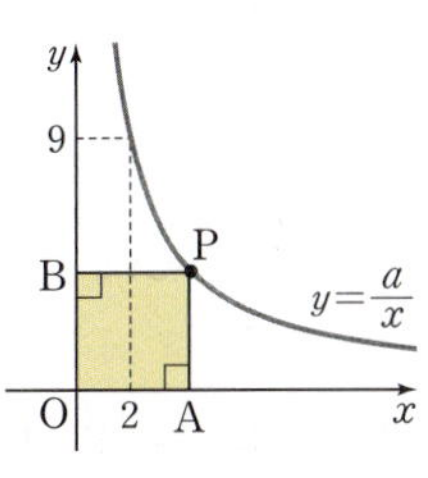

① 9　　　　② 18　　　　③ 27
④ 36　　　　⑤ 45

Best

45 오른쪽 그림은 반비례 관계 $y=\dfrac{a}{x}$의 그래프이고, 두 점 A, C는 이 그래프 위의 점이다. 네 변이 좌표축에 각각 평행한 직사각형 ABCD의 넓이가 48일 때, 상수 a의 값을 구하시오.

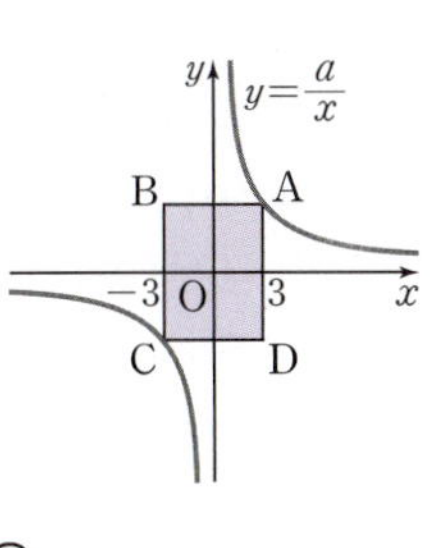

유형 ⑮ 반비례 관계의 활용

46 톱니가 각각 30개, x개인 두 톱니바퀴 A, B가 서로 맞물려 돌아가고 있다. 톱니바퀴 A가 15번 회전하는 동안 톱니바퀴 B는 y번 회전한다고 할 때, x와 y 사이의 관계식은?

① $y=\dfrac{15}{x}$　　　② $y=\dfrac{30}{x}$　　　③ $y=\dfrac{450}{x}$

④ $y=\dfrac{1}{2}x$　　　⑤ $y=2x$

47 파동의 속력이 일정할 때 주파수와 파장은 반비례한다. 오른쪽 그래프는 주파수가 $x\,\mathrm{MHz}$일 때의 파장을 $y\,\mathrm{m}$라 할 때, x와 y 사이의 관계를 나타낸 것이다. 주파수가 $100\,\mathrm{MHz}$일 때의 파장은?

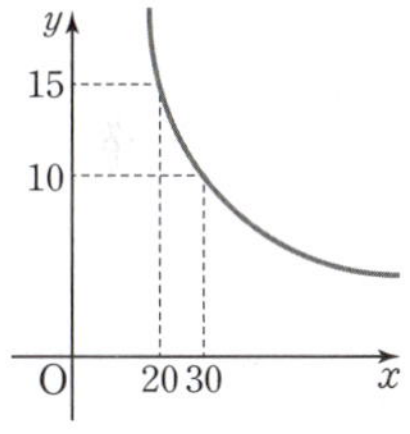

① $1\,\mathrm{m}$　　　② $1.5\,\mathrm{m}$　　　③ $2\,\mathrm{m}$
④ $2.5\,\mathrm{m}$　　　⑤ $3\,\mathrm{m}$

48 똑같은 기계 4대로 30시간을 작업해야 끝나는 일이 있다. 이 일을 똑같은 기계 x대로 y시간 작업하여 끝낸다고 할 때, 똑같은 기계 12대로 이 일을 끝내려면 몇 시간을 작업해야 하는가?

① 8시간　　　② 9시간　　　③ 10시간
④ 11시간　　　⑤ 12시간

1 다음 중 y가 x에 정비례하지 <u>않는</u> 것은?

① 1분마다 $4\,\mathrm{L}$의 물이 나오는 수도꼭지로 x분 동안 받은 물의 양 $y\,\mathrm{L}$
② 한 변의 길이가 $x\,\mathrm{cm}$인 정삼각형의 둘레의 길이 $y\,\mathrm{cm}$
③ 나이가 x살인 동생보다 5살 많은 언니의 나이 y살
④ 일정한 속도로 1분 동안 계단을 오르는 데 $6\,\mathrm{kcal}$의 열량이 소모될 때, 계단을 x분 동안 오를 때 소모되는 열량 $y\,\mathrm{kcal}$
⑤ 머리카락이 하루에 $0.5\,\mathrm{mm}$씩 자랄 때, x일 동안 자란 머리카락의 길이 $y\,\mathrm{mm}$

2 y가 x에 정비례하고, $x=-3$일 때 $y=-12$이다. $x=4$일 때, y의 값을 구하시오.

3 다음 중 정비례 관계 $y=-6x$의 그래프에 대한 설명으로 옳은 것은?

① 점 $(2,\ -4)$를 지난다.
② 제1사분면과 제3사분면을 지난다.
③ 정비례 관계 $y=2x$의 그래프보다 x축에 더 가깝다.
④ x의 값이 증가하면 y의 값은 감소한다.
⑤ 두 좌표축에 가까워지면서 한없이 뻗어 나가는 한 쌍의 매끄러운 곡선이다.

4 정비례 관계 $y=-\dfrac{1}{4}x$의 그래프가 두 점 $(a,\ 1)$, $(4,\ b)$를 지날 때, ab의 값을 구하시오.

5 정비례 관계 $y=ax$의 그래프가 오른쪽 그림과 같을 때, $a-k$의 값을 구하시오. (단, a는 상수)

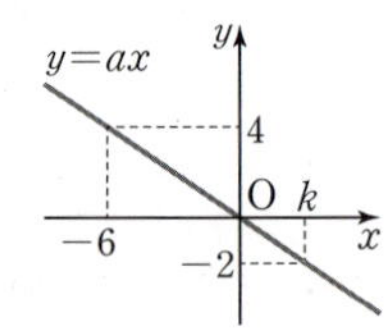

6 오른쪽 그림과 같이 정비례 관계 $y=4x$의 그래프 위의 점 A와 정비례 관계 $y=\dfrac{3}{4}x$의 그래프 위의 점 B의 y좌표가 모두 3일 때, 삼각형 AOB의 넓이를 구하시오. (단, O는 원점)

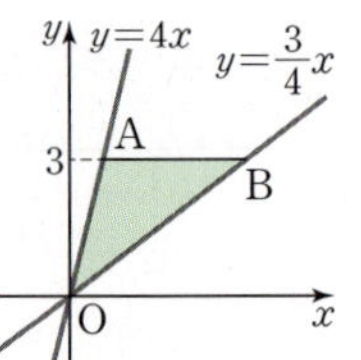

7 학교에서 $3\,\mathrm{km}$ 떨어진 공원까지 민영이는 자전거를 타고 가고, 서진이는 걸어가기로 했다. 오른쪽 그래프는 두 사람이 동시에 출발하여 x분 동안 이동한 거리를 $y\,\mathrm{m}$라 할 때, x와 y 사이의 관계를 각각 나타낸 것이다. 민영이가 서진이보다 공원에 몇 분 더 빨리 도착하는지 구하시오.

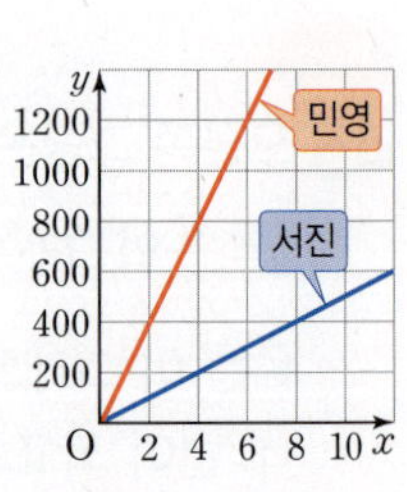

8 다음 중 y가 x에 반비례하는 것은?

① 자연수 x의 3배보다 1 큰 수 y
② 합이 30인 두 자연수 x와 y
③ 소 x마리의 다리 개수 y
④ 길이가 $70\,\mathrm{cm}$인 끈을 x개로 똑같이 나누었을 때, 끈 한 개의 길이 $y\,\mathrm{cm}$
⑤ 어느 음악 사이트에서 한 곡에 1000원인 음악 x 곡을 내려받을 때의 지불 금액 y원

9 y가 x에 반비례하고, $x=-2$일 때 $y=-12$이다. $y=8$일 때, x의 값은?

① -6 ② -3 ③ 2
④ 3 ⑤ 6

10 다음 중 반비례 관계 $y=-\dfrac{10}{x}$의 그래프에 대한 설명으로 옳지 <u>않은</u> 것은?

① 원점을 지나지 않는다.
② 점 $(-2,\,5)$를 지난다.
③ 제2사분면과 제4사분면을 지난다.
④ $x<0$일 때, x의 값이 증가하면 y의 값은 감소한다.
⑤ 0이 아닌 두 수 a, b에 대하여 점 $(a,\,b)$가 이 그래프 위의 점이면 점 $(-a,\,-b)$도 이 그래프 위의 점이다.

11 반비례 관계 $y=\dfrac{a}{x}$의 그래프가 두 점 $(-9,\,2)$, $(b,\,-3)$을 지날 때, $b-a$의 값을 구하시오.
(단, a는 상수)

12 반비례 관계 $y=\dfrac{16}{x}$의 그래프 위의 점 중에서 x좌표와 y좌표가 모두 정수인 점의 개수는?

① 8 ② 10 ③ 16
④ 18 ⑤ 20

13 정비례 관계 $y=ax$의 그래프와 반비례 관계 $y=\dfrac{8}{x}$의 그래프가 오른쪽 그림과 같이 x좌표가 4인 점 P에서 만날 때, 상수 a의 값을 구하시오.

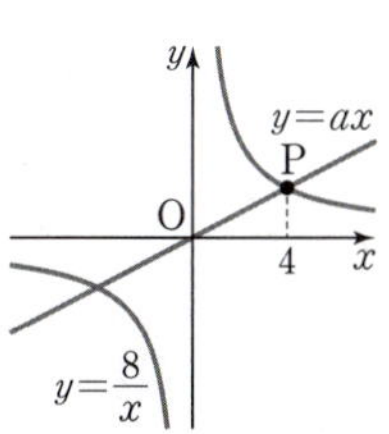

14 오른쪽 그림은 반비례 관계 $y=\dfrac{a}{x}$의 그래프이고, 두 점 $A(7,\,b)$, $C(-7,\,-b)$는 이 그래프 위의 점이다. 네 변이 좌표축에 각각 평행한 직사각형 ABCD의 넓이가 84일 때, $a+b$의 값을 구하시오. (단, a는 상수이고, $b>0$)

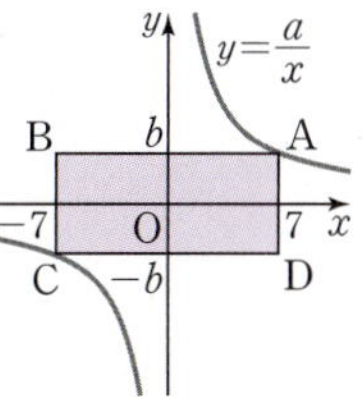

100점 완성

1-

❶ 오른쪽 그림에서 제1사분면 위의 두 점 A, C는 각각 정비례 관계 $y=2x$, $y=\frac{1}{2}x$의 그래프 위의 점이다. 사각형 ABCD는 한 변의 길이가 3인 정사각형일 때, 점 C의 좌표를 구하시오. (단, 정사각형의 모든 변은 좌표축에 각각 평행하다.)

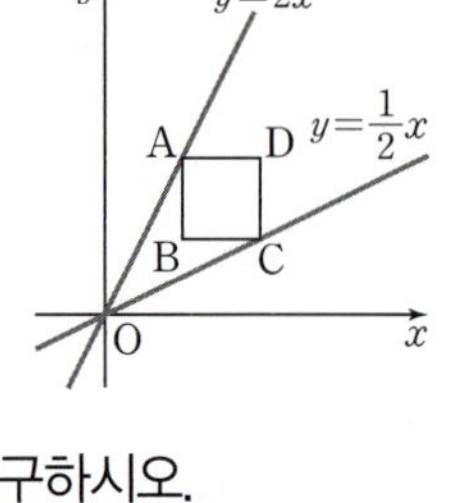

• Key •

점 A의 x좌표를 $k\,(k>0)$라 하고 점 C의 좌표를 k에 대한 식으로 나타낸다.

❷ 오른쪽 그림에서 제1사분면 위의 두 점 A, C는 각각 정비례 관계 $y=3x$, $y=\frac{1}{3}x$의 그래프 위의 점이다. 사각형 ABCD는 한 변의 길이가 4인 정사각형일 때, 점 B의 x좌표와 y좌표의 합은? (단, 정사각형의 모든 변은 좌표축에 각각 평행하다.)

① 2   ② 4   ③ 6
④ 8   ⑤ 10

2-

❶ 오른쪽 그림과 같이 세 점 O(0, 0), A(0, 6), B(10, 0)을 꼭짓점으로 하는 삼각형 AOB의 넓이를 정비례 관계 $y=ax$의 그래프가 이등분할 때, 상수 a의 값을 구하시오.

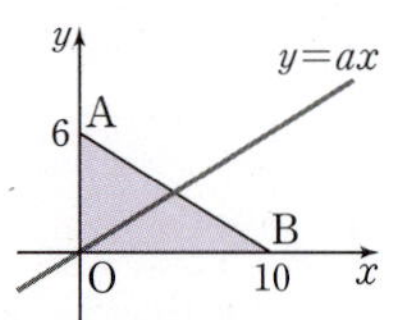

• Key •

$y=ax$의 그래프와 선분 AB가 만나는 점의 좌표를 구한다.

❷ 오른쪽 그림에서 두 점 A, B는 각각 정비례 관계 $y=3x$, $y=-\frac{1}{2}x$의 그래프 위의 점이고 x좌표는 모두 3이다. 삼각형 AOB의 넓이를 정비례 관계 $y=ax$의 그래프가 이등분할 때, 상수 a의 값은? (단, O는 원점)

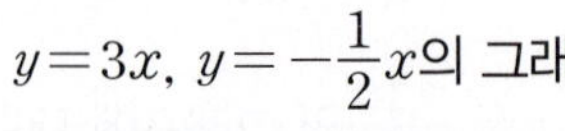
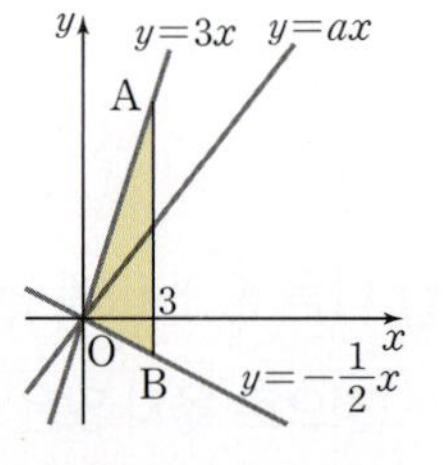

① $\frac{3}{4}$ ② $\frac{5}{4}$ ③ $\frac{7}{4}$
④ $\frac{9}{4}$ ⑤ $\frac{11}{4}$

3- **①**

오른쪽 그림과 같은 직사각형 ABCD에서 점 P는 점 C를 출발하여 매초 3 cm의 속력으로 시계 반대 방향으로 직사각형의 변을 따라 움직인다. 점 P가 변 BC 위에 있으면서 삼각형 ABP의 넓이가 처음으로 $180 \, cm^2$가 되는 것은 출발한 지 몇 초 후인지 구하시오.

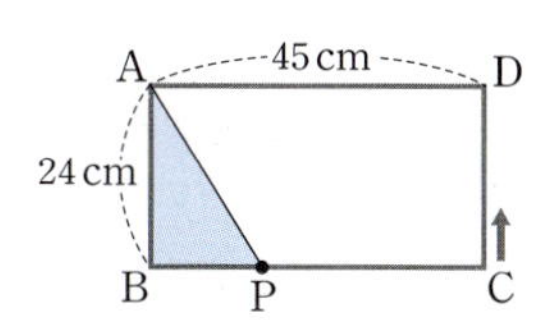

Key

삼각형 ABP의 넓이가 $180 \, cm^2$일 때의 선분 BP의 길이를 구한다.

②

오른쪽 그림과 같은 직사각형 ABCD에서 점 P는 점 C를 출발하여 매초 2 cm의 속력으로 시계 반대 방향으로 직사각형의 변을 따라 움직인다. 점 P가 변 BC 위에 있으면서 삼각형 DPC의 넓이가 처음으로 $80 \, cm^2$가 되는 것은 출발한 지 몇 초 후인지 구하시오.

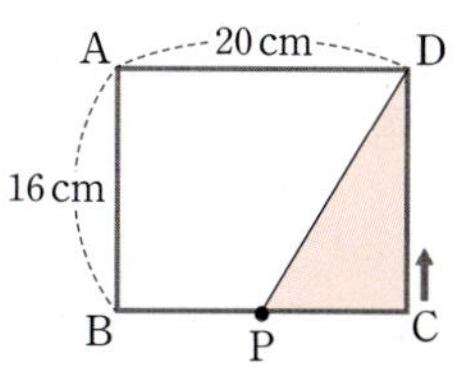

4- **①**

어느 자동차 부품 공장에 두 기계 A, B가 있다. 오른쪽 그래프는 두 기계 A, B에서 각각 x시간 동안 만드는 부품의 개수 y 사이의 관계를 나타낸 것이다. 두 기계 A, B를 동시에 가동하여 자동차 부품 4200개를 만드는 데 걸리는 시간을 구하시오.

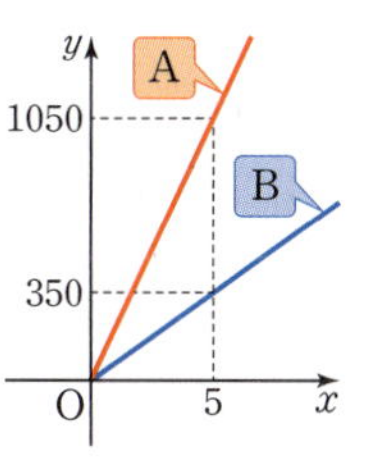

Key

두 기계 A, B의 그래프가 나타내는 식을 구한다.

②

어느 댐에 두 수문 A, B가 있다. 오른쪽 그래프는 두 수문을 열 때, 수문 A와 수문 B에서 각각 x시간 동안 방류되는 물의 양 y만 톤 사이의 관계를 나타낸 것이다. 두 수문 A, B를 동시에 열어 120만 톤의 물을 방류하는 데 걸리는 시간을 구하시오.

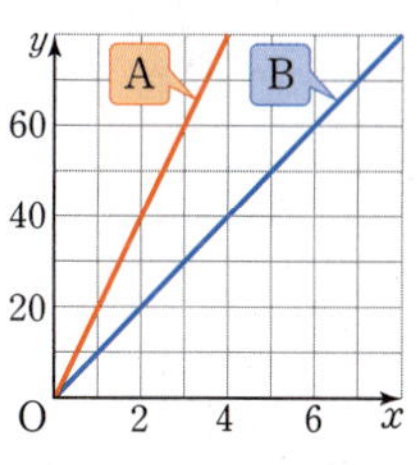

5- **①**

오른쪽 그림은 반비례 관계 $y = \dfrac{17}{x} \, (x > 0)$의 그래프이다. 두 점 D, G가 이 그래프 위의 점이고 직사각형 ABCD와 직사각형 CEFG의 넓이의 합이 10일 때, 직사각형 BOEC의 넓이를 구하시오. (단, O는 원점)

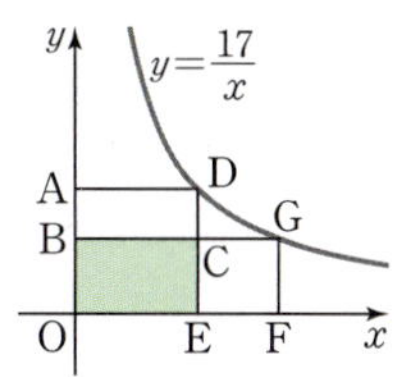

Key

두 직사각형 AOED, BOFG의 넓이를 구한다.

②

오른쪽 그림은 반비례 관계 $y = \dfrac{a}{x} \, (x > 0)$의 그래프이다. 두 점 D, G가 이 그래프 위의 점이고 직사각형 ABCD의 넓이는 7, 직사각형 BOEC의 넓이는 13일 때, 직사각형 CEFG의 넓이를 구하시오.
(단, a는 상수이고, O는 원점)

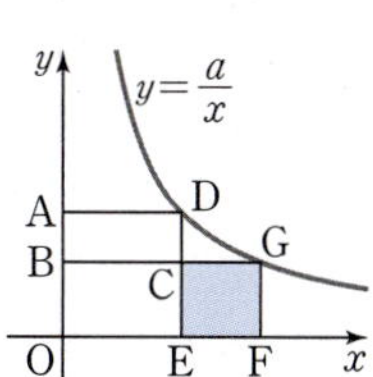

1 정비례 관계 $y=-\dfrac{5}{2}x$의 그래프가 두 점 $(2a-4,\ 5)$, $(1,\ b-5)$를 지날 때, $a+b$의 값을 구하시오. [6점]

2 정비례 관계 $y=ax$의 그래프가 두 점 $(3,\ -12)$, $(-1,\ b)$를 지날 때, $a-b$의 값을 구하시오.

(단, a는 상수) [6점]

3 어떤 식품의 $100\,\mathrm{g}$당 가격은 4000원이다. 이 식품 $x\,\mathrm{g}$의 가격을 y원이라 할 때, 다음 물음에 답하시오.

⑴ x와 y 사이의 관계식을 구하시오. [6점]

⑵ 식품 $190\,\mathrm{g}$의 가격을 구하시오. [2점]

4 오른쪽 그림과 같은 직사각형 ABCD에서 점 P가 변 AB 위를 움직일 때, 선분 AP의 길이를 $x\,\mathrm{cm}$, 삼각형 APD의 넓이를 $y\,\mathrm{cm}^2$라 하자. 다음 물음에 답하시오. (단, $0<x\leq15$)

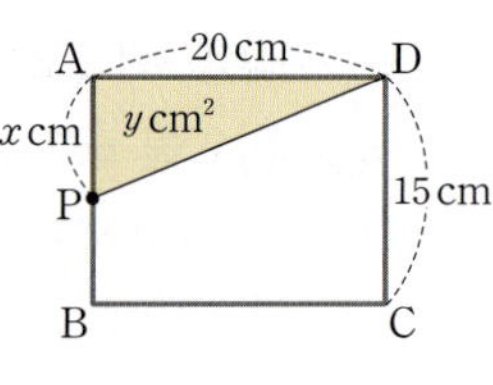

⑴ x와 y 사이의 관계식을 구하시오. [4점]

⑵ 삼각형 APD의 넓이가 $80\,\mathrm{cm}^2$일 때, 선분 AP의 길이를 구하시오. [4점]

5 반비례 관계 $y=\dfrac{a}{x}$의 그래프가 오른쪽 그림과 같을 때, 이 그래프 위의 점 중에서 x좌표와 y좌표가 모두 정수인 점의 개수를 구하시오.

(단, a는 상수) [8점]

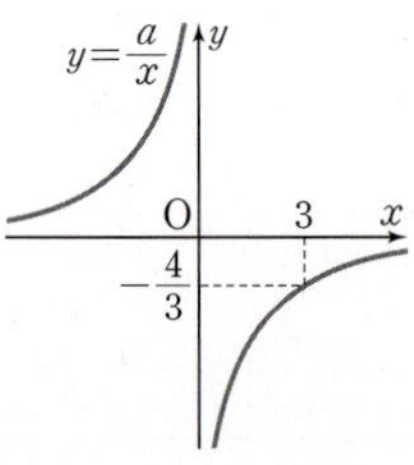

6 오른쪽 그림은 정비례 관계 $y=-3x$의 그래프와 반비례 관계 $y=\dfrac{a}{x}$의 그래프이다. 두 그래프가 점 $(-3,\ b)$에서 만날 때, $a+b$의 값을 구하시오. (단, a는 상수) [8점]

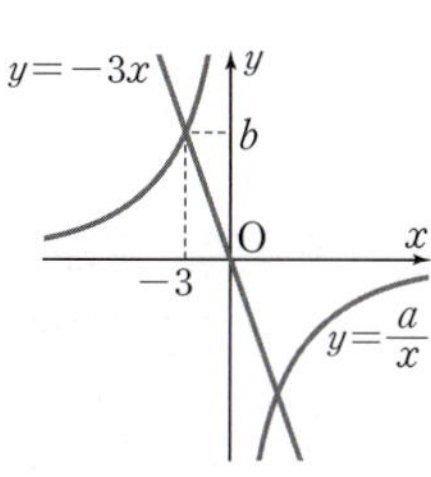

7 오른쪽 그림은 반비례 관계 $y=\dfrac{a}{x}$의 그래프의 일부이고, 점 A는 이 그래프 위의 점이다. 점 A에서 x축에 수직인 직선을 그었을 때, x축과 만나는 점을 B라 하자. 삼각형 AOB의 넓이가 6일 때, 상수 a의 값을 구하시오. (단, O는 원점) [8점]

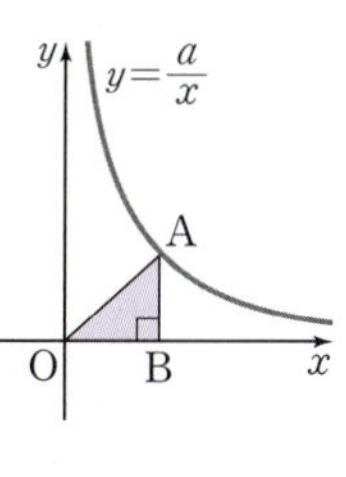

8 매분 $4\,\mathrm{L}$씩 물을 넣으면 50분 만에 물이 가득 차는 물탱크가 있다. 이 물탱크에 매분 $x\,\mathrm{L}$씩 물을 넣으면 y분 후에 물이 가득 찬다고 할 때, x와 y 사이의 관계식을 구하시오. [8점]

서술형

9 두 정비례 관계 $y=ax$, $y=bx$의 그래프가 오른쪽 그림과 같고, 한 변의 길이가 4인 정사각형 ABCD와 각각 점 A, C에서 만난다. 이때 상수 a, b에 대하여 $a+b$의 값을 구하시오. (단, 정사각형의 모든 변은 좌표축에 각각 평행하다.) [10점]

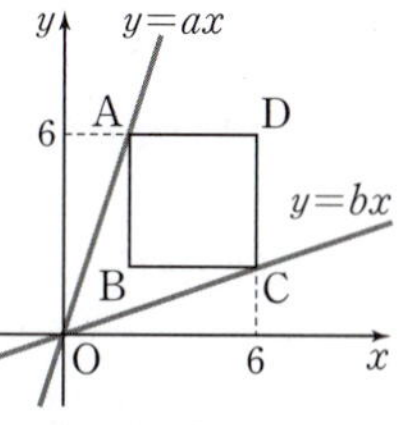

10 오른쪽 그림에서 두 점 C, E는 각각 반비례 관계 $y=\dfrac{24}{x}$, $y=\dfrac{a}{x}$의 그래프 위의 점이다. 점 B의 좌표가 $(4,\ 0)$이고 직사각형 ADEC의 넓이가 직사각형 DOBE의 넓이의 2배일 때, 상수 a의 값을 구하시오. (단, O는 원점) [10점]

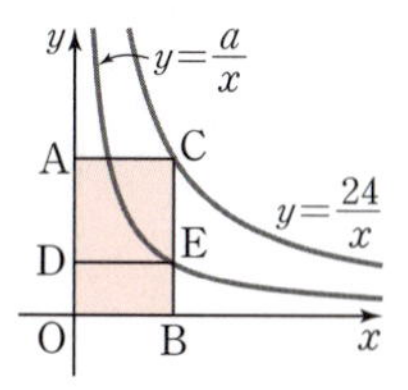

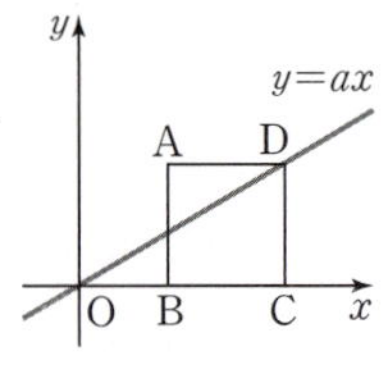

1 다음 중 y가 x에 정비례하는 것은?

① $y=\dfrac{7}{x}$ ② $xy=\dfrac{1}{2}$ ③ $\dfrac{y}{x}=\dfrac{1}{5}$

④ $y=x-3$ ⑤ $y=\dfrac{x}{3}+4$

2 y가 x에 정비례하고, $x=-6$일 때 $y=-1$이다. 이 때 x와 y 사이의 관계식은?

① $y=-6x$ ② $y=-\dfrac{1}{6}x$ ③ $y=\dfrac{1}{6}x$

④ $y=5x$ ⑤ $y=6x$

3 다음 중 정비례 관계 $y=ax\,(a\neq0)$의 그래프에 대한 설명으로 옳지 <u>않은</u> 것을 모두 고르면? (정답 2개)

① 점 $\left(2,\ \dfrac{a}{2}\right)$를 지난다.

② a의 값에 관계없이 항상 원점을 지난다.

③ 그래프의 모양은 직선이다.

④ $a<0$일 때, 제2사분면과 제4사분면을 지난다.

⑤ $a>0$일 때, x의 값이 증가하면 y의 값은 감소한다.

4 오른쪽 그림과 같이 정사각형 ABCD의 꼭짓점 D가 정비례 관계 $y=ax$의 그래프 위에 있다. 점 A의 좌표가 $(3,\ 4)$일 때, 상수 a의 값은?

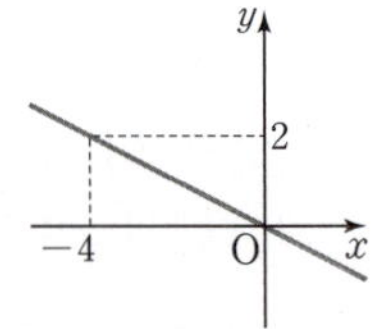

① $\dfrac{1}{4}$ ② $\dfrac{4}{7}$ ③ $\dfrac{3}{4}$

④ $\dfrac{4}{3}$ ⑤ $\dfrac{7}{4}$

5 다음 중 오른쪽 그림과 같은 그래프 위의 점이 <u>아닌</u> 것은?

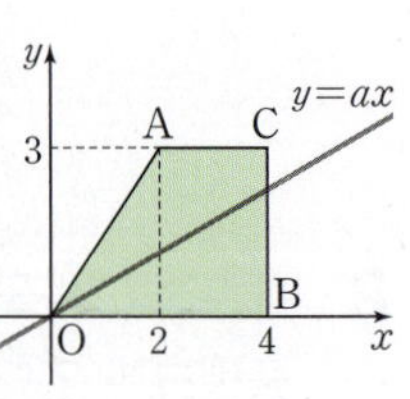

① $(-6,\ 3)$ ② $\left(-\dfrac{4}{3},\ \dfrac{2}{3}\right)$

③ $\left(-\dfrac{1}{2},\ 1\right)$ ④ $(8,\ -4)$

⑤ $(10,\ -5)$

6 오른쪽 그림과 같이 네 점 $O(0,0)$, $A(2,3)$, $B(4,0)$, $C(4,3)$을 꼭짓점으로 하는 사각형 AOBC의 넓이를 정비례 관계 $y=ax$의 그래프가 이등분할 때, 상수 a의 값은?

① $\dfrac{3}{8}$ ② $\dfrac{7}{16}$ ③ $\dfrac{1}{2}$

④ $\dfrac{9}{16}$ ⑤ $\dfrac{5}{8}$

7 휘발유 1 mL를 정화하는 데 필요한 물의 양이 20 L라 할 때, 물 4200 L로 정화할 수 있는 휘발유의 양은?

① 20 mL   ② 210 mL   ③ 420 mL
④ 4200 mL   ⑤ 84000 mL

8 아래 그래프는 A, B, C 세 명의 학생이 달리기 시합을 하였을 때, 달린 시간 x초와 달린 거리 y m 사이의 관계를 각각 나타낸 것이다. 다음 중 이 그래프에 대한 설명으로 옳은 것을 모두 고르면? (정답 2개)

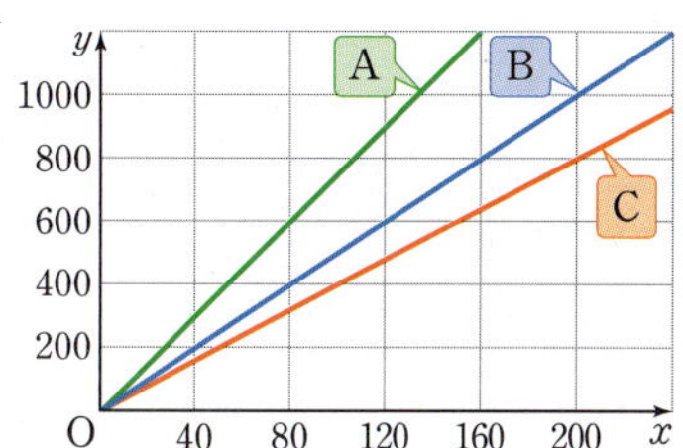

① 속력이 가장 빠른 학생은 C이다.
② 80초 동안 400 m를 달린 학생은 B이다.
③ 학생 A가 달린 시간과 거리 사이의 관계식은 $y=20x$이다.
④ 같은 시간 동안 학생 A가 달린 거리는 학생 B가 달린 거리의 $\frac{3}{2}$배이다.
⑤ 100초 동안 달렸을 때, 두 학생 B와 C가 달린 거리의 차는 80 m이다.

9 다음 중 y가 x에 반비례하는 것은?

① 1 m당 무게가 15 g인 철사 x m의 무게 y g
② 한 자루에 350원인 연필 x자루의 가격 y원
③ 하루 24시간 중 낮의 길이가 x시간일 때, 밤의 길이 y시간
④ 넓이가 30 cm²이고 가로의 길이가 x cm인 직사각형의 세로의 길이 y cm
⑤ 농도가 x %인 소금물 300 g에 녹아 있는 소금의 양 y g

10 다음 중 반비례 관계 $y=-\dfrac{3}{x}$의 그래프에 대한 설명으로 옳은 것을 모두 고르면? (정답 2개)

① 원점을 지난다.
② 점 $(3, -1)$을 지난다.
③ 제1사분면과 제3사분면을 지난다.
④ $x>0$일 때, x의 값이 증가하면 y의 값은 감소한다.
⑤ x축, y축에 한없이 가까워지는 한 쌍의 곡선이다.

11 다음 중 그 그래프가 지나는 사분면이 나머지 넷과 <u>다른</u> 하나는?

① $y=-5x$ ② $y=\dfrac{3}{5}x$ ③ $y=3x$
④ $y=\dfrac{3}{x}$ ⑤ $y=\dfrac{5}{x}$

12 세 점 $(2, -10)$, $(-5, b)$, $(c, 2)$가 반비례 관계 $y=-\dfrac{a}{x}$의 그래프 위의 점일 때, $a+b+c$의 값은? (단, a는 상수)

① -26 ② -18 ③ -6
④ 14   ⑤ 34

13 다음 중 오른쪽 그림의 그래프와 그래프를 나타내는 x와 y 사이의 관계식이 바르게 짝 지어지지 <u>않은</u> 것을 모두 고르면? (정답 2개)

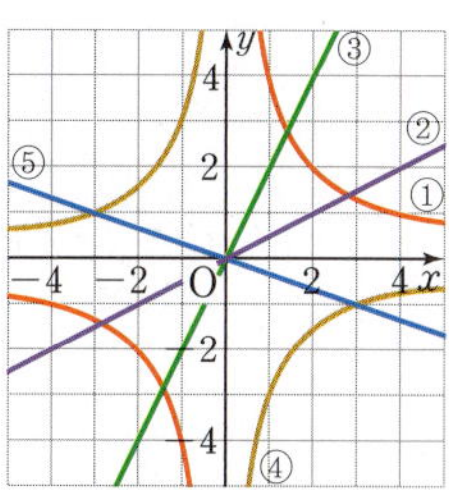

① $y=\dfrac{4}{x}$ ② $y=\dfrac{1}{4}x$ ③ $y=2x$
④ $y=-\dfrac{1}{x}$ ⑤ $y=-\dfrac{1}{3}x$

14 정비례 관계 $y=ax$의 그래프와 반비례 관계 $y=\dfrac{b}{x}$의 그래프가 점 $(-2, c)$에서 만날 때, 점 $\left(\dfrac{b}{a},\ ca\right)$는 제몇 사분면 위의 점인가?

① 제1사분면 　　　② 제2사분면
③ 제3사분면 　　　④ 제4사분면
⑤ 어느 사분면에도 속하지 않는다.

15 오른쪽 그림은 반비례 관계 $y=\dfrac{a}{x}\ (x>0)$의 그래프이고, 두 점 A, C는 이 그래프 위의 점이다. 네 변이 좌표축에 각각 평행한 직사각형 ABCD의 넓이가 12일 때, 상수 a의 값은?

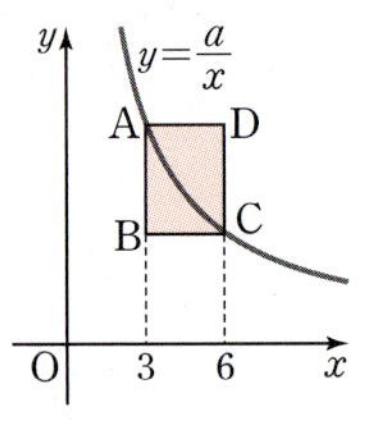

① 12 　　　② 18 　　　③ 24
④ 30 　　　⑤ 36

16 온도가 일정할 때 기체의 부피는 압력에 반비례한다. 압력이 4기압인 기체의 부피가 $16\,\mathrm{mL}$일 때, 압력이 10기압인 기체의 부피는?

① $5\,\mathrm{mL}$ 　　　② $\dfrac{28}{5}\,\mathrm{mL}$ 　　　③ $6\,\mathrm{mL}$
④ $\dfrac{32}{5}\,\mathrm{mL}$ 　　　⑤ $8\,\mathrm{mL}$

17 다음 그림과 같이 정사각형 A, B, C가 정비례 관계 $y=\dfrac{1}{2}x$의 그래프와 각각 점 P, Q, R에서 만난다. 정사각형 A의 넓이가 1일 때, 두 정사각형 B, C의 넓이의 합을 구하시오. [10점]

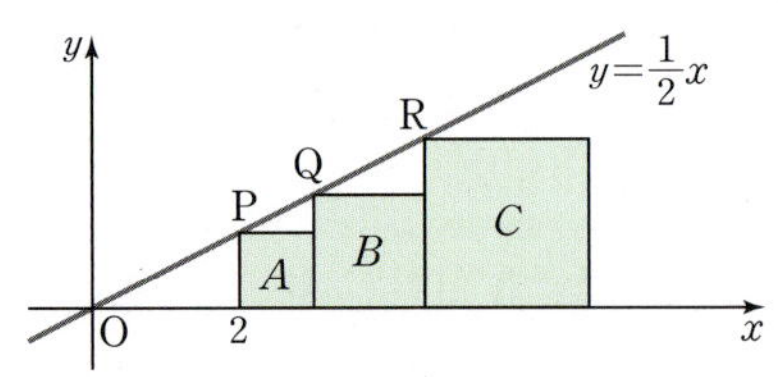

18 영식이는 집에서 $1.8\,\mathrm{km}$ 떨어진 학교까지 걸어서 등교한다. 오른쪽 그래프는 영식이가 집에서 출발하여 x분 동안 이동한 거리 $y\,\mathrm{m}$를 나타낸 것이다. 등교 시간은 9시인데 15분을 지각했다고 할 때, 영식이가 집에서 출발한 시각을 구하시오. [10점]

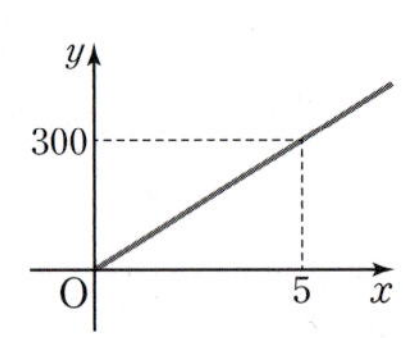

19 다음 표에서 y가 x에 반비례할 때, $A+B+C$의 값을 구하시오. [8점]

x	2	3	4	C	6
y	60	A	B	24	20

20 정비례 관계 $y=ax$의 그래프와 반비례 관계 $y=\dfrac{b}{x}$의 그래프가 오른쪽 그림과 같이 점 $(-2, -7)$에서 만날 때, 상수 a, b에 대하여 ab의 값을 구하시오. [8점]

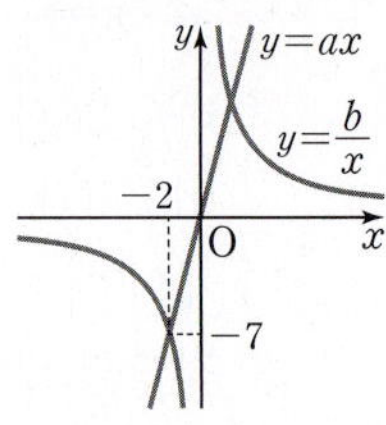

시험 '전 범위' 학습

일일 과제 1회

1 다음 중 기호 $\times$, $\div$를 생략하여 나타낸 것으로 옳은 것은?

① $1 \div x = x$

② $0.1 \times a = 0.a$

③ $b \times b \times b = 3b$

④ $(t+1) \times (-2) = t + 1 - 2$

⑤ $y \times x \times (-2) \times y \times z = -2xy^2z$

2 다음을 문자를 사용한 식으로 나타내면?

> 2점짜리 문제 a개와 4점짜리 문제 b개를 맞혔을 때의 점수

① $6ab$점   ② $8ab$점

③ $(a+b+6)$점   ④ $(2a+4b)$점

⑤ (a^2+b^4)점

3 $a = -2$일 때, 다음 중 식의 값이 가장 큰 것은?

① $2a$ ② $\dfrac{1}{a}$ ③ $-a$

④ $a-3$ ⑤ $-a^2$

4 키가 $h\,\mathrm{cm}$인 사람의 표준 몸무게는 $0.9(h-100)\,\mathrm{kg}$이라 할 때, 키가 $180\,\mathrm{cm}$인 사람의 표준 몸무게는?

① $72\,\mathrm{kg}$ ② $74\,\mathrm{kg}$ ③ $76\,\mathrm{kg}$

④ $78\,\mathrm{kg}$ ⑤ $80\,\mathrm{kg}$

5 다음 중 다항식 $3x^2 - 2x + 5$에 대한 설명으로 옳지 <u>않은</u> 것은?

① 항은 $3x^2$, $-2x$, 5의 3개이다.

② 상수항은 5이다.

③ x의 계수는 2이다.

④ $3x^2$의 차수는 2이다.

⑤ 다항식의 차수는 2이다.

6 다음 중 일차식인 것을 모두 고르면? (정답 2개)

① $x+3$ ② x^2+x-2 ③ $\dfrac{1}{x}$

④ -1 ⑤ $\dfrac{x}{3}+1$

7 다음 중 옳지 <u>않은</u> 것은?

① $(-2) \times 6x = -12x$

② $18x \div \dfrac{2}{3} = 27x$

③ $(2x-5) \times (-3) = -6x + 15$

④ $(9x-6) \div 3 = 3x - 2$

⑤ $(12x-3) \div \left(-\dfrac{3}{5}\right) = 20x - 5$

8 다음 중 $2x$와 동류항인 것은?

① $\dfrac{3}{x}$　　　② $3y$　　　③ xy

④ $-\dfrac{x}{3}$　　　⑤ $\dfrac{1}{2}x^2$

9 $-2a+6+9a-4$를 계산하면?

① $-11a+2$　　② $-7a-10$　　③ $7a+2$

④ $7a+10$　　⑤ $11a+10$

10 $\dfrac{2x-3}{3} - \dfrac{3x+1}{4}$을 계산하시오.

11 $A=3x+y$, $B=2x-4y$일 때, $2A+3B$를 계산하면?

① $12x-10y$　　② $10x-8y$　　③ $8x-6y$

④ $6x-4y$　　⑤ $4x-2y$

12 $2a+3+\boxed{}=5a-2$일 때, $\boxed{}$ 안에 알맞은 식을 구하시오.

II-2. 일차방정식

13 다음 중 [ ] 안의 수가 주어진 방정식의 해가 <u>아닌</u> 것은?

① $4x-1=-5$　　　$[-1]$

② $2-x=x+2$　　　$[0]$

③ $-3x+7=2x-8$　　　$[3]$

④ $2(x+1)=8-x$　　　$[-2]$

⑤ $-x=4(x-2)-12$　　$[4]$

14 다음 중 항등식인 것은?

① $\dfrac{1}{2}x+7$　　　② $5x<15$

③ $-5x+2=2x-5$　　　④ $-3x+9=3(3-x)$

⑤ $4(x-3)=4x-3$

15 다음 중 옳은 것은?

① $a=b$이면 $a-2=b+2$이다.
② $a-5=b+5$이면 $a=-b$이다.
③ $\dfrac{a}{2}=\dfrac{b}{3}$이면 $2a=3b$이다.
④ $5(a-4)=15b$이면 $a-4=3b$이다.
⑤ $a=-b$이면 $4a-1=4b+1$이다.

16 다음 중 밑줄 친 항을 바르게 이항한 것은?

① $x\underline{-5}=4 \Rightarrow x=4-5$
② $-x=\underline{2x}+6 \Rightarrow -x+2x=6$
③ $4x\underline{+3}=-7 \Rightarrow 4x=-7+3$
④ $\underline{1}+x=\underline{5x}-2 \Rightarrow x-5x=-2+1$
⑤ $2x\underline{-4}=\underline{-3x}+8 \Rightarrow 2x+3x=8+4$

17 다음 일차방정식 중 해가 나머지 넷과 다른 하나는?

① $2x-9=5$
② $3(x-4)=9$
③ $3x+8=4x+1$
④ $3x+1=-2x-14$
⑤ $5(x-2)=3x+4$

18 일차방정식 $\dfrac{4x-1}{3}=\dfrac{2(1-x)}{5}+1$의 해를 $x=a$, 일차방정식 $0.25(x-2)-\dfrac{3}{5}(2x+1)=0.8$의 해를 $x=b$라 할 때, ab의 값을 구하시오.

19 x에 대한 두 일차방정식 $x-2=4x-11$, $ax-5=2x+1$의 해가 서로 같을 때, 상수 a의 값은?

① 1
② 2
③ 3
④ 4
⑤ 5

20 연속하는 세 홀수의 합이 75일 때, 세 홀수 중에서 가장 작은 수를 구하시오.

21 윗변의 길이가 아랫변의 길이보다 $3\,\mathrm{cm}$만큼 짧고, 높이가 $8\,\mathrm{cm}$인 사다리꼴의 넓이가 $36\,\mathrm{cm}^2$일 때, 이 사다리꼴의 윗변의 길이는?

① $\dfrac{5}{2}\,\mathrm{cm}$
② $3\,\mathrm{cm}$
③ $\dfrac{7}{2}\,\mathrm{cm}$
④ $4\,\mathrm{cm}$
⑤ $\dfrac{9}{2}\,\mathrm{cm}$

22 성주가 등산을 하는데 올라갈 때는 시속 $3\,km$로 걷다가 정상에 도착하여 30분 동안 휴식을 취한 후 내려올 때는 같은 길을 시속 $4\,km$로 걸었더니 총 4시간이 걸렸다. 이때 출발 지점에서 정상까지의 거리를 구하시오.

23 대호네 학교의 작년 전체 학생은 600명이었다. 올해에는 작년에 비해 남학생 수가 $4\,\%$ 감소하고, 여학생이 24명 증가하여 전체 학생 수가 $2\,\%$ 증가하였다. 이때 올해 여학생 수는?

① 320 ② 321 ③ 322
④ 323 ⑤ 324

Ⅲ-1. 좌표와 그래프

24 두 순서쌍 $(a+3,\ -2b+1)$, $(2a-1,\ b+7)$이 서로 같을 때, $a-b$의 값을 구하시오.

25 두 점 $\mathrm{A}(3a+2,\ 1-4a)$, $\mathrm{B}(b-2,\ 2b+5)$가 각각 x축, y축 위의 점일 때, $4a-3b$의 값은?

① -5 ② -3 ③ -1
④ 1 ⑤ 3

26 세 점 $\mathrm{A}(-2,\ 2)$, $\mathrm{B}(4,\ 2)$, $\mathrm{C}(2,\ 6)$을 꼭짓점으로 하는 삼각형 ABC의 넓이를 구하시오.

27 $a>0$, $b<0$일 때, 점 $(-a,\ b)$는 제몇 사분면 위의 점인지 구하시오.

28 오른쪽 그림과 같은 원기둥 모양의 물통 A, B, C에 일정한 속력으로 물을 채울 때, 물을 채우는 시간 x에 따른 물의 높이를 y라 하자. 각 물통에 해당하는 그래프를 다음 보기에서 골라 바르게 짝 지은 것은?

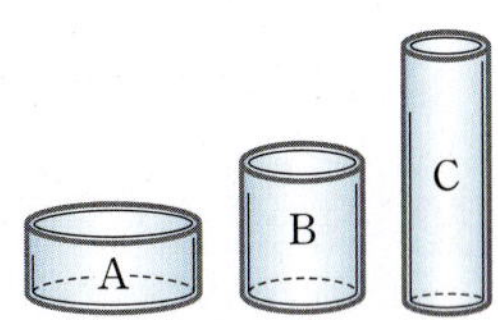

보기

ㄱ.
ㄴ.
ㄷ.

	A	B	C			A	B	C
①	ㄱ	ㄴ	ㄷ		②	ㄴ	ㄱ	ㄷ
③	ㄴ	ㄷ	ㄱ		④	ㄷ	ㄱ	ㄴ
⑤	ㄷ	ㄴ	ㄱ					

29 아래 그래프는 연희가 자전거를 타고 할머니 댁까지 갔을 때, 이동한 거리를 시간에 따라 나타낸 것이다. 다음 물음에 답하시오.

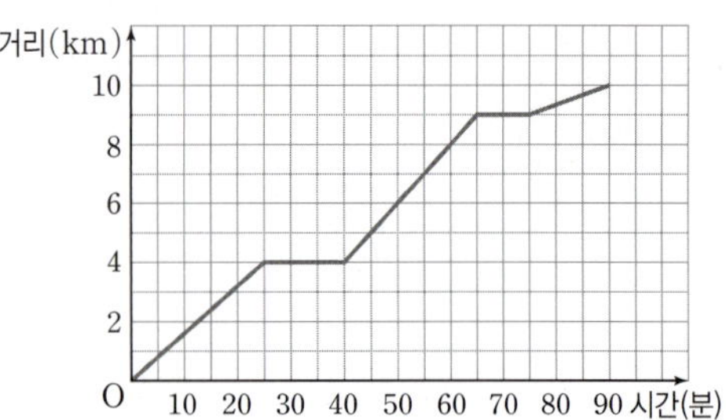

(1) 연희가 출발한 후 1시간 동안 이동한 거리를 구하시오.

(2) 자전거가 정지한 시간은 모두 몇 분인지 구하시오.

Ⅲ-2. 정비례와 반비례

30 다음 중 y가 x에 정비례하지 <u>않는</u> 것을 모두 고르면? (정답 2개)

① 합이 30인 두 자연수 x와 y

② 1 L에 500원 하는 생수 x L의 가격 y원

③ 한 변의 길이가 x cm인 정삼각형의 둘레의 길이 y cm

④ 밀가루 600 g으로 빵 x개를 만들 때, 빵 한 개에 들어가는 밀가루의 양 y g

⑤ 시속 8 km로 x시간 동안 이동한 거리 y km

31 y가 x에 정비례하고, $x=6$일 때 $y=-10$이다. $x=-12$일 때, y의 값을 구하시오.

32 다음 중 정비례 관계 $y=-3x$의 그래프 위의 점이 <u>아닌</u> 것은?

① $(4,\ -12)$　　② $(0,\ 0)$　　③ $(1,\ -3)$

④ $(-1,\ -6)$　　⑤ $(3,\ -9)$

33 정비례 관계 $y=ax$의 그래프가 오른쪽 그림과 같을 때, $a+b$의 값은? (단, a는 상수)

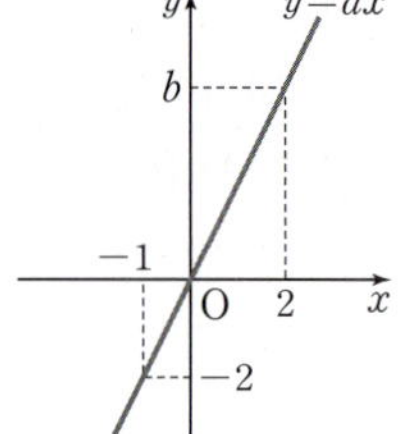

① 2　　　　② 4

③ 6　　　　④ 8

⑤ 10

34 오른쪽 그림과 같이 정비례 관계 $y=\dfrac{3}{4}x$의 그래프 위의 한 점 A에서 x축에 수직인 직선을 그었을 때, x축과 만나는 점을 B라 하자. 점 B의 좌표가 $(8,\ 0)$일 때, 삼각형 AOB의 넓이는?

(단, O는 원점)

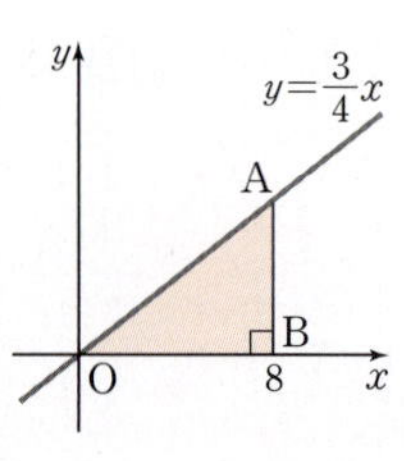

① 12　　　　② 16　　　　③ 18

④ 20　　　　⑤ 24

35 톱니가 각각 56개, 32개인 두 톱니바퀴 A, B가 서로 맞물려 돌아가고 있다. 톱니바퀴 A가 x번 회전하는 동안 톱니바퀴 B는 y번 회전한다고 할 때, 다음 물음에 답하시오.

(1) x와 y 사이의 관계식을 구하시오.

(2) 톱니바퀴 A가 8번 회전하는 동안 톱니바퀴 B는 몇 번 회전하는지 구하시오.

36 다음 중 반비례 관계 $y=\dfrac{2}{x}$의 그래프에 대한 설명으로 옳지 <u>않은</u> 것을 모두 고르면? (정답 2개)

① 점 $(-2, -1)$을 지난다.

② 원점을 지나는 곡선이다.

③ 반비례 관계 $y=\dfrac{1}{x}$의 그래프보다 원점에서 더 멀다.

④ 제1사분면과 제3사분면을 지난다.

⑤ $x>0$일 때, x의 값이 증가하면 y의 값도 증가한다.

37 반비례 관계 $y=\dfrac{12}{x}$의 그래프가 점 $(-a, 8)$을 지날 때, a의 값은?

① -3 ② $-\dfrac{3}{2}$ ③ -1

④ $\dfrac{3}{2}$ ⑤ 3

38 오른쪽 그림은 반비례 관계 $y=\dfrac{a}{x}\,(x>0)$의 그래프이다. 이 그래프 위의 두 점 P, Q의 y좌표의 차가 3일 때, 상수 a의 값을 구하시오.

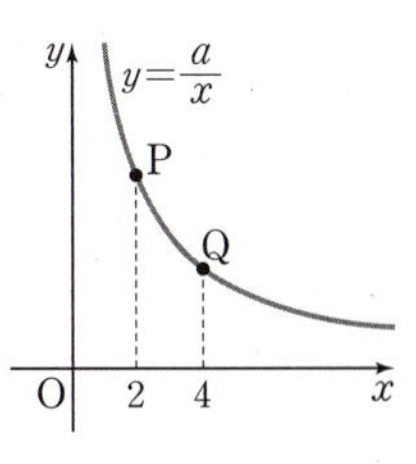

39 다음 중 오른쪽 그림의 그래프와 그래프를 나타내는 x와 y 사이의 관계식을 바르게 짝 지은 것은?

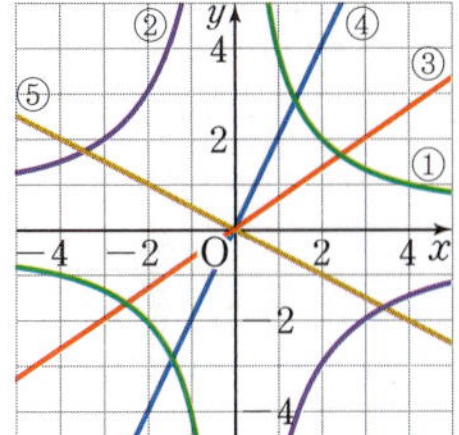

① $y=\dfrac{8}{x}$ ② $y=-\dfrac{3}{x}$

③ $y=\dfrac{3}{2}x$ ④ $y=2x$

⑤ $y=\dfrac{1}{2}x$

40 넓이가 $1\,m^2$인 벽을 칠하는 데 드는 페인트의 비용은 5000원이다. 30000원어치의 페인트를 모두 사용하여 가로의 길이가 $x\,m$, 세로의 길이가 $y\,m$인 직사각형 모양의 벽을 남김없이 칠하였다. 이때 x와 y 사이의 관계식은?

① $y=\dfrac{1}{6}x$ ② $y=\dfrac{6}{x}$ ③ $y=6x$

④ $y=\dfrac{1}{3}x$ ⑤ $y=\dfrac{3}{x}$

Ⅱ-1. 문자의 사용과 식

1 다음 중 기호 $\times$, $\div$를 생략하여 나타낼 때, 나머지 넷과 <u>다른</u> 하나는?

① $x \times z \div y$ ② $x \div (y \div z)$

③ $x \div y \div \dfrac{1}{z}$ ④ $x \times \left(\dfrac{1}{y} \div \dfrac{1}{z}\right)$

⑤ $\dfrac{1}{x} \div \dfrac{1}{y} \div \dfrac{1}{z}$

2 다음 중 문자를 사용하여 나타낸 식으로 옳지 <u>않은</u> 것은?

① x원의 $40\,\%$ ➡ $\dfrac{2}{5}x$원

② 한 권에 a원인 공책 2권과 한 자루에 b원인 볼펜 3자루의 가격 ➡ $(2a+3b)$원

③ 밑변의 길이와 높이가 각각 $a\,\mathrm{cm}$, $b\,\mathrm{cm}$인 삼각형의 넓이 ➡ $\dfrac{1}{2}ab\,\mathrm{cm}^2$

④ 시속 $5\,\mathrm{km}$로 x시간 동안 달린 거리 ➡ $\dfrac{x}{5}\,\mathrm{km}$

⑤ 길이가 $x\,\mathrm{cm}$인 리본을 4등분 하였을 때, 한 조각의 길이 ➡ $\dfrac{x}{4}\,\mathrm{cm}$

3 $x = -\dfrac{1}{2}$, $y = \dfrac{1}{3}$일 때, $2x^2 - 3y$의 값은?

① -2 ② $-\dfrac{1}{2}$ ③ $\dfrac{1}{2}$

④ 1 ⑤ $\dfrac{3}{2}$

4 화씨온도 $x\,°\mathrm{F}$를 섭씨온도로 나타내면 $\dfrac{5}{9}(x-32)\,°\mathrm{C}$일 때, $68\,°\mathrm{F}$를 섭씨온도로 나타내면 몇 $°\mathrm{C}$인지 구하시오.

5 다음 중 옳은 것은?

① $-2x + y$는 단항식이다.

② $3 - y$에서 상수항은 3이다.

③ $\dfrac{x}{4} + 1$에서 x의 계수는 4이다.

④ $x^2 - x + 2$에서 다항식의 차수는 1이다.

⑤ $xy + z$에서 항은 3개이다.

6 두 식 $\dfrac{2}{3}(12x-4) - \dfrac{1}{3}$과 $\left(\dfrac{1}{3}x + \dfrac{2}{3}\right) \div \left(-\dfrac{1}{3}\right)^2$을 각각 계산하였을 때, 두 상수항의 곱은?

① -18 ② -12 ③ -1

④ 12 ⑤ 18

7 $4(x+2)+\dfrac{1}{3}(9-6x)$를 계산하면 $ax+b$일 때, 상수 a, b에 대하여 $b-a$의 값은?

① -13 ② -11 ③ -9
④ 9 ⑤ 11

8 $\dfrac{5a-3b+2}{3}-\dfrac{a-5b-1}{2}$ 을 계산하면?

① $\dfrac{7}{6}a-3b+\dfrac{1}{6}$ ② $\dfrac{7}{6}a+\dfrac{3}{2}b+\dfrac{7}{6}$

③ $\dfrac{13}{6}a-\dfrac{7}{2}b+\dfrac{1}{6}$ ④ $\dfrac{13}{6}a+\dfrac{1}{6}b+\dfrac{4}{3}$

⑤ $7a+9b+7$

9 다음 그림에서 옆으로 이웃하는 두 칸의 식을 더한 것이 바로 위 칸의 식과 같을 때, ㉠, ㉡에 들어갈 식을 각각 구하시오.

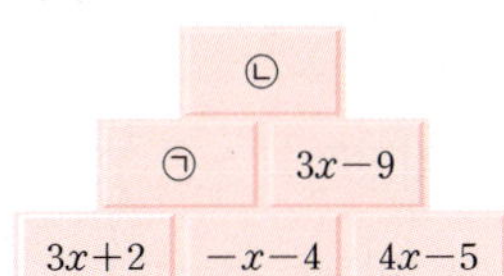

10 오른쪽 그림과 같은 직사각형에서 색칠한 부분의 넓이를 a를 사용한 식으로 나타내시오.

11 $A=\dfrac{1}{6}x+y$, $B=-\dfrac{1}{4}x-\dfrac{1}{2}y$일 때, $6A-4B$를 계산하면?

① $4y$ ② $x+4y$ ③ $2x-4y$
④ $2x+3y$ ⑤ $2x+8y$

12 다항식 A에 $-5x-3$을 더했더니 $x+3$이 되었고, 다항식 B에서 $5x-2$를 뺐더니 $3x-2$가 되었다. 이때 $A-B$를 계산하시오.

Ⅱ-2. 일차방정식

13 등식 $2(3x-1)-7=6x+a$가 x에 대한 항등식일 때, 상수 a의 값은?

① -9 ② -6 ③ -3
④ 3 ⑤ 6

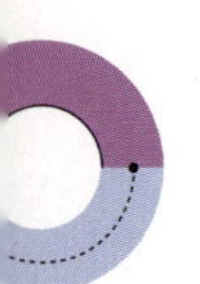

14 오른쪽은 등식의 성질을 이용하여 방정식 $3x+5=14$를 푸는 과정이다. (가), (나)에 이용된 등식의 성질을 다음 보기에서 고르시오.

$$3x+5=14 \quad \text{(가)}$$
$$3x=9 \quad \text{(나)}$$
$$\therefore x=3$$

보기

$a=b$이고 c는 자연수일 때

ㄱ. $a+c=b+c$ ㄴ. $a-c=b-c$

ㄷ. $ac=bc$ ㄹ. $\dfrac{a}{c}=\dfrac{b}{c}$

15 다음 보기 중 일차방정식인 것을 모두 고르시오.

보기

ㄱ. $\dfrac{x}{5}=1$ ㄴ. $4x-1=4x$

ㄷ. $-\dfrac{2}{y}+1=y$ ㄹ. $y-2=2y-2$

ㅁ. $1-2x^2=-2(x^2+1)-x$

16 일차방정식 $2x+1=4x-7$의 해를 $x=a$, 일차방정식 $7x-2(x-3)=16$의 해를 $x=b$라 할 때, $a+b$의 값은?

① 6 ② 7 ③ 8
④ 9 ⑤ 10

17 일차방정식 $\dfrac{x+3}{2}=1.5(x+2)-\dfrac{3}{4}x$를 푸시오.

18 비례식 $(2x-9):(7x+1)=3:4$를 만족시키는 x의 값을 구하시오.

19 x에 대한 일차방정식 $\dfrac{2x-3}{4}+a=\dfrac{x-2a}{3}$의 해가 $x=2$일 때, 상수 a에 대하여 $8a+2$의 값은?

① $\dfrac{1}{4}$ ② $\dfrac{1}{3}$ ③ $\dfrac{1}{2}$
④ $\dfrac{2}{3}$ ⑤ $\dfrac{3}{4}$

20 x에 대한 일차방정식 $x-\dfrac{1}{3}(x+a)=-\dfrac{5}{3}$의 해가 음의 정수가 되도록 하는 모든 자연수 a의 값의 합을 구하시오.

21 현재 아버지의 나이는 48세, 딸의 나이는 12세일 때, 아버지의 나이가 딸의 나이의 3배가 되는 것은 몇 년 후인가?

① 4년 후　　② 5년 후　　③ 6년 후
④ 7년 후　　⑤ 8년 후

22 오른쪽 그림과 같이 가로의 길이가 $4\,cm$, 세로의 길이가 $6\,cm$인 직사각형이 있다. 이 직사각형의 가로의 길이를 $2\,cm$만큼, 세로의 길이를 $x\,cm$만큼 늘였더니 그 넓이가 처음 직사각형의 넓이의 2배가 되었을 때, x의 값을 구하시오.

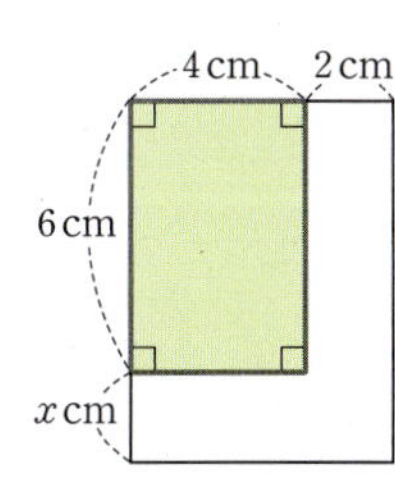

23 현성이가 집을 나선 지 10분 후에 현주가 현성이를 따라나섰다. 현성이는 매분 $50\,m$의 속력으로 걷고, 현주는 매분 $150\,m$의 속력으로 뛰었을 때, 두 사람이 만날 때까지 현성이가 걸은 거리를 구하시오.

24 어느 학교에서 야영을 하기 위해 설치한 텐트에 학생들을 배정하려고 한다. 한 텐트에 6명씩 배정하면 2명이 남고, 한 텐트에 7명씩 배정하면 텐트가 3개 남고 마지막 텐트에는 6명만 배정된다고 한다. 이때 전체 학생 수를 구하시오.

Ⅲ-1. 좌표와 그래프

25 다음 중 오른쪽 좌표평면 위의 점 A, B, C, D, E의 좌표를 나타낸 것으로 옳지 않은 것은?

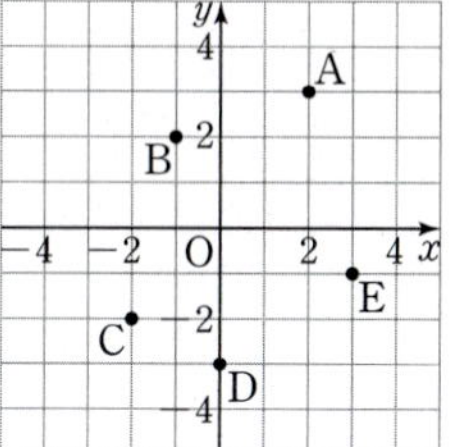

① A$(2, 3)$
② B$(-1, 2)$
③ C$(-2, -2)$
④ D$(-3, 0)$
⑤ E$(3, -1)$

26 네 점 A$(3, -3)$, B$(2, 1)$, C$(-3, 1)$, D$(-4, -3)$을 꼭짓점으로 하는 사각형 ABCD의 넓이를 구하시오.

27 점 $(a, -b)$가 제3사분면 위의 점일 때, 점 $(-a, ab)$는 제몇 사분면 위의 점인가?

① 제1사분면　　　　② 제2사분면
③ 제3사분면　　　　④ 제4사분면
⑤ 어느 사분면에도 속하지 않는다.

28 두 점 $(a, -2)$, $(-4, b+1)$이 y축에 대하여 대칭일 때, ab의 값은?

① -18 ② -12 ③ -6

④ 6 ⑤ 12

29 오른쪽 그림과 같은 모양의 물통에 일정한 속력으로 물을 계속 넣을 때, 다음 중 물의 높이를 시간에 따라 나타낸 그래프로 알맞은 것은?

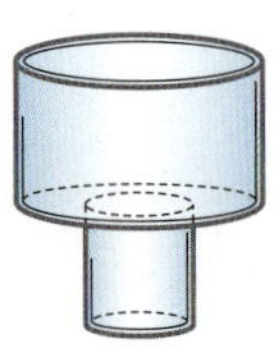

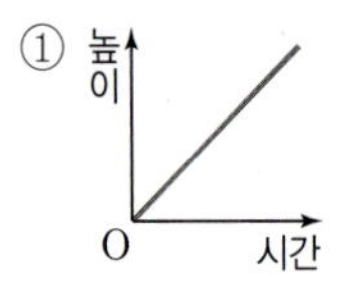 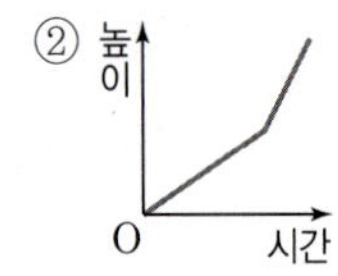 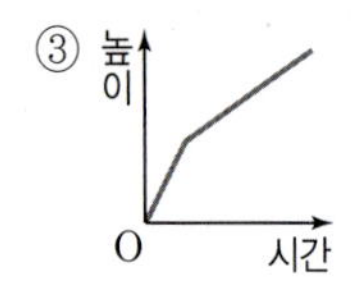

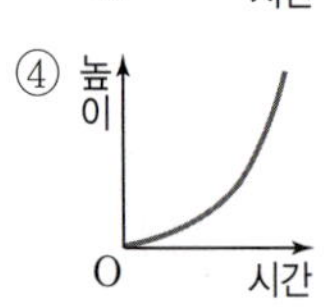 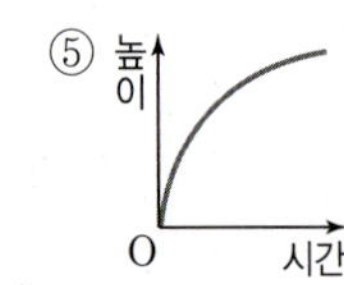

30 아래 그래프는 소희네 가족이 집에서 $35\,\mathrm{km}$ 떨어진 놀이동산에 자동차를 타고 가서 놀다가 집으로 돌아왔을 때, 집에서부터 떨어진 거리를 시각에 따라 나타낸 것이다. 다음 물음에 답하시오.

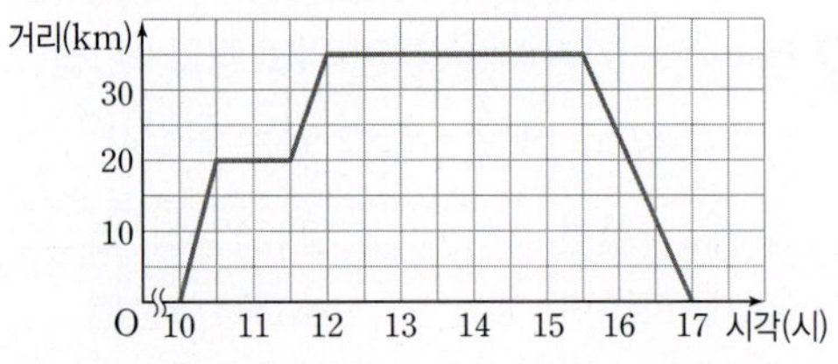

(1) 소희네 가족이 놀이동산에 머문 시간을 구하시오.

(2) 소희네 가족이 놀이동산에서 출발한 지 몇 분 후에 집에 도착하였는지 구하시오.

31 다음 중 y가 x에 정비례하는 것을 모두 고르면?

(정답 2개)

① $y = \dfrac{1}{3}x$ ② $y = \dfrac{5}{x}$ ③ $y = -4x + 1$

④ $xy = -2$ ⑤ $\dfrac{y}{x} = 8$

32 다음 중 정비례 관계 $y = ax\,(a \neq 0)$의 그래프에 대한 설명으로 옳지 <u>않은</u> 것은?

① 원점을 지나는 직선이다.

② 점 $(1, a)$를 지난다.

③ 오른쪽 위로 향하는 직선이다.

④ $a < 0$일 때, 제2사분면과 제4사분면을 지난다.

⑤ $a > 0$일 때, x의 값이 증가하면 y의 값도 증가한다.

33 다음 중 정비례 관계의 그래프가 y축에 가장 가까운 것은?

① $y = -4x$ ② $y = -2x$ ③ $y = -\dfrac{1}{4}x$

④ $y = \dfrac{3}{2}x$ ⑤ $y = 3x$

34 정비례 관계 $y=ax$의 그래프가 두 점 $(2, -6)$, $(-2, k+2)$를 지날 때, $a+k$의 값을 구하시오.

(단, a는 상수)

35 용량이 300 L인 원기둥 모양의 물통에 매분 10 L씩 물을 넣는다고 한다. x분 동안 넣은 물의 양을 y L 라 할 때, x와 y 사이의 관계식을 구하고, 이 물통에 물을 전체의 $\dfrac{3}{5}$만큼 채우는 데 걸리는 시간을 구하시오.

36 x의 값이 2배, 3배, 4배, …가 될 때 y의 값은 $\dfrac{1}{2}$배, $\dfrac{1}{3}$배, $\dfrac{1}{4}$배, …가 되고, $x=2$일 때 $y=4$이다. 이때 x와 y 사이의 관계식을 구하시오.

37 오른쪽 그림과 같은 그래프에서 k의 값을 구하시오.

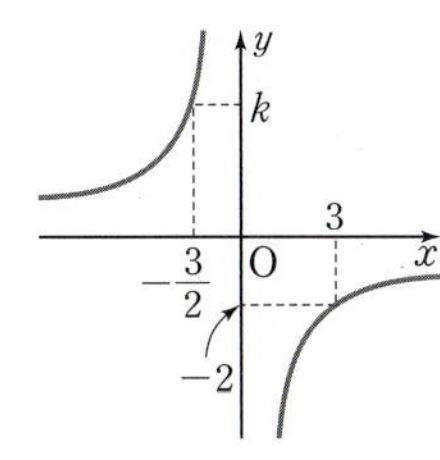

38 반비례 관계 $y=-\dfrac{12}{x}$의 그래프 위의 점 중에서 x좌표와 y좌표가 모두 정수인 점의 개수는?

① 9 　② 10 　③ 11
④ 12 　⑤ 13

39 오른쪽 그림은 반비례 관계 $y=\dfrac{10}{x}$의 그래프이고, 점 P는 이 그래프 위의 점이다. 이때 직사각형 AOBP의 넓이는?

(단, O는 원점)

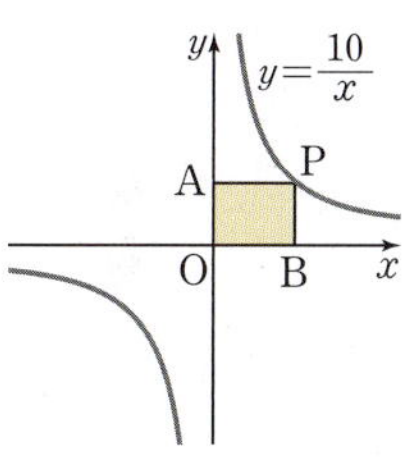

① 8 　② 10 　③ 12
④ 14 　⑤ 16

40 온도가 일정할 때, 기체의 부피 $y\,\text{cm}^3$는 압력 x기압에 반비례한다. 어떤 기체의 부피가 $20\,\text{cm}^3$일 때, 압력은 5기압이었다. 같은 온도에서 압력이 4기압일 때, 이 기체의 부피를 구하시오.

1 다음 중 $\dfrac{ab}{7(x+y)}$ 를 기호 $\times$, $\div$ 를 사용하여 나타낸 것은?

① $a \times b \div 7 \div x + y$

② $a \times b \div 7 \times (x+y)$

③ $a \times b \div 7 \div (x+y)$

④ $a \times b + \dfrac{1}{7} \times (x+y)$

⑤ $a \times b \times (x+y) \times \dfrac{1}{7}$

2 x시간 동안 $300\,\mathrm{km}$를 갔을 때의 속력을 문자를 사용한 식으로 바르게 나타내면?

① 시속 $0.3x\,\mathrm{km}$　　② 시속 $0.003x\,\mathrm{km}$

③ 시속 $300x\,\mathrm{km}$　　④ 시속 $\dfrac{x}{300}\,\mathrm{km}$

⑤ 시속 $\dfrac{300}{x}\,\mathrm{km}$

3 $a=-1$일 때, 다음 중 식의 값이 나머지 넷과 <u>다른</u> 하나는?

① a^3　　　② $-(-a)^2$　　③ $-(-a^3)$

④ $\dfrac{1}{a^2}$　　　⑤ $1-2a^4$

4 민서는 버스를 탈 때 교통카드로 요금을 지불한다. 버스 요금은 720원이고 교통카드에 30000원을 충전하였을 때, 버스를 x회 이용한 후 교통카드의 잔액을 x를 사용한 식으로 나타내고, 버스를 20회 이용한 후 교통카드의 잔액을 구하시오.

5 다항식 $-\dfrac{6}{5}x^2+\dfrac{1}{5}x-5$에서 x^2의 계수를 a, x의 계수를 b, 상수항을 c라 할 때, $(a+b) \times c$의 값을 구하시오.

6 다음과 같은 설명이 적힌 두 상자 A, B가 있다. $2a-1$을 두 상자 A, B에 순서대로 통과시켰을 때, 나오는 식은?

> A: 들어온 식을 $-\dfrac{1}{5}$로 나눈 다음 7을 빼서 내보낸다.
>
> B: 들어온 식에 -2를 곱한 다음 4로 나누어 내보낸다.

① $-5a-4$　　② $-5a-1$　　③ $5a+1$

④ $5a+4$　　⑤ $5a+6$

7 다음 중 동류항끼리 짝 지어진 것을 모두 고르면?
(정답 2개)

① x, $-7y$ ② $\dfrac{5}{2}$, -1 ③ $2x$, $3x^2$

④ $-y$, $-\dfrac{1}{y}$ ⑤ $\dfrac{1}{4}x^2y$, $0.2x^2y$

8 $3(x-5)-4(2+x)+5(x+3)$을 계산하면?

① $-4x-2$ ② $4x-20$ ③ $4x-8$
④ $9x-10$ ⑤ $9x-8$

9 $\dfrac{2x+1}{3}-\dfrac{3x-2}{4}+\dfrac{5x-3}{6}$ 을 계산하였을 때, x의 계수와 상수항의 곱을 구하시오.

10 오른쪽 그림에서 색칠한 부분의 넓이를 x를 사용한 식으로 나타내면?

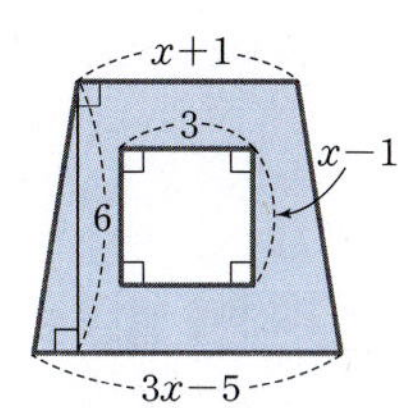

① $8x-2$ ② $8x-4$
③ $9x-5$ ④ $9x-9$
⑤ $12x-6$

11 $A=5x-2$, $B=-7x+10$일 때, $3\left(\dfrac{A}{2}-\dfrac{B}{6}\right)+B$를 계산하시오.

12 두 일차식 A, B가 다음 조건을 모두 만족시킬 때, $3A-(4A-2B)$를 계산하면?

> 조건
> ㈎ A에서 $-3x+1$을 빼면 B이다.
> ㈏ B에 $2x-3$을 더하면 $-5x+3$이다.

① $-10x+7$ ② $-6x+1$ ③ $-4x+5$
④ $18x-17$ ⑤ $24x-19$

Ⅱ-2. 일차방정식

13 등식 $(a-1)x-12=2(x+2b)+x$가 x의 값에 관계없이 항상 성립할 때, 상수 a, b에 대하여 ab의 값을 구하시오.

14 $a=3b$일 때, 다음 중 옳지 <u>않은</u> 것은?

① $\dfrac{1}{3}a=b$ ② $a-9=3(b-3)$

③ $2a-1=6b-1$ ④ $\dfrac{1}{6}a+4=\dfrac{1}{2}b+4$

⑤ $-a+6=-3b+12$

15 등식 $-x+3=1+(4-a)x$가 x에 대한 일차방정식이 되기 위한 상수 a의 조건을 구하시오.

16 일차방정식 $8(x-7)=-3(2x+5)+1$을 풀면?

① $x=1$　　② $x=2$　　③ $x=3$
④ $x=4$　　⑤ $x=5$

17 일차방정식 $\dfrac{2}{3}\left(\dfrac{1}{2}x+1\right)=0.6x-\dfrac{2}{5}$를 푸시오.

18 다음을 만족시키는 x의 값 중 가장 큰 것은?

① $3(x-2)=x-8$
② $0.2x=0.6x+1.6$
③ $-x+4=\dfrac{3-x}{2}+1$
④ $\dfrac{x+1}{4}=0.8x-2.5$
⑤ $(x+3):(2x-5)=2:3$

19 x에 대한 일차방정식 $-(x+2a)=4(a-x)-6$의 해가 비례식 $2:5=x:20$을 만족시킬 때, 상수 a의 값은?

① 1　　② 2　　③ 3
④ 4　　⑤ 5

20 일의 자리의 숫자가 6인 두 자리의 자연수가 있다. 이 자연수의 십의 자리의 숫자와 일의 자리의 숫자를 바꾼 수는 처음 수의 2배보다 10만큼 크다고 할 때, 처음 수는?

① 16　　② 26　　③ 36
④ 46　　⑤ 56

21 둘레의 길이가 $1.4\,\text{km}$인 호수의 둘레를 혜나와 민재가 같은 곳에서 동시에 출발하여 서로 반대 방향으로 걸었다. 혜나는 분속 $80\,\text{m}$로, 민재는 분속 $60\,\text{m}$로 걸었다면 두 사람은 출발한 지 몇 분 후에 처음으로 만나는지 구하시오.

22 어떤 일을 완성하는 데 A는 12일, B는 8일이 걸린다고 한다. A가 혼자 2일 동안 일한 후에 나머지를 둘이 함께 일하여 그 일을 완성하였다면 둘이 함께 일한 기간은 며칠인지 구하시오.

23 다음 그림과 같이 성냥개비를 사용하여 일정한 규칙으로 정삼각형 모양이 이어진 도형을 만들려고 한다. 이때 95개의 성냥개비를 사용하여 만들 수 있는 정삼각형의 개수는?

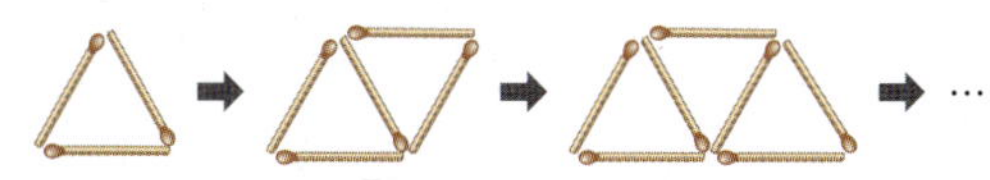

① 45 ② 46 ③ 47
④ 48 ⑤ 49

Ⅲ-1. 좌표와 그래프

24 두 순서쌍 $(2a+5, -b+1)$, $(a+3, b-4)$가 서로 같을 때, ab의 값을 구하시오.

25 다음 중 오른쪽 좌표평면 위의 점 A, B, C, D, E, F에 대한 설명으로 옳은 것을 모두 고르면? (정답 2개)

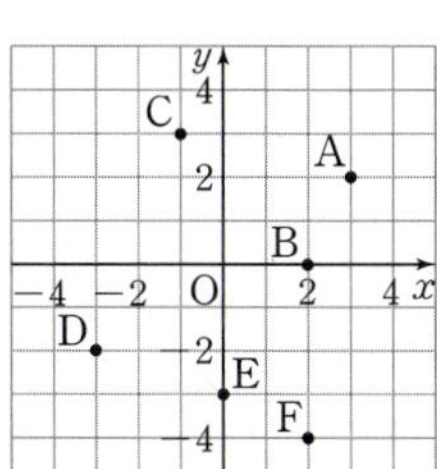

① 점 D의 y좌표는 -2이다.
② x좌표가 0인 점은 점 B이다.
③ 제4사분면 위의 점은 점 B, 점 E, 점 F이다.
④ 점 C의 좌표는 $(-1, 3)$이고, 제2사분면 위의 점이다.
⑤ 점 D의 좌표가 (a, b)이면 점 A의 좌표는 $(-a, b)$이다.

26 두 점 $A(4a+1, 3a+6)$, $B(5-b, 2b-8)$이 모두 x축 위의 점일 때, $a+b$의 값을 구하시오.

27 점 $(ab, b-a)$가 제3사분면 위의 점일 때, 점 $(-a, a-b)$는 제몇 사분면 위의 점인지 구하시오.

28 점 $(2, 3)$과 x축에 대하여 대칭인 점을 A, 점 $(3, 2)$와 y축에 대하여 대칭인 점을 B라 하자. 점 C의 좌표가 $(-3, 0)$일 때, 삼각형 ABC의 넓이를 구하시오.

29 일정한 속력으로 달리던 버스가 승객을 태우기 위해 잠시 멈추었다가 다시 출발하여 이전과 같은 일정한 속력으로 움직였을 때, 다음 중 이 상황을 나타낸 그래프로 알맞은 것은?

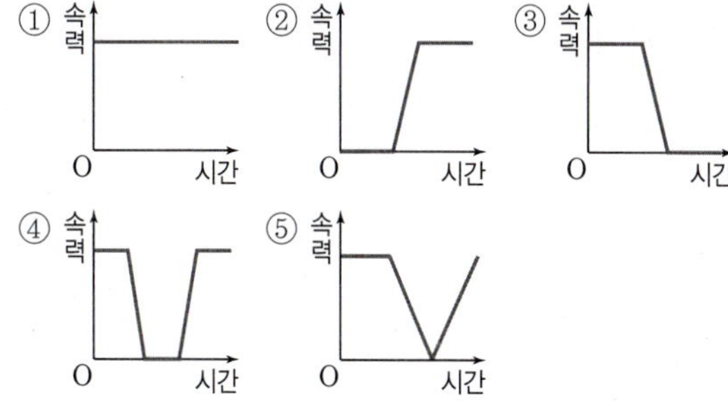

30 일정한 속력으로 두 지점 A, B 사이를 직선 도로를 이용하여 왕복하는 로봇이 있다. 아래 그래프는 로봇이 A 지점을 처음 출발한 지 x분 후에 A 지점과 로봇 사이의 거리 y m를 나타낸 것이다. 다음 중 이 그래프에 대한 설명으로 옳지 <u>않은</u> 것을 모두 고르면? (정답 2개)

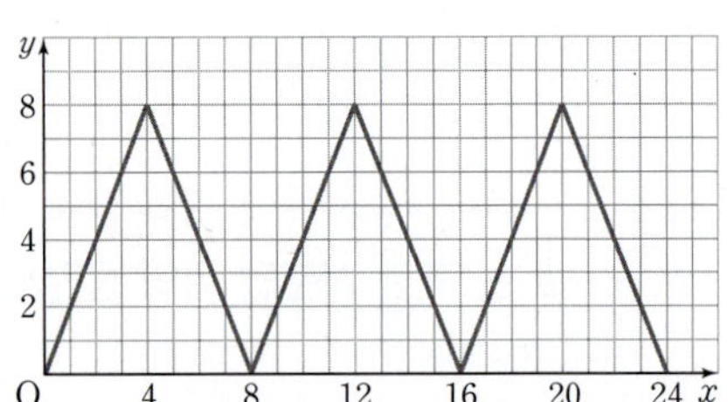

① 로봇은 출발한 지 8분 후에 A 지점으로 다시 돌아온다.

② 로봇은 24분 동안 두 지점 A, B 사이를 3번 왕복한다.

③ 두 지점 A, B 사이의 거리는 8 m이다.

④ 로봇이 12분 동안 움직인 거리는 16 m이다.

⑤ A 지점과 로봇 사이의 거리가 처음으로 6 m가 되는 때는 출발한 지 5분 후이다.

Ⅲ-2. 정비례와 반비례

31 다음 표에서 y가 x에 정비례할 때, $q-p$의 값은?

x	-5	p	2	3
y	-20	-4	q	12

① 5   ② 6   ③ 7

④ 8   ⑤ 9

32 다음 중 정비례 관계 $y=\dfrac{4}{3}x$의 그래프는?

① 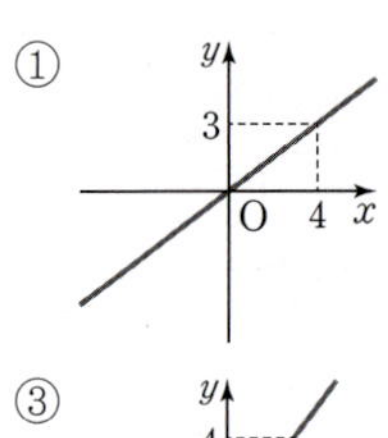
② 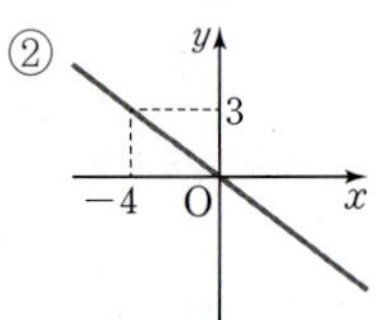
③ 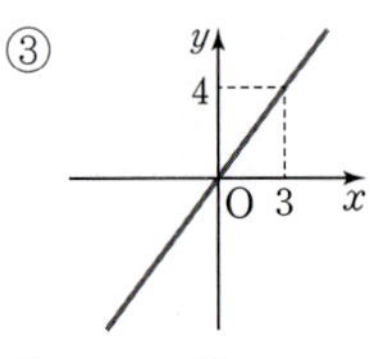
④ 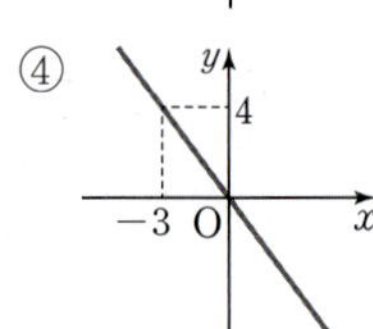
⑤ 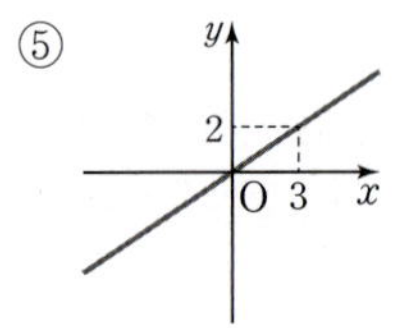

33 오른쪽 그림은 두 정비례 관계 $y=ax$, $y=bx$의 그래프이다. 이때 상수 a, b에 대하여 ab의 값을 구하시오.

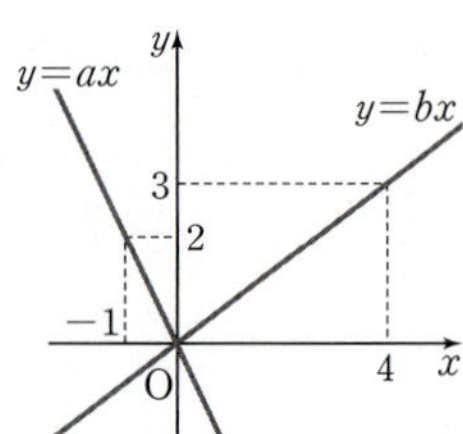

34 오른쪽 그림과 같이 정비례 관계 $y=ax$의 그래프 위의 한 점 P에서 y축에 수직인 직선을 그었을 때, y축과 만나는 점을 Q라 하자. 점 Q의 y좌표가 6이고 삼각형 PQO의 넓이가 12일 때, 양수 a의 값을 구하시오. (단, O는 원점)

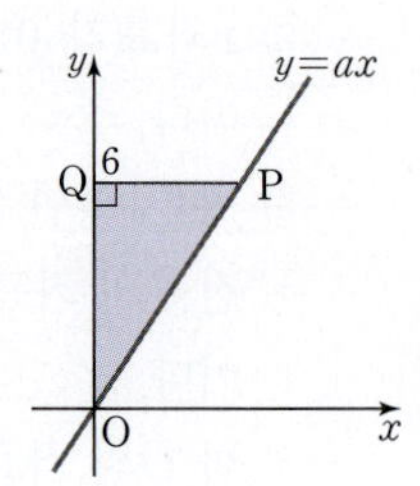

35 오른쪽 그림과 같은 직사각형 ABCD에서 점 P는 점 B를 출발하여 일정한 속력으로 점 C까지 변 BC 위를 움직일 때, 점 P가 움직인 거리를 x cm, 이때 생기는 삼각형 ABP의 넓이를 y cm²라 하자. 삼각형 ABP의 넓이가 25 cm² 일 때, 점 P가 움직인 거리를 구하시오.

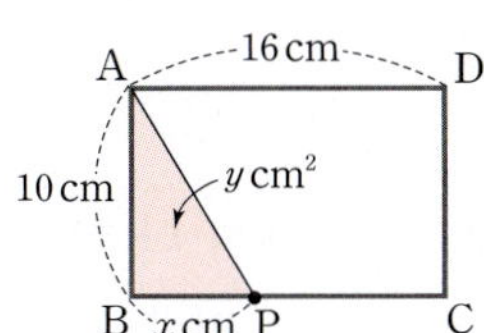

(단, $0 < x \leq 16$)

36 y가 x에 반비례하고, $x=8$일 때 $y=-3$이다. $y=4$ 일 때, x의 값은?

① -9 ② -6 ③ -3

④ 3 ⑤ 6

37 다음 중 반비례 관계 $y=\dfrac{a}{x}\ (a \neq 0)$의 그래프에 대한 설명으로 옳지 <u>않은</u> 것은?

① 한 쌍의 매끄러운 곡선이다.
② x축, y축과 만나지 않는다.
③ 점 $(a,\ 1)$을 지난다.
④ $a>0$일 때, $x<0$인 범위에서 x의 값이 증가하면 y의 값도 증가한다.
⑤ $a<0$일 때, 제2사분면과 제4사분면을 지난다.

38 다음 보기 중 반비례 관계의 그래프가 원점에 가장 가까운 것과 원점에서 가장 먼 것을 차례로 나열하시오.

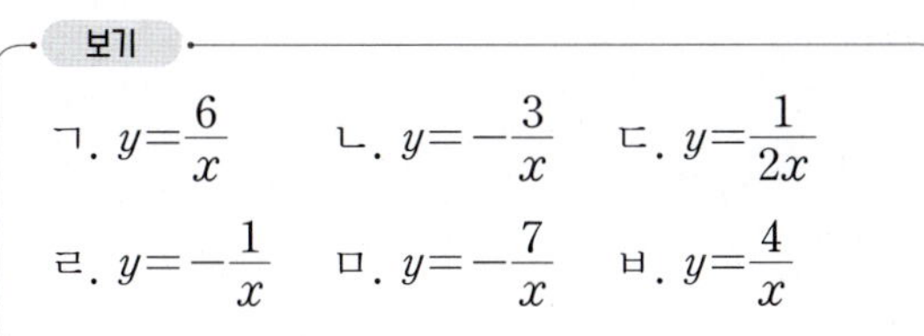

보기
ㄱ. $y=\dfrac{6}{x}$ ㄴ. $y=-\dfrac{3}{x}$ ㄷ. $y=\dfrac{1}{2x}$
ㄹ. $y=-\dfrac{1}{x}$ ㅁ. $y=-\dfrac{7}{x}$ ㅂ. $y=\dfrac{4}{x}$

39 오른쪽 그림은 반비례 관계 $y=\dfrac{a}{x}$의 그래프의 일부분이고, 두 점 P, Q는 이 그래프 위의 점이다. 이때 네 변이 좌표축에 각각 평행한 직사각형 PAQB 의 넓이를 구하시오.

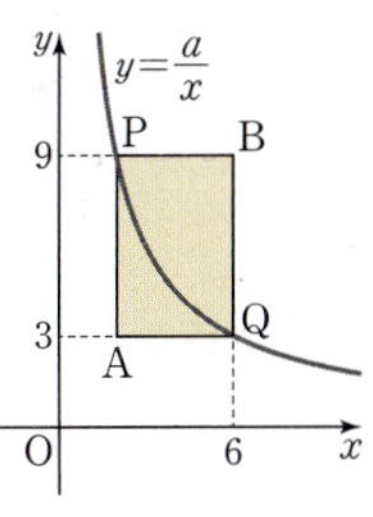

(단, a는 상수)

40 오른쪽 그래프는 넓이가 일정한 삼각형의 밑변의 길이를 x cm, 높이를 y cm라 할 때, x와 y 사이의 관계를 나타낸 것이다. 밑변의 길이가 6 cm일 때, 이 삼각형의 높이를 구하시오.

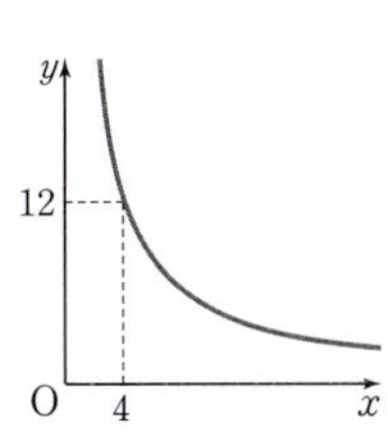

Ⅱ-1. 문자의 사용과 식

1 다음 보기 중 기호 $\times$, $\div$를 생략하여 나타낸 식으로 옳은 것의 개수를 구하시오.

> 보기
>
> ㄱ. $a+1\div b\times c=a+\dfrac{c}{b}$
> ㄴ. $(w+z)\times(-3)=w+z-3$
> ㄷ. $0.1\times x\times y-a\times b=0.xy-ab$
> ㄹ. $(x-y)\div 4+4\div z\times(-2)=\dfrac{x-y}{4}-\dfrac{8}{z}$

2 다음 중 문자를 사용하여 나타낸 식으로 옳은 것은?

① 현재 x세인 준호의 3년 후의 나이 ➡ $3x$세
② 정가가 a원인 제품을 $10\,\%$ 할인한 가격
 ➡ $0.1a$원
③ 백의 자리의 숫자가 a, 십의 자리의 숫자가 b, 일의 자리의 숫자가 c인 세 자리의 자연수
 ➡ abc
④ 시속 $2\,\mathrm{km}$로 $x\,\mathrm{km}$를 걸었을 때 걸린 시간
 ➡ $2x$시간
⑤ 농도가 $x\,\%$인 소금물 $200\,\mathrm{g}$에 들어 있는 소금의 양 ➡ $2x\,\mathrm{g}$

3 $x=\dfrac{1}{3}$, $y=\dfrac{1}{4}$일 때, $9x^2-\dfrac{2}{y}$의 값을 구하시오.

4 지면에서 $1\,\mathrm{km}$ 높아질 때마다 기온은 $6\,℃$씩 낮아진다고 한다. 현재 지면의 기온이 $20\,℃$일 때, 지면에서 높이가 $2.5\,\mathrm{km}$인 곳의 기온은?

① $2\,℃$ ② $3\,℃$ ③ $4\,℃$
④ $5\,℃$ ⑤ $6\,℃$

5 x의 계수가 7, 상수항이 -4인 x에 대한 일차식이 있다. $x=-2$일 때의 식의 값을 m, $x=3$일 때의 식의 값을 n이라 할 때, $|m-n|$의 값을 구하시오.

6 다음 식을 계산하시오.

$$(8x-10)\div\left(-\dfrac{2}{5}\right)-0.2(5x+10)$$
$$+6\left(\dfrac{x-1}{2}-\dfrac{x+4}{3}\right)$$

7 $x=-2$일 때,
$-x-3-\{-(x-1)-2(x+1)\}+4x-6$의 값을 구하시오.

8 $(-1)^{2n-1}(2x+3y)+(-1)^{2n}(2x-3y)$를 계산하면? (단, n은 자연수)

① $-6y$ ② $-4x$ ③ 0
④ $4x$ ⑤ $6y$

9 바둑돌을 사용하여 다음 그림과 같이 정사각형 모양을 만들려고 한다. [x단계]에 필요한 바둑돌의 개수를 x를 사용한 식으로 나타내시오.

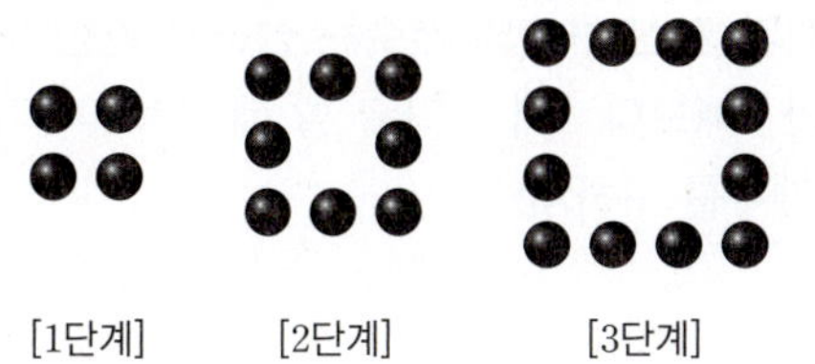

[1단계]　　[2단계]　　[3단계]

10 어느 붕어빵 가게에서 붕어빵을 오전에는 x원에 팔다가 오후에는 30 % 할인하여 판매하였더니 오후에는 오전에 판매한 붕어빵의 개수의 2배만큼 팔렸다. 이 가게에서 하루 동안 팔린 붕어빵 한 개당 평균 가격은?

① $\dfrac{8}{15}x$원 ② $\dfrac{17}{30}x$원 ③ $\dfrac{4}{5}x$원
④ $\dfrac{5}{6}x$원 ⑤ $\dfrac{17}{20}x$원

11 어떤 다항식에서 $5x-2$를 빼야 할 것을 잘못하여 더했더니 $7x-3$이 되었다. 이때 바르게 계산한 식을 구하시오.

12 다음 그림에서 위 칸의 식이 바로 아래 이웃하는 왼쪽 칸의 식에서 오른쪽 칸의 식을 뺀 것과 같을 때, $X+Y$를 a를 사용한 식으로 나타내시오.

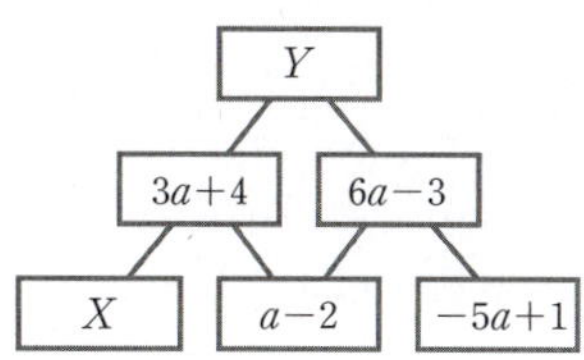

Ⅱ-2. 일차방정식

13 다음 등식이 모든 x의 값에 대하여 항상 성립할 때, 일차식 A를 구하시오.

$$2(3x-5)-x=A-2x$$

14 등식의 성질을 이용하여 다음 등식이 성립하도록 할 때, □ 안에 알맞은 수는?

$$4(a-1)=4b+16\text{이면 } a+2=b+\square$$

① 4 ② 5 ③ 6
④ 7 ⑤ 8

15 다음 일차방정식 중 해가 가장 작은 것은?

① $5x-4=3x$

② $10-x=2(x-1)$

③ $3(2x+5)=2(-x+1)-11$

④ $\dfrac{x+4}{3}=\dfrac{x}{2}+\dfrac{5}{3}$

⑤ $0.3x+0.8=0.2x-1$

16 일차방정식 $0.4(3x-1)=\dfrac{x+9}{2}$의 해를 $x=a$, 일차방정식 $1.6+\dfrac{x+1}{3}=\dfrac{3}{5}(x-3)$의 해를 $x=b$라 할 때, $a+b$의 값을 구하시오.

17 x에 대한 두 일차방정식 $3x+2=x-4$, $2x+a=3(x+a)-9$의 해가 서로 같을 때, 상수 a의 값은?

① 6　　② 7　　③ 8

④ 9　　⑤ 10

18 x에 대한 두 일차방정식 $4x+9=-3(2-3x)$, $\dfrac{ax-3}{5}=0.3(3x-1)$의 해는 절댓값이 같고 부호가 서로 반대일 때, 상수 a의 값을 구하시오.

19 x에 대한 일차방정식 $4(5-x)=a$의 해가 자연수가 되도록 하는 자연수 a의 개수는?

① 3　　② 4　　③ 5

④ 6　　⑤ 7

20 우희와 정하가 21개의 쿠키를 나누어 가지려고 한다. 우희가 가진 쿠키의 개수는 정하가 가진 쿠키의 개수의 3배보다 3개 적다고 할 때, 우희가 가진 쿠키의 개수를 구하시오.

21 고대 그리스의 수학자 디오판토스의 묘비에는 다음과 같은 글이 실려 있다. 이 글을 읽고 디오판토스가 사망한 나이를 구하시오.

> 보라! 신의 축복으로 태어난 그는 일생의 $\dfrac{1}{6}$을 소년으로 보냈다. 그리고 일생의 $\dfrac{1}{12}$이 지난 뒤에 얼굴에 수염이 자라기 시작했다. 다시 일생의 $\dfrac{1}{7}$이 지나서 결혼하여 결혼한 지 5년 만에 귀한 아들을 얻었도다. 아! 그러나 그의 가엾은 아들은 아버지의 일생의 반밖에 살지 못했다. 아들을 먼저 보내고 깊은 슬픔에 빠진 그는 4년 뒤 일생을 마쳤노라.

22 둘레의 길이가 $3\,\text{km}$인 호수의 둘레를 찬이와 백이가 같은 곳에서 동시에 출발하여 같은 방향으로 걷고 있다. 찬이는 분속 $300\,\text{m}$로 걷고, 백이는 분속 $200\,\text{m}$로 걸었다면 두 사람은 출발한 지 몇 분 후에 처음으로 만나게 되는가?

① 20분 후   ② 25분 후   ③ 30분 후
④ 35분 후   ⑤ 40분 후

23 일정한 속력으로 달리는 기차가 길이가 $500\,\text{m}$인 터널을 완전히 통과하는 데 40초가 걸리고, 길이가 $200\,\text{m}$인 터널을 완전히 통과하는 데 20초가 걸린다고 할 때, 이 기차의 길이는?

① $80\,\text{m}$ ② $90\,\text{m}$ ③ $100\,\text{m}$
④ $110\,\text{m}$ ⑤ $120\,\text{m}$

24 어떤 제품의 원가에 $25\,\%$의 이익을 붙여서 정가를 정했다가 다시 정가에서 1000원을 할인하여 팔았더니 1개를 팔 때마다 원가의 $15\,\%$의 이익을 얻었다. 이때 제품의 원가를 구하시오.

Ⅲ-1. 좌표와 그래프

25 다음 중 옳지 <u>않은</u> 것을 모두 고르면? (정답 2개)

① 원점의 좌표는 $(0,\ 0)$이다.
② y축 위의 점의 x좌표는 0이다.
③ 점 $(2,\ 0)$은 제1사분면 위의 점이다.
④ 점 $(1,\ 2)$와 점 $(2,\ 1)$은 같은 점이다.
⑤ 점 $(-2,\ -3)$은 제3사분면 위의 점이다.

26 세 점 $A(-2,\ 3)$, $B(2,\ -1)$, $C(a,\ 3)$을 꼭짓점으로 하는 삼각형 ABC의 넓이가 14일 때, 양수 a의 값을 구하시오.

27 $a+b<0$, $\dfrac{b}{a}>0$일 때, 다음 중 주어진 점이 속하는 사분면으로 옳지 <u>않은</u> 것은?

① $(a,\ b)$ ➡ 제3사분면
② $(a,\ -b)$ ➡ 제2사분면
③ $(-b,\ -a)$ ➡ 제1사분면
④ $(-a-b,\ -a)$ ➡ 제4사분면
⑤ $\left(b,\ \dfrac{a}{b}\right)$ ➡ 제2사분면

28 점 $(a+4,\ -3)$과 원점에 대하여 대칭인 점의 좌표와 점 $(-5,\ -b-2)$와 y축에 대하여 대칭인 점의 좌표가 같을 때, ab의 값을 구하시오.

29 오른쪽 그림과 같은 모양의 물병에 일정한 속력으로 물을 계속 넣는다고 할 때, 다음 중 물의 높이를 시간에 따라 나타낸 그래프로 알맞은 것은?

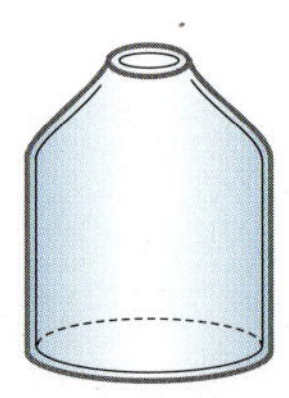

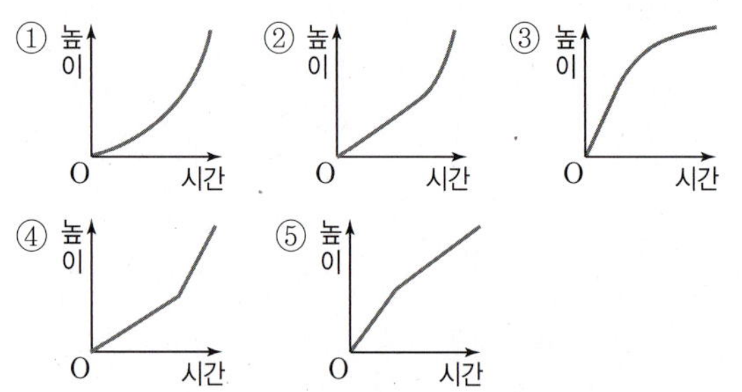

30 준형이와 찬호가 집에서 공원까지 같은 직선 도로를 이용하여 이동하는데 준형이는 걸어서 가고 찬호는 자전거를 타고 간다고 한다. 오른쪽 그래프는 준형이와 찬호가 공원에 도착할 때까지 집에서부터 떨어진 거리를 시간에 따라 각각 나타낸 것이다. 다음 중 그래프에 대한 설명으로 옳지 <u>않은</u> 것은?

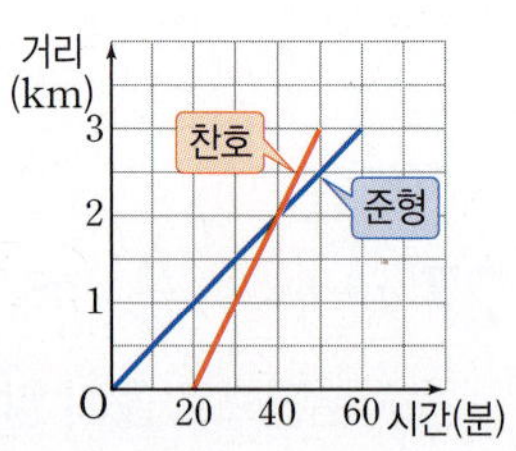

① 찬호는 준형이보다 20분 늦게 출발했다.
② 준형이는 출발 후 쉬지 않고 걸었다.
③ 준형이는 찬호보다 10분 늦게 공원에 도착했다.
④ 찬호는 공원까지 가는 데 50분이 걸렸다.
⑤ 찬호는 출발한 지 20분 후에 준형이를 만났다.

31 다음 중 정비례 관계 $y=-\dfrac{x}{2}$의 그래프에 대한 설명으로 옳은 것을 모두 고르면? (정답 2개)

① 원점을 지나지 않는다.
② 점 $(4,\ -2)$를 지난다.
③ 제1사분면과 제3사분면을 지난다.
④ 오른쪽 위로 향하는 직선이다.
⑤ x의 값이 증가하면 y의 값은 감소한다.

32 오른쪽 그림은 세 정비례 관계 $y=ax$, $y=bx$, $y=cx$의 그래프이다. 이때 상수 a, b, c의 대소 관계로 옳은 것은?

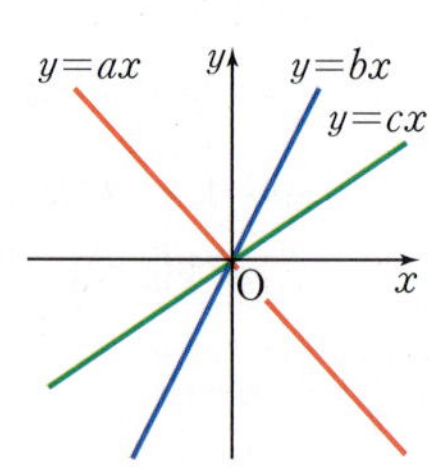

① $a<b<c$
② $a<c<b$
③ $b<a<c$
④ $b<c<a$
⑤ $c<b<a$

33 오른쪽 그림과 같은 그래프가 점 $(4,\ k)$를 지날 때, k의 값을 구하시오.

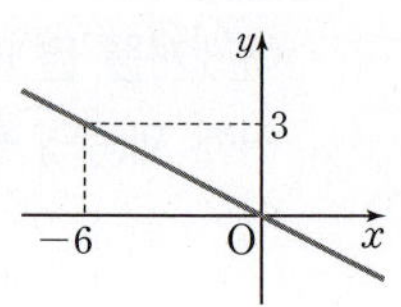

34 정비례 관계 $y=\dfrac{3}{2}x$의 그래프 위의 한 점 A에서 x축에 수직인 직선을 그어 x축과 만나는 점을 B라 하자. 점 B의 x좌표가 4이고, 정비례 관계 $y=ax$의 그래프가 삼각형 AOB의 넓이를 이등분할 때, 상수 a의 값을 구하시오. (단, O는 원점)

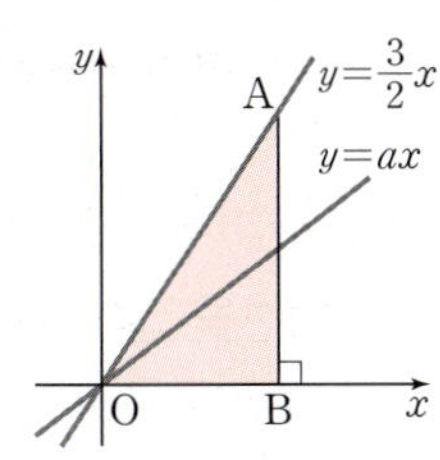

35 50장에 $750\,\mathrm{g}$인 종이가 있다. 종이 x장의 무게를 $y\,\mathrm{g}$이라 할 때, x와 y 사이의 관계식을 구하고, 무게가 $3.6\,\mathrm{kg}$인 종이는 몇 장인지 구하시오.

(단, 각 종이의 무게는 모두 같다.)

36 학교에서 $2\,\mathrm{km}$ 떨어진 서점까지 정우는 자전거를 타고 가고, 정모는 걸어서 갔다. 오른쪽 그래프는 두 사람이 동시에 학교에서 출발하여 x분 동안 간 거리를 $y\,\mathrm{m}$라 할 때, x와 y 사이의 관계를 각각 나타낸 것이다. 이때 정우가 서점에 도착한 후 몇 분을 기다려야 정모가 도착하는지 구하시오.

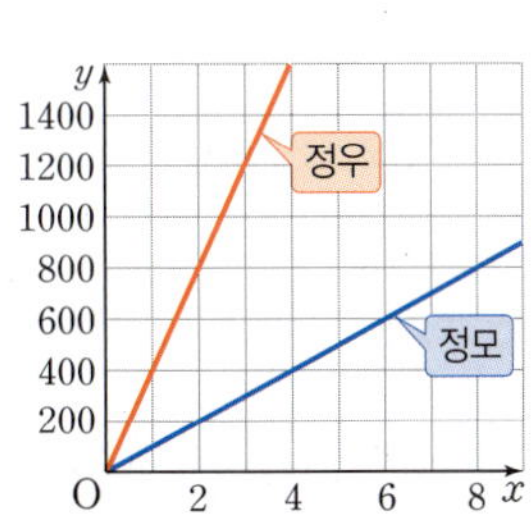

37 다음 보기 중 x와 y 사이의 관계를 나타내는 그래프가 제4사분면을 지나는 것을 모두 고르시오.

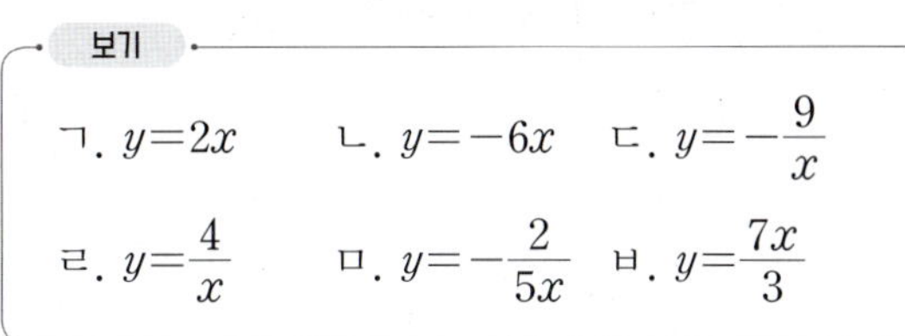

보기

ㄱ. $y=2x$ ㄴ. $y=-6x$ ㄷ. $y=-\dfrac{9}{x}$

ㄹ. $y=\dfrac{4}{x}$ ㅁ. $y=-\dfrac{2}{5x}$ ㅂ. $y=\dfrac{7x}{3}$

38 오른쪽 그림과 같이 정비례 관계 $y=\dfrac{2}{3}x$의 그래프와 반비례 관계 $y=\dfrac{a}{x}$의 그래프가 점 P에서 만난다. 점 P의 x좌표가 6일 때, 상수 a의 값을 구하시오.

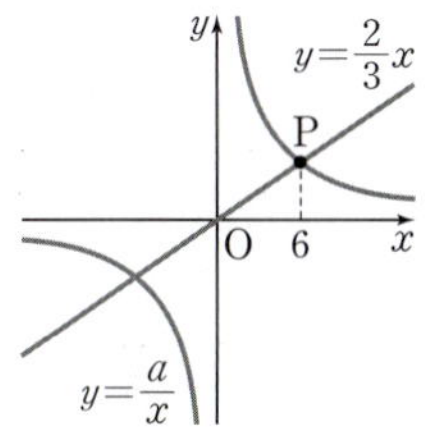

39 오른쪽 그림은 반비례 관계 $y=\dfrac{a}{x}$의 그래프이고, 두 점 A, C는 이 그래프 위의 점이다. 네 변이 좌표축에 각각 평행한 직사각형 ABCD의 넓이가 80일 때, 상수 a의 값을 구하시오.

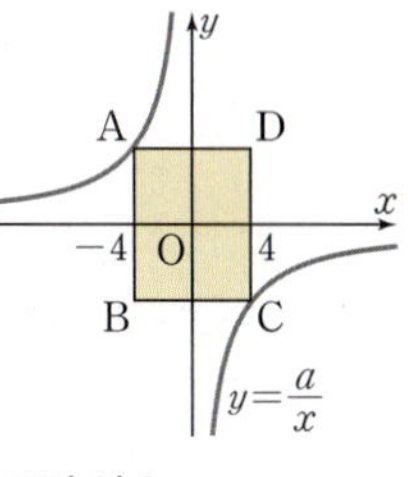

40 4명의 학생이 함께 교실을 청소하는 데 50분이 걸린다고 한다. 청소하는 학생을 x명, 청소 시간을 y분이라 할 때, 청소를 20분 만에 끝내려면 몇 명의 학생이 필요한지 구하시오.

(단, 학생들이 청소하는 능력은 모두 같다.)

1학년 1학기 수학 기말고사

II. 문자와 식 ~ III. 좌표평면과 그래프

/100점

· 객관식: 20문항, 서술형: 5문항
· 다음 물음에 알맞은 답을 골라 답안지에 작성하시오.
· 서술형은 풀이 과정을 자세히 쓰시오.

1 다음 중 기호 $\times$, $\div$를 생략하여 나타낸 식으로 옳지 않은 것은? [4점]

① $x \div (y \times z) = \dfrac{x}{yz}$

② $x \div 2 \times y = \dfrac{x}{2y}$

③ $x \div (y \div z) = \dfrac{xz}{y}$

④ $2 \times x - y \div 3 = 2x - \dfrac{y}{3}$

⑤ $x \times x \times y \times y \times y = x^2 y^3$

2 $x = -1$, $y = 2$일 때, $-4x + 3xy^2$의 값은? [3점]

① -28 ② -16 ③ -8
④ 10 ⑤ 16

3 $\dfrac{1}{3}(15x - 9) - \dfrac{1}{4}(8x - 4)$를 계산하면? [3점]

① $3x - 13$ ② $3x - 10$ ③ $3x - 7$
④ $3x - 4$ ⑤ $3x - 2$

4 오른쪽 그림과 같은 직사각형에서 어두운 부분의 넓이를 x를 사용한 식으로 나타내면? [4점]

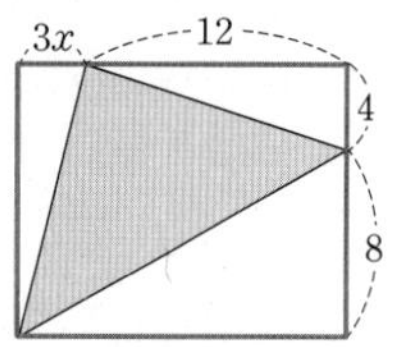

① $6x + 72$ ② $6x + 168$
③ $18x + 72$ ④ $18x + 120$
⑤ $24x + 72$

5 다음 ☐ 안에 알맞은 식은? [4점]

$$7x - 4y - (\boxed{}) = -4x + 3y$$

① $11x + 7y$ ② $11x - 7y$ ③ $11x - y$
④ $3x + 7y$ ⑤ $3x - y$

6 다음 중 옳지 않은 것은? [4점]

① $\dfrac{a}{4} = \dfrac{b}{3}$이면 $3a = 4b$이다.

② $a = b$이면 $2a = a + b$이다.

③ $a = b$이면 $a - 5 = b - 5$이다.

④ $3x = -6y$이면 $x = -2y$이다.

⑤ $x = 3y$이면 $x - 2 = 3(y - 2)$이다.

7 다음 중 밑줄 친 항을 이항한 것으로 옳지 <u>않은</u> 것은? [3점]

① $\underline{x+3}=2$ ➡ $x=2-3$
② $\underline{5}+x=3$ ➡ $x=3+5$
③ $4x\underline{-1}=3$ ➡ $4x=3+1$
④ $\underline{3}-x=\underline{x}+2$ ➡ $-x-x=2-3$
⑤ $3x\underline{+2}=\underline{-x}+5$ ➡ $3x+x=5-2$

8 다음 중 일차방정식인 것은? [3점]

① $\dfrac{2}{x}+1=0$　　　　② $2x-1$
③ $x(x-1)=0$　　　　④ $4(x^2+2)=4x^2-x$
⑤ $-(x+2)+2=-x$

9 다음 일차방정식 중 해가 나머지 넷과 <u>다른</u> 하나는? [4점]

① $-3(x+2)=6$　　　② $5x-7=8x+2$
③ $4x+5=2x-3$　　　④ $2(3x-4)=5x-12$
⑤ $-5(x+4)=-3(x+4)$

10 일차방정식 $x-\dfrac{3x-1}{2}=5-4x$를 풀면? [4점]

① $x=\dfrac{5}{8}$　　　② $x=\dfrac{7}{9}$　　　③ $x=\dfrac{9}{7}$
④ $x=\dfrac{11}{7}$　　　⑤ $x=\dfrac{8}{5}$

11 길이가 154 cm인 철사를 구부려 가로의 길이와 세로의 길이의 비가 4 : 3인 직사각형을 만들려고 할 때, 이 직사각형의 가로의 길이는? (단, 철사는 겹치는 부분이 없도록 모두 사용한다.) [4점]

① 36 cm　　　② 38 cm　　　③ 40 cm
④ 42 cm　　　⑤ 44 cm

12 두 지점 A, B 사이의 거리는 360 km이다. 자동차를 타고 A 지점에서 출발하여 시속 60 km로 가다가 약속 시간에 늦을 것 같아 시속 80 km로 속력을 내어 B 지점에 도착하였더니 총 5시간이 걸렸다. 이때 시속 60 km로 간 거리는? [4점]

① 100 km　　　② 110 km　　　③ 120 km
④ 130 km　　　⑤ 140 km

13 학생들에게 볼펜을 똑같이 나누어 주려고 하는데 한 학생에게 5자루씩 나누어 주면 7자루가 부족하고, 4자루씩 나누어 주면 3자루가 남는다. 이때 볼펜의 수는? [4점]

① 35　　　② 38　　　③ 40
④ 43　　　⑤ 45

14 점 (a, b)가 제2사분면 위의 점일 때, 다음 중 제3사분면 위의 점은? [4점]

① (b, a) ② $(-a, b)$

③ $(b, -ab)$ ④ $(a-b, -b)$

⑤ $(ab, b-a)$

15 다음 중 점 $(-3, 5)$와 원점에 대하여 대칭인 점은? [3점]

① $(-3, -5)$ ② $(3, -5)$ ③ $(3, 5)$

④ $(5, -3)$ ⑤ $(5, 3)$

16 다음 중 y가 x에 정비례하는 것은? [4점]

① 현재 x세인 연수의 5년 후의 나이 y세

② 120쪽인 책을 x쪽 읽고 남은 쪽수 y

③ 밑변의 길이가 x cm, 높이가 5 cm인 삼각형의 넓이 y cm^2

④ 60명이 한 줄에 x명씩 설 때, 생기는 줄의 수 y

⑤ 우유 200 mL를 x명이 똑같이 나누어 마실 때, 한 사람이 마시는 우유의 양 y mL

17 두 정비례 관계 $y=-2x$, $y=ax$의 그래프가 오른쪽 그림과 같을 때, 다음 중 상수 a의 값이 될 수 있는 것은? [4점]

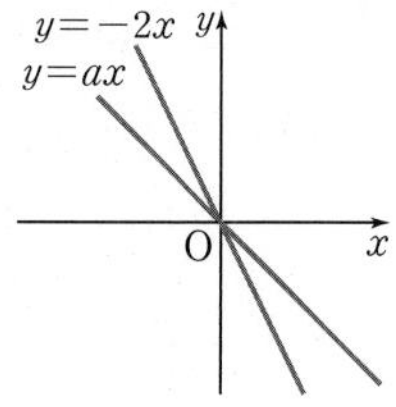

① -3 ② $-\dfrac{5}{2}$

③ $-\dfrac{2}{3}$ ④ $\dfrac{5}{2}$

⑤ 3

18 오른쪽 그림과 같이 정사각형 ABCD의 꼭짓점 A가 정비례 관계 $y=ax$의 그래프 위에 있다. 점 D의 좌표가 $(8, 5)$일 때, 상수 a의 값은? [4점]

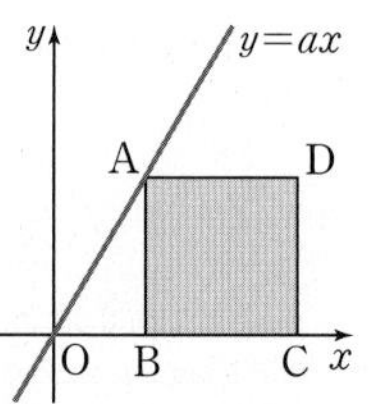

① $\dfrac{2}{3}$ ② $\dfrac{4}{3}$ ③ $\dfrac{3}{2}$

④ $\dfrac{5}{3}$ ⑤ $\dfrac{5}{2}$

19 y가 x에 반비례하고, $x=-5$일 때 $y=6$이다. $x=3$일 때, y의 값은? [4점]

① -15 ② -10 ③ -5

④ 5 ⑤ 10

20 반비례 관계 $y=\dfrac{a}{x}$의 그래프가 두 점 $(4, -3)$, $(-2, b)$를 지날 때, $a+b$의 값은? (단, a는 상수)
[4점]

① -6 ② -5 ③ -4
④ -3 ⑤ -2

(서술형)

21 윗변의 길이가 $x\,\text{cm}$, 아랫변의 길이가 $y\,\text{cm}$, 높이가 $h\,\text{cm}$인 사다리꼴에 대하여 다음 물음에 답하시오.

(1) 사다리꼴의 넓이를 x, y, h를 사용한 식으로 나타내시오. [2점]

(2) $x=3$, $y=5$, $h=6$일 때, 사다리꼴의 넓이를 구하시오. [3점]

22 편의점에서 1개에 1200원인 초콜릿과 1개에 1500원인 젤리를 합하여 8개를 사고, 1개에 600원인 사탕을 4개 샀더니 전체 금액이 12600원이었다. 이때 초콜릿을 몇 개 샀는지 구하시오. [5점]

23 두 순서쌍 $(2a-6, \ 4-b)$, $(3a+5, \ 3b-8)$이 서로 같을 때, $b-a$의 값을 구하시오. [5점]

24 위아래로 움직이는 놀이기구가 있다. 오른쪽 그래프는 이 놀이기구가 출발한 지 x초 후의 지면으로부터의 높이를 $y\,\text{m}$라 할 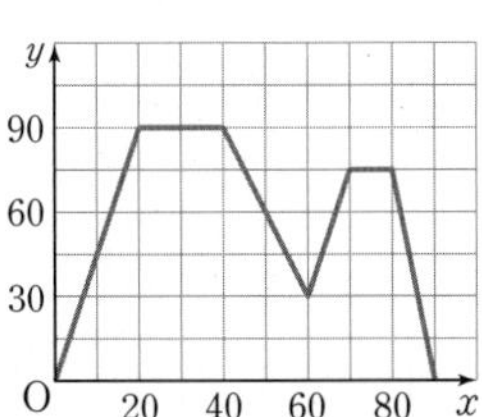때, x와 y 사이의 관계를 나타낸 것이다. 다음 물음에 답하시오. (단, 놀이기구는 지면과 수직인 방향으로만 움직인다.)

(1) 놀이기구가 정지한 시간은 몇 초인지 구하시오. [2점]

(2) 놀이기구가 지면에 다시 내려올 때까지 이동한 거리를 구하시오. [3점]

25 톱니가 각각 20개, 15개인 두 톱니바퀴 A, B가 서로 맞물려 돌아가고 있다. 톱니바퀴 A가 x번 회전하는 동안 톱니바퀴 B는 y번 회전한다고 할 때, 다음 물음에 답하시오.

(1) x와 y 사이의 관계식을 구하시오. [3점]

(2) 톱니바퀴 A가 12번 회전할 때, 톱니바퀴 B는 몇 번 회전하는지 구하시오. [2점]

· 객관식: 20문항, 서술형: 5문항
· 다음 물음에 알맞은 답을 골라 답안지에 작성하시오.
· 서술형은 풀이 과정을 자세히 쓰시오.

1 다음 보기 중 문자를 사용하여 나타낸 식으로 옳은 것을 모두 고른 것은? [3점]

> **보기**
>
> ㄱ. 1000원짜리 과자 x개와 1500원짜리 음료수 y개의 가격은 $(1000x+1500y)$원이다.
> ㄴ. 한 변의 길이가 a cm인 정사각형의 넓이는 $4a$ cm²이다.
> ㄷ. 귤을 x명에게 5개씩 나누어 주고 4개가 남았을 때, 귤의 전체 개수는 $5x+4$이다.
> ㄹ. 포도 주스 a L를 6명에게 똑같이 나누어 줄 때, 한 사람이 받는 양은 $\dfrac{6}{a}$ L이다.

① ㄱ, ㄴ　　　② ㄱ, ㄷ　　　③ ㄱ, ㄹ
④ ㄴ, ㄷ　　　⑤ ㄷ, ㄹ

2 다음 중 일차식인 것은? [3점]

① $-0.0001a$　② $0.1x^2-3$　③ $4-\dfrac{1}{b}$

④ $1-6x+6x$　⑤ $\dfrac{1}{y+9}$

3 일차식 $ax+b$에 $-\dfrac{3}{2}$을 곱하면 $9x-6$이 되고 $-3x+1$을 $\dfrac{3}{2}$으로 나누면 $cx+d$가 될 때, 상수 a, b, c, d에 대하여 $abcd$의 값은? [4점]

① -32　　　② -16　　　③ 16
④ 24　　　　⑤ 32

4 오른쪽 그림과 같은 도형의 둘레의 길이를 x를 사용한 식으로 나타내면? [4점]

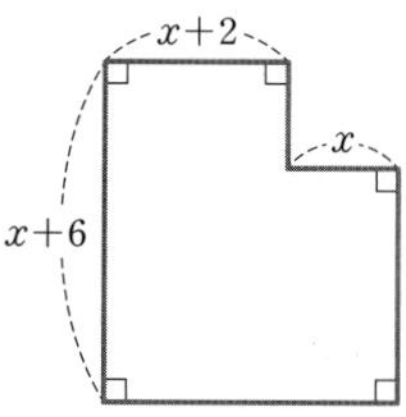

① $3x+8$　　　② $3x+10$
③ $6x+10$　　　④ $6x+16$
⑤ $6x+20$

5 다음 중 항등식인 것을 모두 고르면? (정답 2개) [3점]

① $5x+3=8$
② $x+2=1-x$
③ $3x+9=3(x+3)$
④ $x+3-2x=-x+3$
⑤ $2(x-3)=2(x-1)-x-4$

6 다음 중 [　] 안의 수가 주어진 방정식의 해가 <u>아닌</u> 것은? [3점]

① $2x-4=6$　　　　$[5]$
② $\dfrac{x-1}{3}=1$　　　　$[4]$
③ $-3x-2=7$　　　$[-3]$
④ $x-3=3-x$　　　$[0]$
⑤ $2(x+1)=x-3$　$[-5]$

7 일차방정식 $0.3(x-2)=0.5x+1$을 풀면? [4점]

① $x=-8$ ② $x=-4$ ③ $x=-2$
④ $x=4$ ⑤ $x=8$

8 x에 대한 일차방정식 $-2(x+1)+ax=10$의 해가 $x=2$일 때, 상수 a의 값은? [4점]

① -8 ② -4 ③ 2
④ 4 ⑤ 8

9 연속하는 세 홀수의 합이 141일 때, 세 홀수 중에서 가장 큰 수는? [4점]

① 47   ② 49   ③ 51
④ 53   ⑤ 55

10 현재 아버지와 아들의 나이의 합은 56세이고, 2년 후에는 아버지의 나이가 아들의 나이의 3배가 된다고 한다. 이때 현재 아버지의 나이는? [4점]

① 41세   ② 42세   ③ 43세
④ 44세   ⑤ 45세

11 미화네 집에서 학교까지 가는데 시속 5 km로 뛰어가면 시속 3 km로 걸어갈 때보다 20분 빨리 도착한다고 한다. 이때 미화네 집에서 학교까지의 거리는? [4점]

① 2 km   ② 2.5 km   ③ 3 km
④ 3.5 km   ⑤ 4 km

12 두 점 A$(2a-1,\ -a+2)$, B$(3b-6,\ 2b+1)$이 각각 x축, y축 위의 점일 때, $a+b$의 값은? [3점]

① 3   ② 4   ③ 5
④ 6   ⑤ 7

13 오른쪽 그림과 같은 모양의 그릇에 일정한 속력으로 물을 계속 넣을 때, 다음 중 물의 높이를 시간에 따라 나타낸 그래프로 알맞은 것은? [4점]

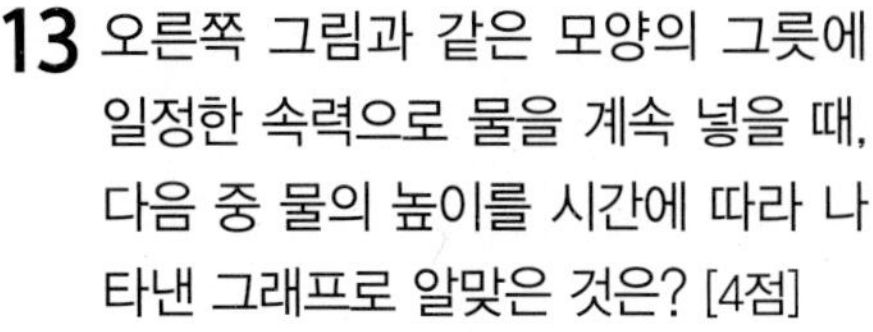
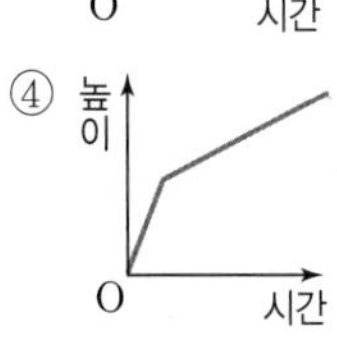
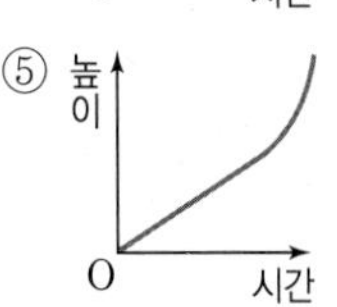

14 오른쪽 그래프는 은수와 연우가 자전거를 타고 직선 도로를 이동할 때, 각각 출발점으로부터 떨어진 거리를 시간에 따라 나타낸 것이다. 다음 중 옳지 <u>않은</u> 것은? [4점]

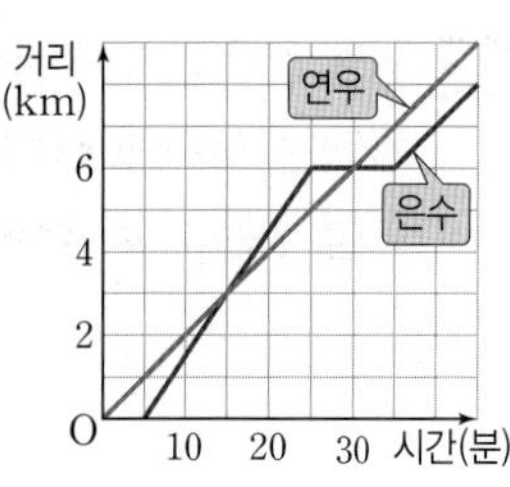

① 은수는 연우보다 5분 늦게 출발하였다.

② 연우는 출발한 지 15분 후에 처음으로 은수와 만났다.

③ 연우가 출발한 지 25분 후에 은수와 연우 사이의 거리는 $1\,\text{km}$이다.

④ 연우는 $7\,\text{km}$ 지점 이후부터 은수를 다시 앞서기 시작하였다.

⑤ 은수는 $6\,\text{km}$ 지점에서 10분 동안 쉬었다.

15 y가 x에 정비례하고, $x=2$일 때 $y=-12$이다. $y=-18$일 때, x의 값은? [4점]

① 5 ② 3 ③ 1
④ -1 ⑤ -3

16 정비례 관계 $y=ax$의 그래프가 오른쪽 그림과 같을 때, b의 값은? (단, a는 상수) [4점]

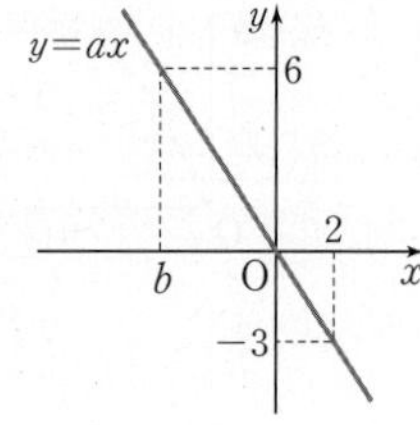

① -4 ② $-\dfrac{7}{2}$
③ -3 ④ $-\dfrac{5}{2}$
⑤ -2

17 다음 중 반비례 관계 $y=\dfrac{2}{x}$의 그래프에 대한 설명으로 옳은 것은? [4점]

① 점 $(-1,\ 2)$를 지난다.

② 좌표축과 점 $(0,\ 1)$에서 만난다.

③ $x<0$일 때, 그래프는 제2사분면을 지난다.

④ $x>0$일 때, x의 값이 증가하면 y의 값도 증가한다.

⑤ 제1사분면과 제3사분면을 지나는 한 쌍의 매끄러운 곡선이다.

18 다음 중 오른쪽 그림의 그래프와 그래프를 나타내는 x와 y 사이의 관계식이 <u>잘못</u> 짝 지어진 것은? [4점]

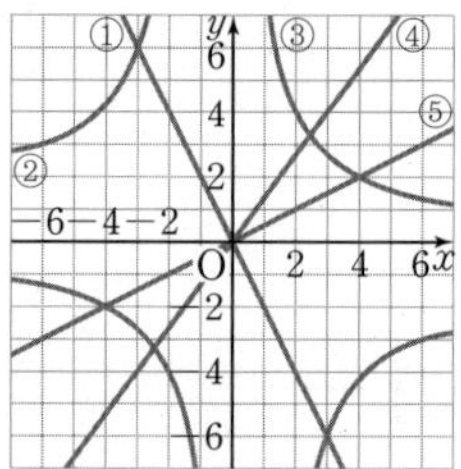

① $y=-2x$ ② $y=-\dfrac{18}{x}$ ③ $y=\dfrac{4}{x}$

④ $y=\dfrac{4}{3}x$ ⑤ $y=\dfrac{1}{2}x$

19 오른쪽 그림은 반비례 관계 $y=\dfrac{a}{x}$의 그래프이고 점 P는 이 그래프 위의 점일 때, 직사각형 AOBP의 넓이는? (단, a는 상수이고, O는 원점) [4점]

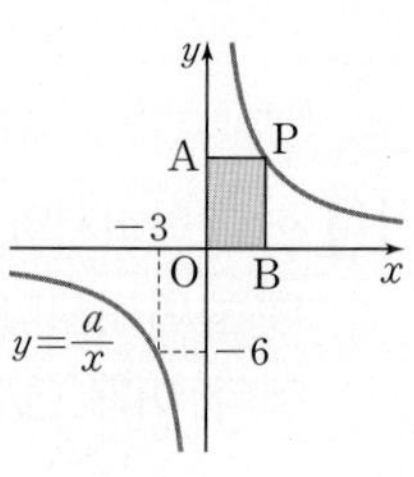

① 8 ② 10 ③ 12
④ 14 ⑤ 18

20 매분 20 L의 물을 넣으면 1시간 30분 만에 물이 가득 차는 수족관이 있다. 이 수족관에 매분 x L씩 물을 넣으면 y분 만에 물이 가득 찬다고 할 때, 이 수족관에 물을 50분 만에 가득 채우려면 매분 몇 L의 물을 넣어야 하는가? [4점]

① 28 L ② 30 L ③ 32 L
④ 36 L ⑤ 40 L

21 $\dfrac{2(3x+1)}{3}-\dfrac{3(2x-1)}{2}$ 을 계산하면 $ax+b$일 때, 상수 a, b에 대하여 $|a|+|b|$의 값을 구하시오.

[5점]

22 일차방정식 $\dfrac{2x+4}{3}=\dfrac{5}{4}x-1$의 해를 $x=a$, 비례식 $(x+1):3=(2x-7):5$를 만족시키는 x의 값을 b라 할 때, $a+b$의 값을 구하시오. [5점]

23 어느 중학교의 작년의 전체 학생은 400명이었다. 올해에는 작년에 비해 남학생 수는 5 % 증가하고, 여학생 수는 3 % 감소하여 전체 학생이 4명 증가하였다. 이때 작년의 남학생 수를 구하시오. [5점]

24 점 $(a,\ -5)$와 x축에 대하여 대칭인 점의 좌표와 점 $(2,\ b)$와 원점에 대하여 대칭인 점의 좌표가 같을 때, $a+b$의 값을 구하시오. [5점]

25 오른쪽 그림과 같이 정비례 관계 $y=-2x$의 그래프 위의 점 A와 정비례 관계 $y=\dfrac{1}{3}x$의 그래프 위의 점 B의 x좌표가 모두 -6일 때, 삼각형 ABO의 넓이를 구하시오. (단, O는 원점) [5점]

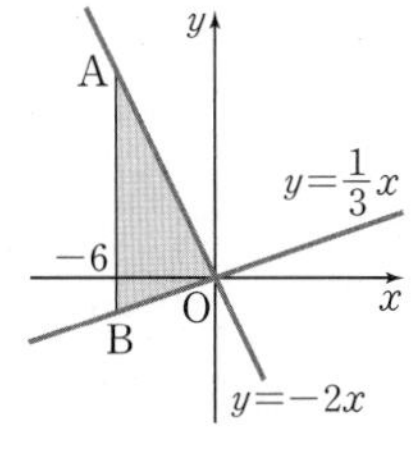

- **객관식: 20문항, 서술형: 5문항**
- 다음 물음에 알맞은 답을 골라 답안지에 작성하시오.
- 서술형은 풀이 과정을 자세히 쓰시오.

1 $a=\dfrac{1}{3}$, $b=-\dfrac{1}{5}$, $c=-\dfrac{1}{6}$일 때, $\dfrac{3}{a}-\dfrac{5}{b}+\dfrac{9}{c}$의 값은? [4점]

① -70 ② -40 ③ -20

④ 20 ⑤ 40

2 다음 그림과 같이 바둑판에 바둑돌을 배열해 나갈 때, [20단계]에 배열되는 바둑돌의 개수는? [4점]

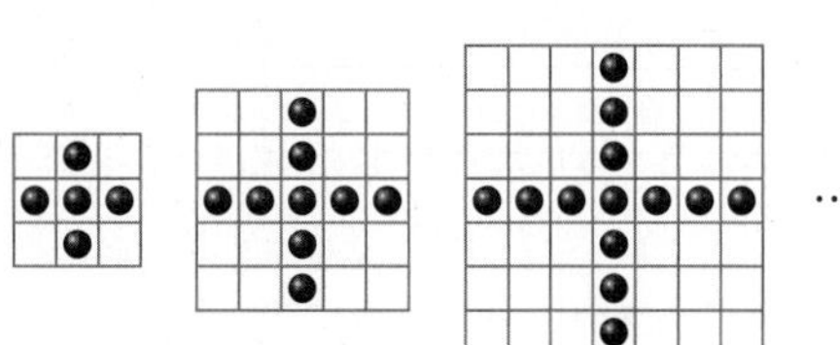

[1단계] [2단계]   [3단계]   [4단계]

① 69   ② 76   ③ 77

④ 80   ⑤ 81

3 다항식 $-4x^2+\dfrac{x}{2}-1$의 차수를 a, 항의 개수를 b, 상수항을 c, x의 계수를 d라 할 때, $a+b+c+d$의 값은? [3점]

① $\dfrac{7}{2}$ ② 4 ③ $\dfrac{9}{2}$

④ 5 ⑤ $\dfrac{11}{2}$

4 $(3x-5)-\left\{\dfrac{1}{2}(8x-14)+1\right\}$을 계산하면 $ax+b$일 때, 상수 a, b에 대하여 $a-b$의 값은? [3점]

① -2 ② -1 ③ 0

④ 1 ⑤ 2

5 두 인쇄소 A, B에서는 인쇄물이 10장 이하일 때는 기본요금을 받고 10장보다 많은 경우에는 한 장당 추가 요금을 받는다고 한다. 인쇄 비용이 다음과 같을 때, 인쇄소 A에서 x장, 인쇄소 B에서 x장을 인쇄할 때 드는 총비용은? (단, $x>10$) [4점]

	A	B
기본요금(원)	1500	1700
추가 요금(원)	200	140

① $(140x+300)$원   ② $(200x-500)$원

③ $(340x-200)$원   ④ $(340x+800)$원

⑤ $(340x+3200)$원

6 등식 $6x-3=a(2x+1)-b$가 x에 대한 항등식일 때, 상수 a, b에 대하여 $a+b$의 값은? [3점]

① -18 ② -9 ③ 0

④ 9 ⑤ 18

7 오른쪽은 등식의 성질을 이용하여 방정식을 푸는 과정이다. 이때 (가), (나), (다)에 이용된 등식의 성질을 다음 보기에서 골라 차례로 나열한 것은? [3점]

$$\dfrac{3x+2}{4}=5$$
$$3x+2=20 \quad \text{(가)}$$
$$3x=18 \quad \text{(나)}$$
$$\therefore x=6 \quad \text{(다)}$$

> **보기**
>
> $a=b$이고 c는 자연수일 때
> ㄱ. $a+c=b+c$　　　ㄴ. $a-c=b-c$
> ㄷ. $ac=bc$　　　ㄹ. $\dfrac{a}{c}=\dfrac{b}{c}$

① ㄷ, ㄱ, ㄹ　　② ㄷ, ㄴ, ㄱ　　③ ㄷ, ㄴ, ㄹ
④ ㄹ, ㄱ, ㄷ　　⑤ ㄹ, ㄴ, ㄷ

8 일차방정식 $0.4x+1.4=\dfrac{9-2x}{3}$ 를 풀면? [4점]

① $x=\dfrac{1}{2}$　　② $x=1$　　③ $x=\dfrac{3}{2}$

④ $x=2$　　⑤ $x=\dfrac{5}{2}$

9 다음을 만족시키는 x의 값 중 가장 큰 것은? [4점]

① $3(x-2)=5x+4$
② $1.2x=0.7x+1.5$
③ $\dfrac{3-x}{6}=2x-\dfrac{5}{3}$
④ $1.6x+0.3=\dfrac{x}{4}+3$
⑤ $(2x-8):(6-x)=2:3$

10 x에 대한 일차방정식 $3(2x-1)=21-a$의 해가 자연수가 되도록 하는 모든 자연수 a의 값의 합은? [4점]

① 36　　② 42　　③ 48
④ 54　　⑤ 60

11 일차방정식 $3x-1=x+5$에서 좌변의 x의 계수 3을 잘못 보고 풀었더니 해가 $x=2$이었다. 이때 3을 어떤 수로 잘못 본 것인가? [4점]

① 2　　② 4　　③ 5
④ 6　　⑤ 7

12 현재 누나와 동생의 통장에는 각각 30000원, 10000원이 예금되어 있다. 앞으로 누나는 매달 4000원씩, 동생은 9000원씩 예금할 때, 동생의 예금액이 누나의 예금액의 2배가 되는 것은 몇 개월 후인가?
(단, 이자는 생각하지 않는다.) [4점]

① 42개월 후　② 44개월 후　③ 46개월 후
④ 48개월 후　⑤ 50개월 후

13 길이가 330 m인 기차 A와 길이가 120 m인 기차 B가 어떤 철교를 완전히 통과하는 데 기차 A는 30초, 기차 B는 24초가 걸렸다. 두 기차 A, B의 속력이 같을 때, 철교의 길이는? [4점]

① 710 m　　② 720 m　　③ 730 m
④ 740 m　　⑤ 750 m

14 세 점 A$(2, 4)$, B$(-3, -2)$, C$(3, 0)$을 꼭짓점으로 하는 삼각형 ABC의 넓이는? [4점]

① 9　　　　② 10　　　　③ 11
④ 12　　　　⑤ 13

15 점 $(ab, -a+b)$가 제3사분면 위의 점일 때, 점 $(-b, a)$는 제몇 사분면 위의 점인가? [4점]

① 제1사분면　　　　② 제2사분면
③ 제3사분면　　　　④ 제4사분면
⑤ 어느 사분면에도 속하지 않는다.

16 오른쪽 그림과 같이 두 개의 원기둥을 붙여 놓은 모양의 물통에 물이 가득 차 있다. 이 물통에서 일정한 속력으로 물을 뺄 때, 다음 중 물의 높이를 시간에 따라 나타낸 그래프로 알맞은 것은?

[4점]

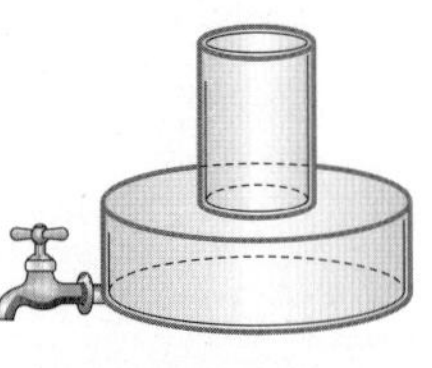

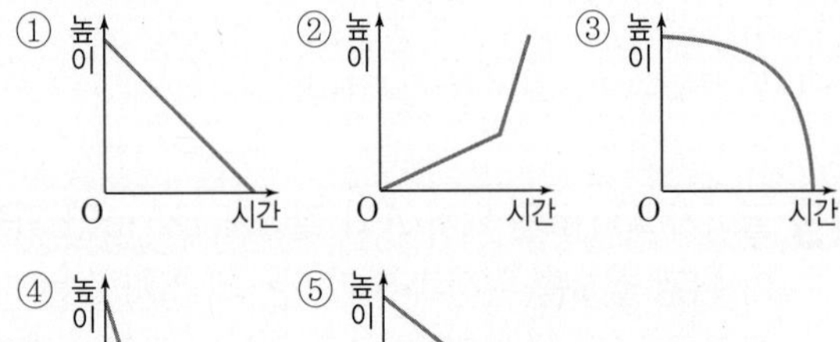
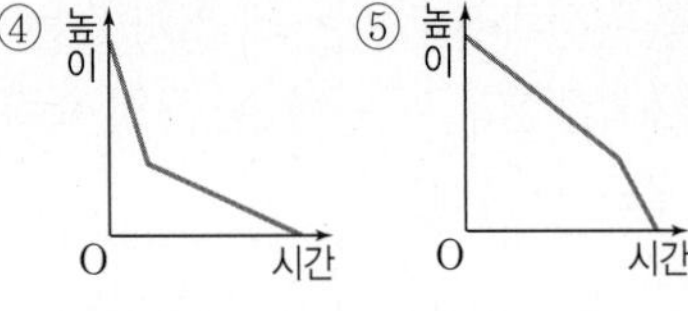

17 다음 중 정비례 관계 $y=-\dfrac{5}{2}x$의 그래프에 대한 설명으로 옳지 <u>않은</u> 것은? [3점]

① 원점을 지나는 직선이다.
② 제2사분면과 제4사분면을 지난다.
③ x의 값이 증가하면 y의 값은 감소한다.
④ 점 $\left(1, -\dfrac{5}{2}\right)$와 점 $(-4, 10)$을 지난다.
⑤ $y=-3x$의 그래프보다 y축에 더 가깝다.

18 다음 중 오른쪽 그림과 같은 그래프 위의 점이 <u>아닌</u> 것은? [4점]

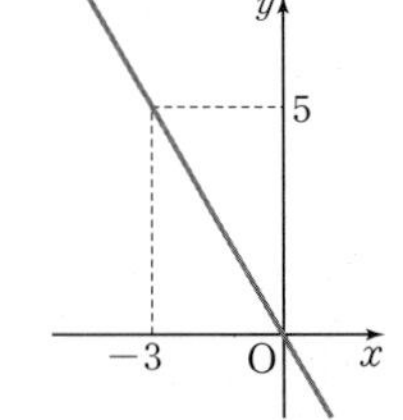

① $(-6, 10)$　　② $\left(-4, \dfrac{20}{3}\right)$
③ $\left(-1, \dfrac{5}{3}\right)$　　④ $\left(2, -\dfrac{15}{2}\right)$
⑤ $(9, -15)$

19 용량이 140 L인 물통에 처음에는 두 호스 A, B로 물을 가득 채우고, 두 번째는 호스 A로만 물을 가득 채웠다. 오른쪽 그래프는 물을 채운 시간 x분과 물통 안에 있는 물의 양 y L 사이의 관계를 각각 나타낸 것이다. 호스 B만 사용하여 물통에 물을 가득 채우는 데 걸리는 시간은? [4점]

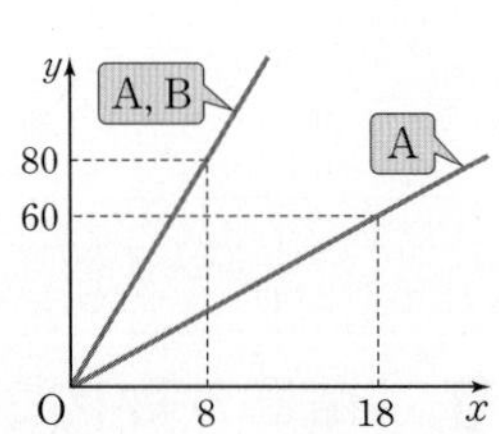

① 20분　　　　② 21분　　　　③ 22분
④ 23분　　　　⑤ 24분

20 오른쪽 그림과 같은 반비례 관계 $y=\dfrac{a}{x}$의 그래프 위의 점 P에 대하여 직사각형 AOBP의 넓이가 16일 때, 이 그래프 위의 점 중에서 x좌표와 y좌표가 모두 정수인 점의 개수는? (단, O는 원점) [4점]

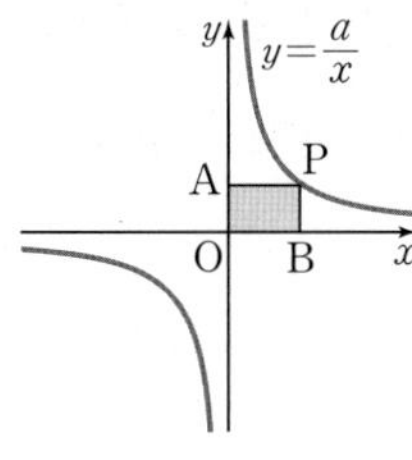

① 10   ② 11   ③ 12
④ 13   ⑤ 14

(서술형)

21 어떤 다항식에서 $2x-10$을 2배 하여 빼야 할 것을 잘못하여 $\dfrac{1}{2}$배 하여 더했더니 $6x-11$이 되었다. 이때 바르게 계산한 식을 구하시오. [5점]

22 x에 대한 두 일차방정식 $0.2x+0.3=3.3-0.4x$, $\dfrac{x+3}{2}-a=\dfrac{2x-a}{3}$의 해가 서로 같을 때, 상수 a의 값을 구하시오. [5점]

23 십의 자리의 숫자가 6인 두 자리의 자연수가 있다. 이 자연수의 십의 자리의 숫자와 일의 자리의 숫자를 바꾼 수는 처음 수보다 9만큼 크다고 할 때, 다음 물음에 답하시오.

(1) 처음 수의 일의 자리의 숫자를 x로 놓고, 처음 수와 바꾼 수를 x를 사용한 식으로 각각 나타내시오. [2점]

(2) 주어진 조건을 이용하여 처음 수를 구하시오.
[3점]

24 어느 만두 가게에서 주인은 종업원보다 3분 동안 9개의 만두를 더 만든다고 한다. 주인이 10분 동안 만든 만두의 개수와 종업원이 25분 동안 만든 만두의 개수가 같을 때, 두 사람이 1시간 동안 만든 만두의 개수의 합을 구하시오. [5점]

25 오른쪽 그림과 같이 정비례 관계 $y=ax$의 그래프와 반비례 관계 $y=-\dfrac{16}{x}$의 그래프가 점 $(b, -4)$에서 만날 때, $a+b$의 값을 구하시오.
(단, a는 상수) [5점]

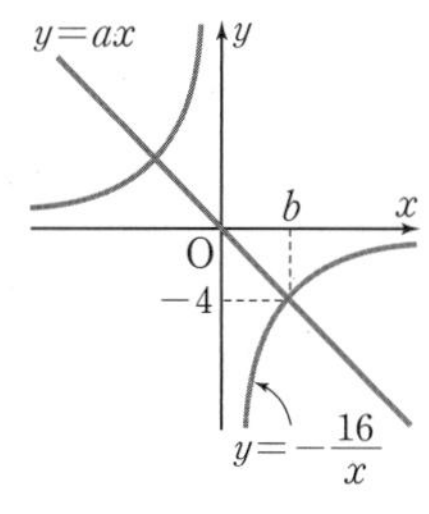

정답과 해설

|중학|

1·1

visang

1. 문자의 사용과 식

필수 기출
16~21쪽

1 ⑤	**2** ②	**3** ④	**4** ①, ④	**5** ⑤
6 $200+10x+y$		**7** ②	**8** ①	**9** ①	**10** ②
11 $1029\,\mathrm{m}$		**12** (1) $3(a+b)\,\mathrm{cm}^2$		(2) $48\,\mathrm{cm}^2$
13 ④	**14** ②	**15** 5	**16** ③	**17** ④	**18** ⑤
19 ②	**20** 3	**21** ④	**22** ④	**23** 8	**24** ②
25 ③	**26** ①	**27** $9x$	**28** $26a+2$		**29** ③
30 $\dfrac{19}{10}x-32$		**31** ⑤	**32** $-11x+7$		**33** ②
34 ②	**35** ③	**36** $14x+5$		

1
① $0.1\times x\times x=0.1x^2$

② $2\times x+y=2x+y$

③ $(x-y)\div3\times a=(x-y)\times\dfrac{1}{3}\times a=\dfrac{a(x-y)}{3}$

④ $x\times x\div y\div z\div(-1)=x\times x\times\dfrac{1}{y}\times\dfrac{1}{z}\times(-1)=-\dfrac{x^2}{yz}$

⑤ $5\times(x+y)+x\times(-2)\div y$
$\quad=5\times(x+y)+x\times(-2)\times\dfrac{1}{y}$
$\quad=5(x+y)-\dfrac{2x}{y}$

따라서 옳은 것은 ⑤이다.

2
① $a\div(b\times c)=a\div bc=a\times\dfrac{1}{bc}=\dfrac{a}{bc}$

② $a\times b\div c=ab\div c=ab\times\dfrac{1}{c}=\dfrac{ab}{c}$

③ $a\div b\div c=a\times\dfrac{1}{b}\times\dfrac{1}{c}=\dfrac{a}{bc}$

④ $a\times\dfrac{1}{b}\times\dfrac{1}{c}=\dfrac{a}{bc}$

⑤ $a\div b\times\dfrac{1}{c}=a\times\dfrac{1}{b}\times\dfrac{1}{c}=\dfrac{a}{bc}$

따라서 나머지 넷과 다른 하나는 ②이다.

3 $\dfrac{a+b}{5}-\dfrac{b^2}{2a}=(a+b)\div5-b^2\div2a$
$\qquad\qquad\qquad=(a+b)\div5-b\times b\div(2\times a)$

4
① $x\,\mathrm{kg}$의 20 %는 $x\times\dfrac{20}{100}=\dfrac{1}{5}x(\mathrm{kg})$

② 1분은 60초이므로 x분 30초는 $(60x+30)$초

③ 2점짜리 슛 a개와 3점짜리 슛 b개를 넣었을 때의 점수는 $(2a+3b)$점

④ (시간)$=\dfrac{(거리)}{(속력)}$이므로 $x\,\mathrm{km}$의 거리를 시속 60 km로 달렸을 때 걸린 시간은 $\dfrac{x}{60}$시간

⑤ (소금의 양)$=\dfrac{(소금물의 농도)}{100}\times(소금물의 양)$이므로 농도가 9 %인 소금물 $x\,\mathrm{g}$에 녹아 있는 소금의 양은 $\dfrac{9}{100}\times x=\dfrac{9}{100}x(\mathrm{g})$

따라서 옳은 것은 ①, ④이다.

5 10자루에 a원인 연필 한 자루의 가격은 $\dfrac{a}{10}$원이므로 b원을 냈을 때의 거스름돈은 $\left(b-\dfrac{a}{10}\right)$원이다.

6 $2\times100+x\times10+y\times1=200+10x+y$

7 오른쪽 그림과 같이 사각형을 두 개의 삼각형으로 나누면 사각형의 넓이는 $\dfrac{1}{2}\times a\times9+\dfrac{1}{2}\times b\times6=\dfrac{9}{2}a+3b$

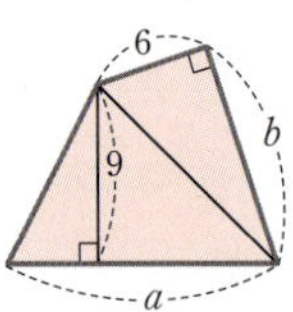

8
① $1-x=1-3=-2$

② $-2x+5=-2\times3+5=-6+5=-1$

③ $10-x^2=10-3^2=10-9=1$

④ $x^2-2x=3^2-2\times3=9-6=3$

⑤ $\dfrac{1}{x}=\dfrac{1}{3}$

따라서 식의 값이 가장 작은 것은 ①이다.

9 $-x^2+4y+1=-2^2+4\times(-3)+1$
$\qquad\qquad\qquad=-4-12+1=-15$

10 $\dfrac{3}{x}-\dfrac{4}{y}-\dfrac{5}{z}=3\div x-4\div y-5\div z$
$\qquad=3\div\left(-\dfrac{1}{2}\right)-4\div\dfrac{2}{3}-5\div\left(-\dfrac{3}{4}\right)$
$\qquad=3\times(-2)-4\times\dfrac{3}{2}-5\times\left(-\dfrac{4}{3}\right)$
$\qquad=-6-6+\dfrac{20}{3}=-\dfrac{16}{3}$

11 $0.6x+331$에 $x=20$을 대입하면
$0.6\times20+331=12+331=343$
즉, 기온이 20 ℃일 때 소리의 속력이 초속 343 m이므로 1초 동안 소리가 전달되는 거리는 343 m이다.
따라서 3초 동안 소리가 전달되는 거리는
$343\times3=1029(\mathrm{m})$

12 (1) (사다리꼴의 넓이)$=\dfrac{1}{2}\times(a+b)\times6$
$\qquad\qquad\qquad\qquad=3(a+b)(\mathrm{cm}^2)$
(2) (1)의 식에 $a=6$, $b=10$을 대입하면
$3\times(6+10)=48$
따라서 구하는 사다리꼴의 넓이는 48 cm²이다.

13 ① 상수항이므로 일차식이 아니다.

② 분모에 문자가 있으므로 일차식이 아니다.

③ 다항식의 차수가 2이므로 일차식이 아니다.

④ $7a^2+4a-7a^2=4a$는 일차식이다.

⑤ $0\times x^3-x^2=-x^2$은 차수가 2이므로 일차식이 아니다.

따라서 일차식인 것은 ④이다.

14 ② 상수항은 -5이다.

15 차수가 가장 큰 항이 $3x^2$이므로 $a=2$

x의 계수는 -1이므로 $b=-1$

상수항은 4이므로 $c=4$

$\therefore a+b+c=2+(-1)+4=5$

16 ① $3\times(-2a)=-6a$

② $5(x-1)=5x-5$

④ $(-8x+4)\div4=(-8x+4)\times\dfrac{1}{4}=-2x+1$

⑤ $(6y-1)\div(-3)=(6y-1)\times\left(-\dfrac{1}{3}\right)=-2y+\dfrac{1}{3}$

따라서 옳은 것은 ③이다.

17 $(4x-6)\div\left(-\dfrac{2}{3}\right)=(4x-6)\times\left(-\dfrac{3}{2}\right)=-6x+9$

따라서 $a=-6$, $b=9$이므로

$a+b=-6+9=3$

18 ① $-(3x-5)=-3x+5$

② $(9x-15)\div(-3)=(9x-15)\times\left(-\dfrac{1}{3}\right)=-3x+5$

③ $-3\left(x-\dfrac{5}{3}\right)=-3x+5$

④ $\left(\dfrac{1}{2}x-\dfrac{5}{6}\right)\div\left(-\dfrac{1}{6}\right)=\left(\dfrac{1}{2}x-\dfrac{5}{6}\right)\times(-6)=-3x+5$

⑤ $\dfrac{6x-5}{2}=3x-\dfrac{5}{2}$

따라서 나머지 넷과 다른 하나는 ⑤이다.

19 ① 차수가 다르므로 동류항이 아니다.

③, ④ 문자가 다르므로 동류항이 아니다.

⑤ $\dfrac{6}{a}$은 다항식이 아니다.

따라서 동류항끼리 짝 지어진 것은 ②이다.

20 $3y$와 동류항인 것은 $-y$, $-\dfrac{y}{2}$, $0.1y$의 3개이다.

21 ② $5(x-1)-(3x+6)=5x-5-3x-6=2x-11$

③ $-(-2x+3)-(5x-1)=2x-3-5x+1$
$\qquad\qquad\qquad\qquad\qquad=-3x-2$

④ $\dfrac{1}{3}(3x+9)-\dfrac{1}{2}(6-4x)=x+3-3+2x=3x$

⑤ $-6(2x+3)+10\left(\dfrac{1}{5}x-\dfrac{1}{2}\right)=-12x-18+2x-5$
$\qquad\qquad\qquad\qquad\qquad\qquad=-10x-23$

따라서 옳지 않은 것은 ④이다.

22 $(4y-8)\div\left(-\dfrac{4}{3}\right)+3(4y-3)$

$=(4y-8)\times\left(-\dfrac{3}{4}\right)+12y-9$

$=-3y+6+12y-9$

$=9y-3$

따라서 $a=9$, $b=-3$이므로

$a-b=9-(-3)=12$

23 $2x+5-(ax+b)=2x+5-ax-b$
$\qquad\qquad\qquad\quad=(2-a)x+5-b$

따라서 $2-a=3$, $5-b=-4$이므로

$a=-1$, $b=9$

$\therefore a+b=-1+9=8$

24 $2x-[x-\{y-2(x-3)-(x+y)\}]+4$

$=2x-\{x-(y-2x+6-x-y)\}+4$

$=2x-\{x-(-3x+6)\}+4$

$=2x-(x+3x-6)+4$

$=2x-(4x-6)+4$

$=2x-4x+6+4$

$=-2x+10$

25 $3x+7-\{2x+5(-x+2)-4\}$

$=3x+7-(2x-5x+10-4)$

$=3x+7-(-3x+6)$

$=3x+7+3x-6$

$=6x+1$

따라서 x의 계수는 6, 상수항은 1이므로 그 합은

$6+1=7$

26 $\dfrac{3x-4}{2}-\dfrac{5x-3}{3}=\dfrac{3(3x-4)}{6}-\dfrac{2(5x-3)}{6}$

$\qquad\qquad\qquad\quad=\dfrac{9x-12-10x+6}{6}$

$\qquad\qquad\qquad\quad=\dfrac{-x-6}{6}$

$\qquad\qquad\qquad\quad=-\dfrac{1}{6}x-1$

따라서 $a=-\dfrac{1}{6}$, $b=-1$이므로

$6a+b=6\times\left(-\dfrac{1}{6}\right)+(-1)$

$\qquad\;=-1-1=-2$

27 $12\left(\dfrac{x-1}{6}+\dfrac{2x-1}{3}\right)-0.8(2x-5)+0.2(3x+10)$

$=2(x-1)+4(2x-1)-\dfrac{4}{5}(2x-5)+\dfrac{1}{5}(3x+10)$

$=2x-2+8x-4-\dfrac{8}{5}x+4+\dfrac{3}{5}x+2$

$=9x$

28 (색칠한 부분의 넓이)

$=$ (큰 직사각형의 넓이) $-$ (작은 직사각형의 넓이)

$=(4a+4)\times 8-\{(4a+4)-(3a-1)\}\times(8-2)$

$=32a+32-(4a+4-3a+1)\times 6$

$=32a+32-(a+5)\times 6$

$=32a+32-6a-30$

$=26a+2$

29 직사각형의 가로의 길이는 $2x+9$, 세로의 길이는 $6+6=12$
이므로

(색칠한 부분의 넓이)

$=$ (직사각형의 넓이) $-$ (색칠하지 않은 삼각형의 넓이의 합)

$=(2x+9)\times 12$

$\qquad -\Big\{\dfrac{1}{2}\times 2x\times 6+\dfrac{1}{2}\times 9\times 4+\dfrac{1}{2}\times(2x+9-x)\times 6$

$\qquad\qquad\qquad +\dfrac{1}{2}\times x\times(12-4)\Big\}$

$=24x+108-(6x+18+3x+27+4x)$

$=24x+108-(13x+45)$

$=24x+108-13x-45$

$=11x+63$

30 작년에 입학한 남학생 수가 x이므로 작년에 입학한 여학생
수는 $x-40$이다.

올해 입학한 남학생 수는

$x+x\times\dfrac{10}{100}=\dfrac{11}{10}x$

올해 입학한 여학생 수는

$(x-40)-(x-40)\times\dfrac{20}{100}=x-40-\dfrac{1}{5}x+8$

$\qquad\qquad\qquad\qquad\qquad =\dfrac{4}{5}x-32$

따라서 올해 이 학교의 신입생 수는

$\dfrac{11}{10}x+\Big(\dfrac{4}{5}x-32\Big)=\dfrac{19}{10}x-32$

31 $2A-3B=2(-x+2y)-3(-3x-4y)$

$\qquad\qquad\quad =-2x+4y+9x+12y$

$\qquad\qquad\quad =7x+16y$

32 $5A+B-2(3A-B)=5A+B-6A+2B$

$\qquad\qquad\qquad\qquad =-A+3B$

$\qquad\qquad\qquad\qquad =-(2x-1)+3(-3x+2)$

$\qquad\qquad\qquad\qquad =-2x+1-9x+6$

$\qquad\qquad\qquad\qquad =-11x+7$

33 $-A+3B=-\dfrac{-x+4}{3}+3\times\dfrac{2x-1}{6}$

$\qquad\qquad =\dfrac{-2(-x+4)}{6}+\dfrac{3(2x-1)}{6}$

$\qquad\qquad =\dfrac{2x-8+6x-3}{6}$

$\qquad\qquad =\dfrac{8x-11}{6}=\dfrac{4}{3}x-\dfrac{11}{6}$

따라서 $a=\dfrac{4}{3},\ b=-\dfrac{11}{6}$이므로

$a+b=\dfrac{4}{3}+\Big(-\dfrac{11}{6}\Big)=-\dfrac{3}{6}=-\dfrac{1}{2}$

34 ㈎에서 $A+(3x-5)=-x+1$이므로

$A=-x+1-(3x-5)=-x+1-3x+5=-4x+6$

㈏에서 $-2x+1-B=-4x+3$이므로

$B=-2x+1-(-4x+3)=-2x+1+4x-3=2x-2$

$\therefore A+B=-4x+6+2x-2=-2x+4$

35

$\Big(\dfrac{1}{3}x+4\Big)+C=-x+5$에서

$C=-x+5-\Big(\dfrac{1}{3}x+4\Big)$

$\quad =-x+5-\dfrac{1}{3}x-4=-\dfrac{4}{3}x+1$

$C+(4x-2)=B$에서

$B=\Big(-\dfrac{4}{3}x+1\Big)+(4x-2)=\dfrac{8}{3}x-1$

$(-x+5)+B=A$에서

$A=(-x+5)+\Big(\dfrac{8}{3}x-1\Big)=\dfrac{5}{3}x+4$

36 어떤 다항식을 □라 하면

$□-(6x-5)=2x+15$

$\therefore □=2x+15+(6x-5)=8x+10$

따라서 바르게 계산한 식은

$8x+10+(6x-5)=14x+5$

Best 쌍둥이 22~23쪽

1 ④	**2** ①	**3** ①	**4** ④	**5** ②	**6** ②
7 $-13x+36$		**8** ④	**9** $(26-6x)$ cm		**10** ②
11 ③					

1 $2\times a\div b-x\div(a-b)\times y=2\times a\times\dfrac{1}{b}-x\times\dfrac{1}{a-b}\times y$

$\qquad\qquad\qquad\qquad\qquad\quad =\dfrac{2a}{b}-\dfrac{xy}{a-b}$

2 ① (마름모의 넓이)

$\quad =\dfrac{1}{2}\times$ (한 대각선의 길이) $\times$ (다른 대각선의 길이)

$\quad =\dfrac{1}{2}\times a\times b=\dfrac{ab}{2}\ (\text{cm}^2)$

3
$$x+4y^2-1=4+4\times\left(\frac{1}{2}\right)^2-1$$
$$=4+4\times\frac{1}{4}-1$$
$$=4+1-1=4$$

4 ㄷ. 항은 $-x^2$, $-4x$, 3이다.
따라서 보기 중 옳은 것은 ㄱ, ㄴ, ㄹ이다.

5 ② $\left(-\frac{8}{3}y\right)\div\left(-\frac{3}{2}\right)=\left(-\frac{8}{3}y\right)\times\left(-\frac{2}{3}\right)=\frac{16}{9}y$

6
$$\frac{1}{2}(8x+4)+(4x-2)\div\left(-\frac{2}{5}\right)$$
$$=4x+2+(4x-2)\times\left(-\frac{5}{2}\right)$$
$$=4x+2-10x+5$$
$$=-6x+7$$

7
$$2x-3\left[x-4\left\{x-\frac{1}{7}(14x-21)\right\}\right]$$
$$=2x-3\{x-4(x-2x+3)\}$$
$$=2x-3\{x-4(-x+3)\}$$
$$=2x-3(x+4x-12)$$
$$=2x-3(5x-12)$$
$$=2x-15x+36$$
$$=-13x+36$$

8
$$\frac{4x+1}{5}-\frac{2x-2}{3}=\frac{3(4x+1)}{15}-\frac{5(2x-2)}{15}$$
$$=\frac{12x+3-10x+10}{15}$$
$$=\frac{2x+13}{15}=\frac{2}{15}x+\frac{13}{15}$$

따라서 x의 계수는 $\frac{2}{15}$, 상수항은 $\frac{13}{15}$이므로 그 차는

$$\frac{13}{15}-\frac{2}{15}=\frac{11}{15}$$

9 직사각형의 가로의 길이는 $(7-x)$ cm, 세로의 길이는
$7-(2x+1)=6-2x$(cm)이므로 구하는 직사각형의 둘
레의 길이는
$$2\times\{(7-x)+(6-2x)\}=2\times(13-3x)$$
$$=26-6x\text{(cm)}$$

10 $-A+9B-3(2B-A)=-A+9B-6B+3A$
$$=2A+3B$$
$$=2(3x-5)+3(-2x+3)$$
$$=6x-10-6x+9$$
$$=-1$$

11 어떤 다항식을 □라 하면
$$\square+(-3x+7)=x+1$$
$$\therefore \square=x+1-(-3x+7)$$
$$=x+1+3x-7=4x-6$$
따라서 바르게 계산한 식은
$$4x-6-(-3x+7)=4x-6+3x-7$$
$$=7x-13$$

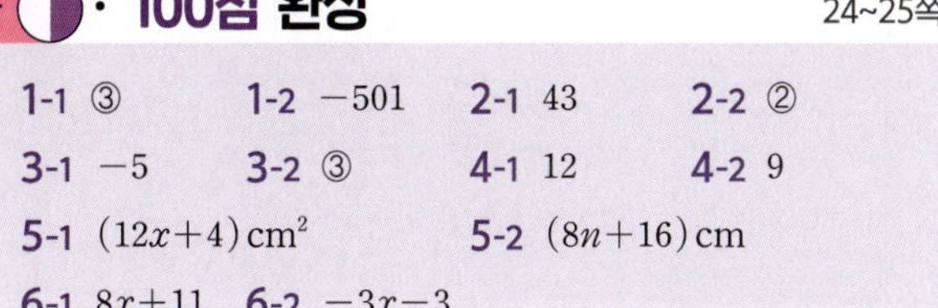

24~25쪽

1-1 ③	**1-2** -501	**2-1** 43	**2-2** ②
3-1 -5	**3-2** ③	**4-1** 12	**4-2** 9
5-1 $(12x+4)\,\text{cm}^2$		**5-2** $(8n+16)\,\text{cm}$	
6-1 $8x+11$	**6-2** $-3x-3$		

1-1 $x=-1$일 때,
$$x^2+2x^3+3x^4+\cdots+249x^{250}$$
$$=(-1)^2+2\times(-1)^3+3\times(-1)^4+\cdots+249\times(-1)^{250}$$
$$=\{1+(-2)\}+\{3+(-4)\}$$
$$+\cdots+\{247+(-248)\}+249$$
$$=\underbrace{(-1)+(-1)+\cdots+(-1)}_{124개}+249$$
$$=-124+249=125$$

1-2 $x=-1$일 때,
$$x+2x^2+3x^3+\cdots+1001x^{1001}$$
$$=-1+2\times(-1)^2+3\times(-1)^3+\cdots+1001\times(-1)^{1001}$$
$$=(-1+2)+(-3+4)+\cdots+(-999+1000)-1001$$
$$=\underbrace{1+1+\cdots+1}_{500개}-1001$$
$$=500-1001=-501$$

2-1 정삼각형을 1개, 2개, 3개, 4개, ... 만드는 데 필요한 성냥
개비의 개수는 각각
$$3,\ 3+2\times1,\ 3+2\times2,\ 3+2\times3,\ ...$$
즉, 정삼각형을 n개 만드는 데 필요한 성냥개비의 개수는
$$3+2\times(n-1)=3+2n-2=2n+1$$
따라서 $2n+1$에 $n=21$을 대입하면
$$2\times21+1=43$$

2-2 [1단계], [2단계], [3단계], [4단계], ...에 붙어 있는 스티커
의 개수는 각각
$$1,\ 1+3\times1,\ 1+3\times2,\ 1+3\times3,\ ...$$
즉, [n단계]에 붙어 있는 스티커의 개수는
$$1+3\times(n-1)=1+3n-3=3n-2$$
따라서 $3n-2$에 $n=70$을 대입하면
$$3\times70-2=208$$

3-1
$$y-3-[-(x-4y)+\{2x+y-(6x+3y)\}]$$
$$=y-3-\{-x+4y+(2x+y-6x-3y)\}$$
$$=y-3-\{-x+4y+(-4x-2y)\}$$
$$=y-3-(-5x+2y)$$
$$=y-3+5x-2y$$
$$=5x-y-3$$
$5x-y-3$에 $x=-\dfrac{1}{5}$, $y=1$을 대입하면
$$5\times\left(-\dfrac{1}{5}\right)-1-3=-1-1-3=-5$$

3-2
$$-x-2y-[3x+y-2\{y-2(x+1)\}]+5$$
$$=-x-2y-\{3x+y-2(y-2x-2)\}+5$$
$$=-x-2y-(3x+y-2y+4x+4)+5$$
$$=-x-2y-(7x-y+4)+5$$
$$=-x-2y-7x+y-4+5$$
$$=-8x-y+1$$
$-8x-y+1$에 $x=-1$, $y=2$를 대입하면
$$-8\times(-1)-2+1=8-2+1=7$$

4-1 상수항이 4인 x에 대한 일차식을 $kx+4\,(k\neq0)$라 하면
㈎에서
$$a=k\times5+4=5k+4$$
또 ㈏에서
$$b=k\times2+4=2k+4$$
$$\therefore\ -2a+5b=-2(5k+4)+5(2k+4)$$
$$=-10k-8+10k+20$$
$$=12$$

4-2 x의 계수가 3인 x에 대한 일차식을 $3x+k\,(k$는 상수$)$라 하면
$$a=3\times(-3)+k=-9+k$$
$$b=3\times(-6)+k=-18+k$$
$$\therefore\ a-b=(-9+k)-(-18+k)$$
$$=-9+k+18-k$$
$$=9$$

5-1 정사각형 한 개의 넓이는
$$4\times4=16(\text{cm}^2)$$
이때 겹쳐지는 부분은 한 변의 길이가 $\dfrac{1}{2}\times4=2(\text{cm})$인 정사각형이므로 그 넓이는
$$2\times2=4(\text{cm}^2)$$
정사각형 x개를 겹쳐 놓으면 겹쳐지는 부분이 $(x-1)$개 생기므로 구하는 도형의 넓이는
$$16x-4\times(x-1)=16x-4x+4$$
$$=12x+4(\text{cm}^2)$$

5-2 색종이 n장을 이어 붙이면 겹쳐지는 부분이 $(n-1)$개 생기므로 완성된 직사각형의 가로의 길이는
$$6\times n-2\times(n-1)=6n-2n+2$$
$$=4n+2(\text{cm})$$
따라서 완성된 직사각형의 둘레의 길이는
$$2\times\{(4n+2)+6\}=2\times(4n+8)$$
$$=8n+16(\text{cm})$$

6-1 ㈎에서 $A+(2x+1)=7x-10$이므로
$$A=7x-10-(2x+1)$$
$$=7x-10-2x-1$$
$$=5x-11$$
㈏에서 $B\times\left(-\dfrac{5}{2}\right)=-10x+5$이므로
$$B=(-10x+5)\div\left(-\dfrac{5}{2}\right)$$
$$=(-10x+5)\times\left(-\dfrac{2}{5}\right)$$
$$=4x-2$$
㈐에서 $C-(3x-4)=2x+8$이므로
$$C=2x+8+(3x-4)$$
$$=5x+4$$
$$\therefore\ 2A-(3A-2B)+C$$
$$=2A-3A+2B+C$$
$$=-A+2B+C$$
$$=-(5x-11)+2(4x-2)+(5x+4)$$
$$=-5x+11+8x-4+5x+4$$
$$=8x+11$$

6-2 ㈎에서 $A\times\dfrac{1}{2}=-6x+4$이므로
$$A=(-6x+4)\div\dfrac{1}{2}$$
$$=(-6x+4)\times2$$
$$=-12x+8$$
㈏에서 $B-(x+1)=-12x+8$이므로
$$B=-12x+8+(x+1)$$
$$=-11x+9$$
㈐에서 $C+(-2x-2)=-11x+9$이므로
$$C=-11x+9-(-2x-2)$$
$$=-11x+9+2x+2$$
$$=-9x+11$$
$$\therefore\ A+3B-2(A+C)$$
$$=A+3B-2A-2C$$
$$=-A+3B-2C$$
$$=-(-12x+8)+3(-11x+9)-2(-9x+11)$$
$$=12x-8-33x+27+18x-22$$
$$=-3x-3$$

1 24

2 (1) 겉넓이: $(2ab+20a+20b)\,\text{cm}^2$, 부피: $10ab\,\text{cm}^3$

   (2) 겉넓이: $460\,\text{cm}^2$, 부피: $600\,\text{cm}^3$

3 -8 **4** $\dfrac{2}{5}$ **5** $62a-29$ **6** $-\dfrac{1}{2}x-\dfrac{1}{6}y$

7 (1) $6x+2$ (2) $3x-1$ (3) $3x+3$

8 (1) $4x+20$ (2) 22 **9** $\dfrac{29}{2}a-\dfrac{9}{2}$

1
$$\dfrac{2x-y}{z}-\dfrac{z^2}{y}=\dfrac{2\times(-3)-(-1)}{5}-\dfrac{5^2}{-1} \quad \cdots\cdots ①$$
$$=\dfrac{-6+1}{5}+25$$
$$=-1+25=24 \quad \cdots\cdots ②$$

단계	채점 기준	배점
①	문자에 수를 대입하기	3점
②	식의 값 구하기	3점

2 (1) (직육면체의 겉넓이)$=2\times(a\times b+a\times 10+b\times 10)$
$$=2(ab+10a+10b)$$
$$=2ab+20a+20b\,(\text{cm}^2)$$
(직육면체의 부피)$=a\times b\times 10=10ab\,(\text{cm}^3)$

(2) (1)의 식에 $a=12$, $b=5$를 각각 대입하면
$$2ab+20a+20b=2\times12\times5+20\times12+20\times5$$
$$=120+240+100=460$$
$$10ab=10\times12\times5=600$$
따라서 구하는 직육면체의 겉넓이는 $460\,\text{cm}^2$, 부피는 $600\,\text{cm}^3$이다.

3 $(ax+b)\times\left(-\dfrac{2}{3}\right)=6x-4$에서
$$ax+b=(6x-4)\div\left(-\dfrac{2}{3}\right)$$
$$=(6x-4)\times\left(-\dfrac{3}{2}\right)=-9x+6$$
$$\therefore a=-9,\ b=6 \quad \cdots\cdots ①$$
$(6x-4)\times\left(-\dfrac{5}{2}\right)=cx+d$에서
$$cx+d=-15x+10$$
$$\therefore c=-15,\ d=10 \quad \cdots\cdots ②$$
$$\therefore a+b+c+d=-9+6+(-15)+10=-8 \quad \cdots\cdots ③$$

단계	채점 기준	배점
①	a, b의 값 구하기	3점
②	c, d의 값 구하기	3점
③	$a+b+c+d$의 값 구하기	2점

4
$$\dfrac{2(2x-1)}{5}-\dfrac{x-1}{2}=\dfrac{4(2x-1)}{10}-\dfrac{5(x-1)}{10}$$
$$=\dfrac{8x-4-5x+5}{10}$$
$$=\dfrac{3x+1}{10}=\dfrac{3}{10}x+\dfrac{1}{10} \quad \cdots\cdots ①$$

따라서 $a=\dfrac{3}{10}$, $b=\dfrac{1}{10}$이므로
$$a+b=\dfrac{3}{10}+\dfrac{1}{10}=\dfrac{4}{10}=\dfrac{2}{5} \quad \cdots\cdots ②$$

단계	채점 기준	배점
①	주어진 식을 계산하기	5점
②	$a+b$의 값 구하기	3점

5 (도형의 넓이)
$$=(\text{전체 직사각형의 넓이})$$
$$\quad-(㉠+㉡)$$
$$=12\times\{(2a+1)+(4a-3)\}$$
$$\quad-\{2\times(2a+1)+3\times(2a+1)\} \quad \cdots\cdots ①$$
$$=12(6a-2)-(4a+2+6a+3)$$
$$=72a-24-(10a+5)$$
$$=72a-24-10a-5$$
$$=62a-29 \quad \cdots\cdots ②$$

단계	채점 기준	배점
①	도형의 넓이를 구하는 식 세우기	4점
②	도형의 넓이를 a를 사용한 식으로 나타내기	4점

6 $3(A+B)-2\{A+3(B-C)\}-4C$
$$=3A+3B-2(A+3B-3C)-4C$$
$$=3A+3B-2A-6B+6C-4C$$
$$=A-3B+2C \quad \cdots\cdots ①$$
$$=\left(\dfrac{1}{2}x-\dfrac{1}{6}y\right)-3\left(x+\dfrac{2}{3}y\right)+2(x+y)$$
$$=\dfrac{1}{2}x-\dfrac{1}{6}y-3x-2y+2x+2y$$
$$=-\dfrac{1}{2}x-\dfrac{1}{6}y \quad \cdots\cdots ②$$

단계	채점 기준	배점
①	주어진 식을 간단히 하기	3점
②	답 구하기	5점

7 (1) 대각선에 놓인 세 일차식의 합은
$$(2x-2)+(5x+1)+(8x+4)=15x+3$$
$$4x+(5x+1)+A=15x+3$$에서
$$9x+1+A=15x+3$$
$$\therefore A=15x+3-(9x+1)$$
$$=15x+3-9x-1$$
$$=6x+2$$
(2) $4x+B+(8x+4)=15x+3$에서
$$B+12x+4=15x+3$$
$$\therefore B=15x+3-(12x+4)$$
$$=15x+3-12x-4$$
$$=3x-1$$
(3) $A-B=6x+2-(3x-1)$
$$=6x+2-3x+1$$
$$=3x+3$$

8 ⑴ 선분 EF가 접은 선이므로

(선분 FG의 길이)=(선분 AF의 길이)

$$=8-3=5$$

(선분 IG의 길이)=(선분 AD의 길이)=8

$$\therefore \text{(사각형 EFGI의 넓이)}=\frac{1}{2}\times(x+5)\times 8$$

$$=4(x+5)$$

$$=4x+20$$

⑵ $4x+20$에 $x=\dfrac{1}{2}$을 대입하면

$$4\times\frac{1}{2}+20=2+20=22$$

9 사다리꼴의 윗변의 길이는

$$a+a\times\frac{10}{100}=a+\frac{1}{10}a=\frac{11}{10}a \qquad \cdots\cdots ①$$

사다리꼴의 아랫변의 길이는

$$(2a-1)-(2a-1)\times\frac{10}{100}=2a-1-\left(\frac{1}{5}a-\frac{1}{10}\right)$$

$$=2a-1-\frac{1}{5}a+\frac{1}{10}$$

$$=\frac{9}{5}a-\frac{9}{10} \qquad \cdots\cdots ②$$

따라서 사다리꼴의 넓이는

$$\frac{1}{2}\times\left\{\frac{11}{10}a+\left(\frac{9}{5}a-\frac{9}{10}\right)\right\}\times 10=5\left(\frac{29}{10}a-\frac{9}{10}\right)$$

$$=\frac{29}{2}a-\frac{9}{2} \qquad \cdots\cdots ③$$

단계	채점 기준	배점
①	사다리꼴의 윗변의 길이를 a를 사용한 식으로 나타내기	4점
②	사다리꼴의 아랫변의 길이를 a를 사용한 식으로 나타내기	4점
③	사다리꼴의 넓이를 a를 사용한 식으로 나타내기	2점

실전 테스트

1 ②, ④　**2** ②　**3** ⑤　**4** ③　**5** ④　**6** ④
7 ④　**8** ④　**9** ③　**10** ①　**11** ③　**12** ⑤
13 ④　**14** ④　**15** ①　**16** ②
17 $(25-6xy)$ cm, 1 cm　**18** $9x+3$
19 $-x-9$　**20** $x+11$

1 ① $x\div(2\times y)=x\div 2y=x\times\dfrac{1}{2y}=\dfrac{x}{2y}$

③ $x\div y\times z=x\times\dfrac{1}{y}\times z=\dfrac{xz}{y}$

⑤ $a-b\div x=a-b\times\dfrac{1}{x}=a-\dfrac{b}{x}$

따라서 옳은 것은 ②, ④이다.

2 ② (지불한 금액)$=x-\dfrac{20}{100}x$

$$=x-\frac{1}{5}x=\frac{4}{5}x\text{(원)}$$

3 ① $a^2=(-2)^2=4$

② $(-a)^2=a^2=(-2)^2=4$

③ $-2a=-2\times(-2)=4$

④ $a+6=-2+6=4$

⑤ $10-a^2=10-(-2)^2=10-4=6$

따라서 식의 값이 나머지 넷과 다른 하나는 ⑤이다.

4 ① $x+3y=-3+3\times 4=-3+12=9$

② $3x^2-y=3\times(-3)^2-4=3\times 9-4=27-4=23$

③ $x^2+y^2=(-3)^2+4^2=9+16=25$

④ $-\dfrac{x}{y}=-\dfrac{-3}{4}=\dfrac{3}{4}$

⑤ $10-|xy|=10-|(-3)\times 4|$

$$=10-|-12|$$

$$=10-12=-2$$

따라서 식의 값이 가장 큰 것은 ③이다.

5 $30t-5t^2$에 $t=3$을 대입하면

$$30\times 3-5\times 3^2=90-45=45$$

따라서 이 물체의 3초 후의 높이는 45 m이다.

6 ㄴ. 분모에 문자가 있으므로 일차식이 아니다.

ㅁ. 상수항이므로 일차식이 아니다.

따라서 보기 중 일차식은 ㄱ, ㄷ, ㄹ, ㅂ의 4개이다.

7 $a=\dfrac{1}{10}$, $b=-1$, $c=2$이므로

$$(c-b)\div a=\{2-(-1)\}\div\frac{1}{10}=3\times 10=30$$

8 ① $-2x\times(-5)=10x$

② $(x+6)\div 3=(x+6)\times\dfrac{1}{3}=\dfrac{x}{3}+2$

③ $6\left(\dfrac{5}{2}x-\dfrac{1}{3}\right)=15x-2$

④ $(12x-4)\div(-4)=(12x-4)\times\left(-\dfrac{1}{4}\right)$

$$=-3x+1$$

⑤ $(-2x+3)\div\left(-\dfrac{2}{3}\right)=(-2x+3)\times\left(-\dfrac{3}{2}\right)$

$$=3x-\frac{9}{2}$$

따라서 옳은 것은 ④이다.

9 정사각형을 1개, 2개, 3개, 4개, … 만들 때 사용한 성냥개비의 개수는 각각

$$4,\ 4+3\times 1,\ 4+3\times 2,\ 4+3\times 3,\ \cdots$$

즉, 정사각형을 n개 만들 때 사용한 성냥개비의 개수는
$4+3\times(n-1)=4+3n-3=3n+1$
따라서 $3n+1$에 $n=20$을 대입하면
$3\times20+1=61$

10 ㄷ. $\dfrac{4}{x}$는 다항식이 아니다.
ㄹ. 차수가 다르므로 동류항이 아니다.
따라서 보기 중 동류항끼리 짝 지어진 것은 ㄱ, ㄴ이다.

11 ③ $(-y+7)-(2y+1)=-y+7-2y-1$
$\qquad\qquad\qquad\qquad\quad=-3y+6$
④ $3(a-1)-(2a-5)=3a-3-2a+5$
$\qquad\qquad\qquad\qquad=a+2$
⑤ $0.75x+\dfrac{1}{2}-\dfrac{1}{4}x+0.2=\dfrac{3}{4}x+\dfrac{1}{2}-\dfrac{1}{4}x+\dfrac{1}{5}$
$\qquad\qquad\qquad\qquad\qquad=\dfrac{1}{2}x+\dfrac{7}{10}$
따라서 옳지 않은 것은 ③이다.

12 $3(5x+2)-2(4x-5)=15x+6-8x+10$
$\qquad\qquad\qquad\qquad\quad=7x+16$
따라서 x의 계수는 7이고 상수항은 16이므로 구하는 합은
$7+16=23$

13 $-4x^2-3x+1+ax^2+bx+2$
$=(-4+a)x^2+(-3+b)x+3$
이므로 이 식이 x에 대한 일차식이 되려면
$-4+a=0,\ -3+b\neq0,\ 즉\ a=4,\ b\neq3$이어야 한다.

14 $\dfrac{5x-3}{2}-\dfrac{2x-4}{3}=\dfrac{3(5x-3)}{6}-\dfrac{2(2x-4)}{6}$
$\qquad\qquad\qquad\quad=\dfrac{15x-9-4x+8}{6}$
$\qquad\qquad\qquad\quad=\dfrac{11x-1}{6}$
$\qquad\qquad\qquad\quad=\dfrac{11}{6}x-\dfrac{1}{6}$

15 $-\dfrac{3}{4}(8x-12)-\left\{(-10x+15)\div\left(-\dfrac{5}{3}\right)-3x\right\}$
$=-6x+9-\left\{(-10x+15)\times\left(-\dfrac{3}{5}\right)-3x\right\}$
$=-6x+9-(6x-9-3x)$
$=-6x+9-(3x-9)$
$=-6x+9-3x+9$
$=-9x+18$
따라서 $a=-9,\ b=18$이므로
$a-b=-9-18=-27$

16 $\square=(-3x+2)-(4x-1)$
$\qquad=-3x+2-4x+1$
$\qquad=-7x+3$

17 양초는 10초에 x cm씩 줄어들므로 1분에 $6x$ cm씩 줄어든다.
따라서 y분 동안 $6xy$ cm 줄어들므로 불을 붙인 지 y분 후에 남은 양초의 길이는
$(25-6xy)$ cm $\qquad\qquad\qquad\cdots\cdots$ ①
따라서 $25-6xy$에 $x=0.2,\ y=20$을 대입하면 남은 양초의 길이는
$25-6\times0.2\times20=25-24=1(\text{cm})\qquad\cdots\cdots$ ②

단계	채점 기준	배점
①	남은 양초의 길이를 x, y를 사용한 식으로 나타내기	5점
②	$x=0.2$, $y=20$일 때, 남은 양초의 길이 구하기	3점

18 (색칠한 부분의 넓이)
$=(직사각형의 넓이)-(삼각형의 넓이)$
$=(2x+3)\times6-\dfrac{1}{2}\times(x+5)\times6\qquad\cdots\cdots$ ①
$=12x+18-3x-15$
$=9x+3\qquad\qquad\qquad\qquad\qquad\cdots\cdots$ ②

단계	채점 기준	배점
①	색칠한 부분의 넓이를 구하는 식 세우기	5점
②	색칠한 부분의 넓이를 x를 사용한 식으로 나타내기	5점

19 $3A-2(A-B)=3A-2A+2B$
$\qquad\qquad\qquad=A+2B\qquad\qquad\cdots\cdots$ ①
$\qquad\qquad\qquad=-3x-5+2(x-2)$
$\qquad\qquad\qquad=-3x-5+2x-4$
$\qquad\qquad\qquad=-x-9\qquad\qquad\cdots\cdots$ ②

단계	채점 기준	배점
①	주어진 식을 간단히 하기	3점
②	답 구하기	5점

20 어떤 다항식을 $\square$라 하면
$\square+(2x-5)=5x+1$
$\therefore \square=5x+1-(2x-5)$
$\qquad=5x+1-2x+5$
$\qquad=3x+6\qquad\qquad\qquad\cdots\cdots$ ①
따라서 바르게 계산한 식은
$3x+6-(2x-5)=3x+6-2x+5$
$\qquad\qquad\qquad=x+11\qquad\cdots\cdots$ ②

단계	채점 기준	배점
①	어떤 다항식 구하기	5점
②	바르게 계산한 식 구하기	5점

필수 기출 32~39쪽

1 ②, ⑤	**2** ⑤	**3** ④	**4** ②	**5** ④	**6** ⑤
7 -2	**8** ④	**9** ③	**10** ⑤	**11** ㄷ, ㄱ, ㄹ	
12 35	**13** ②	**14** ⑤	**15** ⑤	**16** ⑤	**17** ③
18 ①	**19** 12	**20** ①	**21** ④	**22** 7	**23** ⑤
24 -1	**25** ④	**26** ④	**27** ④	**28** 10	**29** ②
30 ②	**31** 51	**32** 45	**33** ③	**34** 7마리	
35 ④	**36** ⑤	**37** 10주 후	**38** 5	**39** 9 cm	
40 ④	**41** 158	**42** ①	**43** 15 km		
44 5분 후		**45** ③	**46** 25분 후	**47** 25 m	
48 ③	**49** 135쪽		**50** 4일	**51** ②	**52** ②
53 ③	**54** ③	**55** 6000원			

1 ① 다항식
③, ④ 부등호를 사용한 식
따라서 등식인 것은 ②, ⑤이다.

2 ⑤ 가로의 길이가 x cm, 세로의 길이가 2 cm인 직사각형
의 둘레의 길이는 $2(x+2)$ cm이므로
$2(x+2)=20$　　∴ $2x+4=20$

3 주어진 방정식에 $x=-1$을 각각 대입하면
① $-3\times(-1)+2\neq-1$
② $\dfrac{1}{2}\times(-1)+\dfrac{2}{3}\neq\dfrac{1}{3}\times(-1)-\dfrac{1}{6}$
③ $-2\times(-1)+3\times(-1-1)\neq5$
④ $2\times\{5\times(-1)+2\}=3\times(-1-1)$
⑤ $0.3\times(-1)-1\neq0.1\times(-1)+0.4$
따라서 해가 $x=-1$인 것은 ④이다.

4 주어진 방정식의 x에 [ ] 안의 수를 대입하면
① $2\times3+1\neq-5$
② $-3\times(-4)-5=7$
③ $\dfrac{2}{5}\times5-1\neq3$
④ $-(-1)+1\neq-1-3$
⑤ $-2+5\neq2\times(-2)+3$
따라서 [ ] 안의 수가 주어진 방정식의 해인 것은 ②이다.

5 ㄴ. (좌변)$=2x+3x=5x$이므로 (좌변)$=$(우변)
ㄷ. (좌변)$=\dfrac{1}{2}(4x-1)=2x-\dfrac{1}{2}$이므로 (좌변)$\neq$(우변)
ㄹ. (우변)$=1+(3+4x)=4x+4$이므로 (좌변)$=$(우변)
ㅁ. (좌변)$=-2(x-2)+2=-2x+4+2=-2x+6$,
　　(우변)$=x+5-3x=-2x+5$
　　이므로 (좌변)$\neq$(우변)
따라서 보기 중 항등식인 것은 ㄴ, ㄹ이다.

6 x의 값에 관계없이 항상 참이 되는 등식은 항등식이다.
② (좌변)$=3x-2x=x$이므로 (좌변)$\neq$(우변)
③ (좌변)$=-(x+2)=-x-2$이므로 (좌변)$\neq$(우변)
④ (좌변)$=3(x-1)=3x-3$이므로 (좌변)$\neq$(우변)
⑤ (우변)$=(x+3)+(x-2)=2x+1$이므로 (좌변)$=$(우변)
따라서 항등식인 것은 ⑤이다.

7 $-3x+2a=3(bx-2)$에서
$-3x+2a=3bx-6$
이 식이 x에 대한 항등식이므로
$-3=3b,\ 2a=-6$　　∴ $a=-3,\ b=-1$
∴ $a-b=-3-(-1)=-3+1=-2$

8 (좌변)$=4(x-2)+7=4x-1$이므로
$4x-1=2x+\square$
∴ $\square=4x-1-2x=2x-1$

9 ③ $\dfrac{a}{3}=\dfrac{b}{4}$의 양변에 $\dfrac{1}{3}$을 더하면
$\dfrac{a}{3}+\dfrac{1}{3}=\dfrac{b}{4}+\dfrac{1}{3}$　　∴ $\dfrac{a+1}{3}=\dfrac{3b+4}{12}$

10 ① $a=4b$의 양변을 2로 나누면 $\dfrac{a}{2}=2b$
② $a=4b$의 양변에 $\dfrac{4}{3}$를 곱하면 $\dfrac{4}{3}a=\dfrac{16}{3}b$
③ $a=4b$의 양변에서 2를 빼면 $a-2=4b-2$
④ $a=4b$의 양변에 -2를 곱하면 $-2a=-8b$
　　이 식의 양변에 1을 더하면 $-2a+1=-8b+1$
⑤ $a=4b$의 양변을 2로 나누면 $\dfrac{a}{2}=2b$
　　이 식의 양변에 5를 더하면 $\dfrac{a}{2}+5=2b+5$
따라서 옳은 것은 ⑤이다.

11 ㈎ 등식의 양변에 3을 곱한다. ➡ ㄷ
㈏ 등식의 양변에 2를 더한다. ➡ ㄱ
㈐ 등식의 양변을 4로 나눈다. ➡ ㄹ

12 ㈎ 6, ㈏ 18, ㈐ 2, ㈑ 9
따라서 구하는 수들의 합은
$6+18+2+9=35$

13 ① $2x\underline{+7}=4$ ➡ $2x=4-7$
③ $3x=1\underline{-2x}$ ➡ $3x+2x=1$
④ $-2x=7\underline{+x}$ ➡ $-2x-x=7$
⑤ $2x\underline{+1}=\underline{-x}+4$ ➡ $2x+x=4-1$
따라서 바르게 이항한 것은 ②이다.

14 $7x-3=5x+6$에서 좌변의 -3을 우변으로, 우변의 $5x$를
좌변으로 이항하면
$7x-5x=6+3$　　∴ $2x=9$
따라서 $a=2,\ b=9$이므로
$a+b=2+9=11$

15 ② $4=1-\dfrac{x}{2}$에서 $\dfrac{x}{2}+3=0$

③ $2x-3=-2x$에서 $4x-3=0$

④ $x^2+1=3x+x^2$에서 $-3x+1=0$

⑤ $2x-3=3(x-1)-x$에서 $2x-3=2x-3$ $\quad$ ∴ $0=0$

따라서 일차방정식이 아닌 것은 ⑤이다.

16 $-8x+3=2-a(x-1)$에서 $-8x+3=2-ax+a$

∴ $(-8+a)x+1-a=0$

이 식이 x에 대한 일차방정식이 되려면 (일차식)$=0$의 꼴

이어야 하므로

$-8+a\neq0$ $\quad$ ∴ $a\neq8$

17 $4(x+1)-(3-x)=11$에서

$4x+4-3+x=11,\ 5x=10$ $\quad$ ∴ $x=2$

18 $(x+2):3=(3x+2):5$에서

$5(x+2)=3(3x+2),\ 5x+10=9x+6$

$-4x=-4$ $\quad$ ∴ $x=1$

19 $0.15x-0.2=0.1x+0.35$의 양변에 100을 곱하면

$15x-20=10x+35,\ 5x=55$

∴ $x=11$ $\quad$ ∴ $a=11$

$\dfrac{x-1}{4}+\dfrac{2x+1}{3}=1$의 양변에 12를 곱하면

$3(x-1)+4(2x+1)=12$

$3x-3+8x+4=12,\ 11x=11$

∴ $x=1$ $\quad$ ∴ $b=1$

∴ $a+b=11+1=12$

20 $\dfrac{1}{4}x+0.1=\dfrac{x-2}{5}$에서 $\dfrac{1}{4}x+\dfrac{1}{10}=\dfrac{x-2}{5}$

양변에 20을 곱하면 $5x+2=4(x-2)$

$5x+2=4x-8$ $\quad$ ∴ $x=-10$

21 ① $2x-4=2$에서 $2x=6$ $\quad$ ∴ $x=3$

② $4x-3=2x+3$에서 $2x=6$ $\quad$ ∴ $x=3$

③ $3(x-1)=2x$에서 $3x-3=2x$ $\quad$ ∴ $x=3$

④ $-x+1=2(x+2)$에서 $-x+1=2x+4$

$-3x=3$ $\quad$ ∴ $x=-1$

⑤ $1-x=4x-(3x+5)$에서 $1-x=x-5$

$-2x=-6$ $\quad$ ∴ $x=3$

따라서 해가 나머지 넷과 다른 하나는 ④이다.

22 $-3(x-2)+ax=10$에 $x=1$을 대입하면

$3+a=10$ $\quad$ ∴ $a=7$

23 $a(2x-1)-4x=x-1$에 $x=2$를 대입하면

$3a-8=1,\ 3a=9$ $\quad$ ∴ $a=3$

따라서 $2-2a=\dfrac{3-7x}{2}+5$에 $a=3$을 대입하면

$-4=\dfrac{3-7x}{2}+5,\ -18=3-7x,\ 7x=21$ $\quad$ ∴ $x=3$

24 $12-x=5(4-x)$에서 $12-x=20-5x$

$4x=8$ $\quad$ ∴ $x=2$

따라서 $\dfrac{3}{4}x-\dfrac{2x+a}{3}=\dfrac{1}{2}$에 $x=2$를 대입하면

$\dfrac{3}{2}-\dfrac{4+a}{3}=\dfrac{1}{2},\ -\dfrac{4+a}{3}=-1$

$4+a=3$ $\quad$ ∴ $a=-1$

25 $2(3x-1)=4(x+2)$에서 $6x-2=4x+8$

$2x=10$ $\quad$ ∴ $x=5$

따라서 $4x-a=b+3x$의 해는 $x=2\times5=10$이므로

$4x-a=b+3x$에 $x=10$을 대입하면

$40-a=b+30$ $\quad$ ∴ $a+b=10$

26 $\dfrac{5x-3}{3}=4$에서 $5x-3=12$

$5x=15$ $\quad$ ∴ $x=3$

따라서 $3x+2k=-x+4k-6$의 해는 $x=-3$이므로

$3x+2k=-x+4k-6$에 $x=-3$을 대입하면

$-9+2k=3+4k-6$

$-2k=6$ $\quad$ ∴ $k=-3$

27 $3(5-x)=a$에서 $15-3x=a$

$-3x=a-15$ $\quad$ ∴ $x=\dfrac{15-a}{3}$

따라서 $\dfrac{15-a}{3}$가 자연수가 되려면 $15-a$가 3의 배수이어야

하므로 자연수 a는 3, 6, 9, 12의 4개이다.

28 $\dfrac{a-(4x-1)}{3}=4$에서 $a-(4x-1)=12$

$a-4x+1=12,\ -4x=11-a$

∴ $x=\dfrac{a-11}{4}$

따라서 $\dfrac{a-11}{4}$이 음의 정수가 되려면 $a-11$의 값이 -4,

$-8,\ -12,\ \dots$이어야 하므로 이를 만족시키는 자연수 a의

값은 3, 7이다.

따라서 구하는 합은

$3+7=10$

29 어떤 수를 x라 하면

$x+5=3x-5,\ -2x=-10$ $\quad$ ∴ $x=5$

따라서 어떤 수는 5이다.

30 가장 큰 수를 x라 하면 연속하는 세 자연수는 $x-2,\ x-1,$

x이므로

$(x-2)+(x-1)+x=162$

$3x=165$ $\quad$ ∴ $x=55$

따라서 가장 큰 수는 55이다.

31 가장 작은 수를 x라 하면 연속하는 세 홀수는 x, $x+2$, $x+4$이므로
$$x+(x+2)+(x+4)=159$$
$$3x=153 \qquad \therefore x=51$$
따라서 가장 작은 수는 51이다.

32 처음 수의 일의 자리의 숫자를 x라 하면
$$10x+4=(40+x)+9$$
$$9x=45 \qquad \therefore x=5$$
따라서 처음 수는 45이다.

33 사과를 x개 샀다고 하면 귤은 $(20-x)$개 샀으므로
$$500x+200(20-x)=7000-600$$
$$500x+4000-200x=6400$$
$$300x=2400 \qquad \therefore x=8$$
따라서 사과는 8개를 샀다.

34 오리를 x마리라 하면 염소는 $(12-x)$마리이므로
$$2x+4(12-x)=34,\ 2x+48-4x=34$$
$$-2x=-14 \qquad \therefore x=7$$
따라서 오리는 7마리이다.

35 x년 후에 아버지의 나이가 딸의 나이의 2배가 된다고 하면 x년 후의 아버지의 나이는 $(46+x)$세, 딸의 나이는 $(15+x)$세이므로
$$46+x=2(15+x)$$
$$46+x=30+2x \qquad \therefore x=16$$
따라서 아버지의 나이가 딸의 나이의 2배가 되는 것은 16년 후이다.

36 현재 아들의 나이를 x세라 하면 어머니의 나이는 $3x$세이고, 13년 후의 아들의 나이는 $(x+13)$세, 어머니의 나이는 $(3x+13)$세이므로
$$3x+13=2(x+13)$$
$$3x+13=2x+26 \qquad \therefore x=13$$
따라서 현재 아들의 나이는 13세이다.

37 x주 후에 형과 동생의 저금통에 들어 있는 금액이 같아진다고 하면 x주 후에 형의 저금통에 들어 있는 금액은 $(8000+800x)$원, 동생의 저금통에 들어 있는 금액은 $(4000+1200x)$원이므로
$$8000+800x=4000+1200x$$
$$-400x=-4000 \qquad \therefore x=10$$
따라서 형과 동생의 저금통에 들어 있는 금액이 같아지는 것은 10주 후이다.

38 (직사각형의 넓이)$=(12-4)\times\{12-(2x-3)\}$
$$=8\times(15-2x)$$
$$=120-16x\,(\text{cm}^2)$$
이때 직사각형의 넓이가 $40\,\text{cm}^2$이므로
$$120-16x=40,\ -16x=-80 \qquad \therefore x=5$$

39 직사각형의 세로의 길이를 $x\,\text{cm}$라 하면 가로의 길이는 $(x+5)\,\text{cm}$이므로
$$2\{(x+5)+x\}=46,\ 2(2x+5)=46$$
$$4x+10=46,\ 4x=36 \qquad \therefore x=9$$
따라서 직사각형의 세로의 길이는 $9\,\text{cm}$이다.

40 학생 수를 x라 하면
6개씩 나누어 줄 때의 사과의 개수는 $6x+5$
7개씩 나누어 줄 때의 사과의 개수는 $7x-8$
이때 사과의 개수는 같으므로
$$6x+5=7x-8 \qquad \therefore x=13$$
따라서 학생 수는 13이다.

41 의자의 개수를 x라 하면
한 의자에 5명씩 앉을 때의 학생 수는 $5x+3$
한 의자에 6명씩 앉을 때의 학생 수는 6명이 모두 앉은 의자의 개수가 $x-5$이므로 $6(x-5)+2$
이때 학생 수는 같으므로
$$5x+3=6(x-5)+2$$
$$5x+3=6x-30+2 \qquad \therefore x=31$$
따라서 의자의 개수는 31이므로 1학년 학생 수는
$$5\times31+3=158$$

42 두 지점 A, B 사이의 거리를 $x\,\text{km}$라 하면 왕복하는 데 걸린 시간이 4시간 30분이므로
$$\frac{x}{4}+\frac{x}{5}=4\frac{30}{60},\ \frac{x}{4}+\frac{x}{5}=\frac{9}{2}$$
양변에 20을 곱하면 $5x+4x=90$
$$9x=90 \qquad \therefore x=10$$
따라서 두 지점 A, B 사이의 거리는 $10\,\text{km}$이다.

43 집과 서점 사이의 거리를 $x\,\text{km}$라 하면 시속 $6\,\text{km}$로 갈 때와 시속 $10\,\text{km}$로 갈 때의 시간의 차가 1시간이므로
$$\frac{x}{6}-\frac{x}{10}=1$$
양변에 30을 곱하면 $5x-3x=30$
$$2x=30 \qquad \therefore x=15$$
따라서 집과 서점 사이의 거리는 $15\,\text{km}$이다.

44 형이 집에서 출발한 지 x분 후에 동생을 만난다고 하면 동생이 $(x+10)$분 동안 이동한 거리와 형이 x분 동안 이동한 거리는 같으므로
$$80(x+10)=240x,\ 80x+800=240x$$
$$-160x=-800 \qquad \therefore x=5$$
따라서 형은 집에서 출발한 지 5분 후에 동생을 만난다.

45 진희와 민호가 출발한 지 x분 후에 처음으로 만난다고 하면 분속 $50\,\text{m}$로 걷는 사람이 분속 $30\,\text{m}$로 걷는 사람보다 호수의 둘레를 한 바퀴 더 돌게 되므로
$$50x-30x=800,\ 20x=800 \qquad \therefore x=40$$
따라서 두 사람은 출발한 지 40분 후에 처음으로 만난다.

46 찬호와 준형이가 출발한 지 x분 후에 만난다고 하면 두 사람이 걸어간 거리의 합이 $3\,\text{km}$, 즉 $3000\,\text{m}$이므로

$50x+70x=3000,\ 120x=3000 \qquad \therefore x=25$

따라서 두 사람은 출발한 지 25분 후에 만난다.

47 열차의 길이를 $x\,\text{m}$라 하면 이 열차가 길이가 $350\,\text{m}$인 터널을 완전히 통과할 때 이동한 거리는 $(350+x)\,\text{m}$이고, 길이가 $500\,\text{m}$인 철교를 완전히 통과할 때 이동한 거리는 $(500+x)\,\text{m}$이다.

이때 열차의 속력이 일정하므로

$$\frac{350+x}{25}=\frac{500+x}{35}$$

양변에 175를 곱하면 $7(350+x)=5(500+x)$

$2450+7x=2500+5x$

$2x=50 \qquad \therefore x=25$

따라서 열차의 길이는 $25\,\text{m}$이다.

48 총 여행 시간을 x시간이라 하면

$$\frac{1}{3}x+\frac{1}{6}x+\frac{1}{4}x+4=x$$

양변에 12를 곱하면 $4x+2x+3x+48=12x$

$-3x=-48 \qquad \therefore x=16$

따라서 지혜네 가족의 총 여행 시간은 16시간이다.

49 소설책이 x쪽이라 하면

$$x-\left\{\frac{5}{9}x+\left(x-\frac{5}{9}x\right)\times\frac{7}{12}+10\right\}=\frac{1}{9}x$$

$$x-\left(\frac{5}{9}x+\frac{4}{9}x\times\frac{7}{12}+10\right)=\frac{1}{9}x$$

$$x-\left(\frac{5}{9}x+\frac{7}{27}x+10\right)=\frac{1}{9}x$$

$$\frac{5}{27}x-10=\frac{1}{9}x,\ \frac{2}{27}x=10 \qquad \therefore x=135$$

따라서 소설책은 모두 135쪽이다.

50 전체 일의 양을 1이라 하면 지수와 준호가 하루 동안 하는 일의 양은 각각 $\frac{1}{15}$, $\frac{1}{18}$이다.

둘이 함께 일한 기간을 x일이라 하면

$$\frac{1}{15}\times1+\left(\frac{1}{15}+\frac{1}{18}\right)\times x+\frac{1}{18}\times8=1$$

$$\frac{1}{15}+\frac{11}{90}x+\frac{4}{9}=1$$

양변에 90을 곱하면 $6+11x+40=90$

$11x=44 \qquad \therefore x=4$

따라서 둘이 함께 일한 기간은 4일이다.

51 사장은 빵 반죽을 1분에 $\frac{100}{20}=5(개)$를 만들고, 직원은

$\frac{100}{50}=2(개)$를 만든다.

사장과 직원이 함께 빵 반죽 1050개를 만드는 데 걸리는 시간을 x분이라 하면

$(5+2)x=1050,\ 7x=1050 \qquad \therefore x=150$

따라서 빵 반죽 1050개를 만드는 데 걸리는 시간은 150분, 즉 2시간 30분이므로 끝나는 시각은 오후 12시 30분이다.

52 물통에 가득 찬 물의 양을 1이라 하면 1시간 동안 A, B 두 호스로 각각 $\frac{1}{4}$, $\frac{1}{2}$의 물을 채울 수 있고, C 호스로 $\frac{1}{3}$의 물을 뺄 수 있다.

A, B, C 세 호스를 동시에 사용하여 물을 채우는 데 걸리는 시간을 x시간이라 하면

$$\left(\frac{1}{4}+\frac{1}{2}-\frac{1}{3}\right)\times x=1$$

$$\frac{5}{12}x=1 \qquad \therefore x=\frac{12}{5}$$

따라서 물통에 물을 가득 채우는 데 $\frac{12}{5}$시간이 걸린다.

53 작년 남학생 수를 x라 하면 작년 여학생 수는 $750-x$이므로

$$(증가한\ 남학생\ 수)=\frac{6}{100}\times x$$

$$(감소한\ 여학생\ 수)=\frac{8}{100}\times(750-x)$$

전체 학생이 11명 감소하였으므로

$$\frac{6}{100}\times x-\frac{8}{100}\times(750-x)=-11$$

양변에 100을 곱하면 $6x-8(750-x)=-1100$

$6x-6000+8x=-1100$

$14x=4900 \qquad \therefore x=350$

따라서 올해 남학생 수는

$$350+\frac{6}{100}\times350=350+21=371$$

54 앨범 한 장의 원가를 x원이라 하면

50장 중에서 $\frac{7}{10}$에 대한 이익은 한 장당 $\frac{30}{100}x$원이고,

50장 중에서 $\frac{3}{10}$에 대한 이익은 한 장당 $\frac{20}{100}x$원이다.

이때 50장 전체에 대한 이익이 270000원이므로

$$50\times\frac{7}{10}\times\frac{30}{100}x+50\times\frac{3}{10}\times\frac{20}{100}x=270000$$

$$\frac{21}{2}x+3x=270000$$

$$\frac{27}{2}x=270000 \qquad \therefore x=20000$$

따라서 앨범 한 장의 원가는 20000원이다.

55 원가를 x원이라 하면

$$(정가)=x+\frac{10}{100}x=\frac{11}{10}x(원)$$

$$(판매\ 가격)=(정가)-400=\frac{11}{10}x-400(원)$$

이때 (판매 가격)$-$(원가)$=$(이익)이므로

$$\left(\frac{11}{10}x-400\right)-x=200$$

$$\frac{1}{10}x-400=200,\ \frac{1}{10}x=600 \qquad \therefore x=6000$$

따라서 이 제품의 원가는 6000원이다.

1 ㄱ, ㄹ	**2** ⑤	**3** 1	**4** ①, ⑤	**5** ③
6 ㄴ, ㄷ, ㅁ		**7** ③	**8** ②	**9** -10	**10** ①
11 -7	**12** ①	**13** 53	**14** ③	**15** 7일

1 주어진 방정식에 $x=2$를 각각 대입하면

ㄱ. $\frac{1}{2}\times 2=1$

ㄴ. $3\times 2-4\neq 2\times 2+2$

ㄷ. $1-2\neq 2\times 2+1$

ㄹ. $\frac{3}{4}\times 2+1=5-\frac{5}{4}\times 2$

ㅁ. $-3\times(2+1)\neq\frac{1}{2}\times 2$

따라서 보기 중 해가 $x=2$인 것은 ㄱ, ㄹ이다.

2 ④ (좌변)$=4(x-3)=4x-12$이므로

　　(좌변)$\neq$(우변)

⑤ (우변)$=3(3-x)=9-3x$이므로

　　(좌변)$=$(우변)

따라서 항등식인 것은 ⑤이다.

3 $a(4x+7)=x+b+1$에서

$4ax+7a=x+b+1$

이 식이 모든 x의 값에 대하여 항상 참인 등식, 즉 x에 대한 항등식이므로

$4a=1,\ 7a=b+1$

$4a=1$에서 $a=\frac{1}{4}$

이를 $7a=b+1$에 대입하면

$\frac{7}{4}=b+1$　　$\therefore b=\frac{3}{4}$

$\therefore a+b=\frac{1}{4}+\frac{3}{4}=1$

4 ① $\frac{a}{2}=\frac{b}{5}$의 양변에 10을 곱하면 $5a=2b$

② $a=2b$의 양변에 2를 곱하면 $2a=4b$

　　이 식의 양변에 1을 더하면 $2a+1=4b+1$

③ $a+7=b-7$의 양변에서 7을 빼면 $a=b-14$

④ $1+3a=1-6b$의 양변에서 1을 빼면 $3a=-6b$

　　이 식의 양변을 3으로 나누면 $a=-2b$

⑤ $3(a-1)=3(b-1)$의 양변을 3으로 나누면

　　$a-1=b-1$

　　이 식의 양변에 1을 더하면 $a=b$

따라서 옳은 것은 ①, ⑤이다.

5 ① $2x+8=2 \Rightarrow 2x=2-8$

② $3x-8=2x+2 \Rightarrow 3x-2x=2+8$

③ $5x-3=x+5 \Rightarrow 5x-x=5+3$

④ $6x+2=2x+14 \Rightarrow 6x-2x=14-2$

⑤ $2+8x=6x-10 \Rightarrow 8x-6x=-10-2$

따라서 바르게 이항한 것은 ③이다.

6 ㄱ. $2x=2x+1$에서 $-1=0$

ㄷ. $0.4y-2=y-3$에서 $-0.6y+1=0$

ㄹ. $3x+2=2(x-1)+x$에서 $3x+2=3x-2$

　　$\therefore 4=0$

ㅁ. $-x^2+3=-(x^2+x)-3$에서

　　$-x^2+3=-x^2-x-3$　　$\therefore x+6=0$

따라서 보기 중 일차방정식인 것은 ㄴ, ㄷ, ㅁ이다.

7 ① $3x+4=7x+12$에서 $-4x=8$　　$\therefore x=-2$

② $0.3x+0.4=0.4x+0.6$에서

　　$-0.1x=0.2$　　$\therefore x=-2$

③ $\frac{1}{2}(3x+8)=\frac{5}{2}x+2$에서 $\frac{3}{2}x+4=\frac{5}{2}x+2$

　　$-x=-2$　　$\therefore x=2$

④ $-\frac{3}{4}(x-4)=-1.5x+1.5$에서

　　$-\frac{3}{4}x+3=-\frac{3}{2}x+\frac{3}{2},\ \frac{3}{4}x=-\frac{3}{2}$　　$\therefore x=-2$

⑤ $\frac{x+3}{2}-\frac{x-5}{3}=\frac{15-x}{6}$의 양변에 6을 곱하면

　　$3(x+3)-2(x-5)=15-x$

　　$3x+9-2x+10=15-x$

　　$2x=-4$　　$\therefore x=-2$

따라서 해가 나머지 넷과 다른 하나는 ③이다.

8 $\frac{2x-3}{4}+a=\frac{x-2a}{3}$에 $x=2$를 대입하면

$\frac{1}{4}+a=\frac{2-2a}{3}$

양변에 12를 곱하면 $3+12a=8-8a$

$20a=5$　　$\therefore a=\frac{1}{4}$

$\therefore 8a+2=8\times\frac{1}{4}+2=4$

9 $\frac{x}{3}+2=\frac{x+6}{4}$의 양변에 12를 곱하면

$4x+24=3(x+6),\ 4x+24=3x+18$

$\therefore x=-6$

따라서 $\frac{1}{2}(x+5)+\frac{3}{2}a=\frac{1}{2}(a+3)+2x$에 $x=-6$을 대입하면

$-\frac{1}{2}+\frac{3}{2}a=\frac{1}{2}a+\frac{3}{2}-12$　　$\therefore a=-10$

10 $0.3(a-2x)=\frac{2}{5}(a-10)$에서 $\frac{3}{10}a-\frac{3}{5}x=\frac{2}{5}a-4$

$-\frac{3}{5}x=\frac{1}{10}a-4$　　$\therefore x=\frac{40-a}{6}$

따라서 $\frac{40-a}{6}$가 자연수가 되려면 $40-a$가 6의 배수이어야 하므로 자연수 a는 4, 10, 16, 22, 28, 34의 6개이다.

11 가장 큰 수를 x라 하면 연속하는 세 정수는 $x-2$, $x-1$, x이므로
$$(x-2)+(x-1)+x=-24$$
$$3x=-21 \qquad \therefore x=-7$$
따라서 가장 큰 수는 -7이다.

12 현재 아들의 나이를 x세라 하면 아버지의 나이는 $(x+37)$세이므로
$$(x+37)+15=3(x+15)-3$$
$$x+52=3x+42, \ -2x=-10 \qquad \therefore x=5$$
따라서 현재 아들의 나이는 5세이다.

13 친구를 x명이라 하면
$$7x+4=8(x-1)+5$$
$$7x+4=8x-3 \qquad \therefore x=7$$
따라서 친구는 7명이므로 가을이가 처음에 갖고 있던 쿠키의 개수는
$$7\times 7+4=53$$

14 올라갈 때 걸은 등산로의 길이를 $x\,\text{km}$라 하면 내려올 때 걸은 등산로의 길이는 $(x+2)\,\text{km}$이다.
올라갈 때 걸린 시간과 내려올 때 걸린 시간의 합이 5시간이므로
$$\frac{x}{2}+\frac{x+2}{3}=5$$
양변에 6을 곱하면 $3x+2(x+2)=30$
$$3x+2x+4=30, \ 5x=26 \qquad \therefore x=5.2$$
따라서 올라갈 때 걸은 등산로의 길이는 $5.2\,\text{km}$이다.

15 전체 일의 양을 1이라 하면 주헌이와 기현이가 하루에 하는 일의 양은 각각 $\frac{1}{15}$, $\frac{1}{9}$이다.
주헌이가 혼자 일한 기간을 x일이라 하면
$$\left(\frac{1}{15}+\frac{1}{9}\right)\times 3+\frac{1}{15}x=1, \ \frac{8}{15}+\frac{1}{15}x=1$$
$$\frac{1}{15}x=\frac{7}{15} \qquad \therefore x=7$$
따라서 주헌이가 혼자 일한 기간은 7일이다.

100점 완성

1-1 3	**1-2** ③	**2-1** 15세	**2-2** 40세
3-1 6시 $\dfrac{360}{11}$분		**3-2** 3시 $\dfrac{540}{11}$분	
4-1 16	**4-2** 12	**5-1** 450	**5-2** 1120

1-1 $\dfrac{a}{2}x+7=3x+4$에서 $\dfrac{a-6}{2}x=-3$
이 방정식의 해가 존재하지 않으므로
$$\frac{a-6}{2}=0 \qquad \therefore a=6$$

이를 $(a+b)x+4=\dfrac{3-b}{2}x+5$에 대입하면
$$(6+b)x+4=\frac{3-b}{2}x+5 \qquad \therefore \frac{9+3b}{2}x=1$$
이 방정식의 해가 존재하지 않으므로
$$\frac{9+3b}{2}=0, \ 9+3b=0, \ 3b=-9 \qquad \therefore b=-3$$
$$\therefore a+b=6+(-3)=3$$

1-2 $ax+6=(7-2b)x+3b$에서
$$(a+2b-7)x=3b-6$$
이 방정식의 해가 존재하지 않으므로
$$a+2b-7=0, \ 3b-6\neq 0$$
$$\therefore a+2b=7, \ b\neq 2$$
이를 만족시키는 $a>b$인 자연수 a, b는
$$a=5, \ b=1$$
이를 $\dfrac{(b+3)x+7}{2}=ax-1$에 대입하면
$$\frac{4x+7}{2}=5x-1, \ 4x+7=10x-2$$
$$-6x=-9 \qquad \therefore x=\frac{3}{2}$$

2-1 ㈎에서 현재 언니의 나이를 x세라 하면
$$2x+7=43, \ 2x=36 \qquad \therefore x=18$$
즉, 현재 언니의 나이는 18세이다.
㈏에서 아버지의 나이는 $\dfrac{5}{2}x$세이므로 이 식에 $x=18$을 대입하면
$$\frac{5}{2}\times 18=45$$
즉, 현재 아버지의 나이는 45세이다.
㈐에서 현재 예나의 나이를 y세라 하면
$$2(y+15)=45+15, \ y+15=30 \qquad \therefore y=15$$
따라서 현재 예나의 나이는 15세이다.

2-2 ㈎에서 현재 경민이의 나이를 x세라 하면 어머니의 나이는 $3x$세이므로 ㈏에서
$$\frac{7}{3}(x+6)=3x+6, \ \frac{7}{3}x+14=3x+6$$
$$-\frac{2}{3}x=-8 \qquad \therefore x=12$$
따라서 현재 경민이의 나이는 12세, 어머니의 나이는
$$3x=3\times 12=36(세)$$
㈐에서 현재 아버지의 나이는 $36+4=40(세)$

3-1 시침은 1시간에 $30°$, 즉 1분에 $0.5°$씩 움직이고 분침은 1분에 $6°$씩 움직인다.
6시 x분에 시침과 분침이 일치한다고 하면 x분 동안 시침과 분침이 움직인 각도는 각각 $0.5x°$, $6x°$이고, 시침이 12시에서 6시까지 움직인 각도는 $180°$이므로
$$180+0.5x=6x, \ 5.5x=180 \qquad \therefore x=\frac{360}{11}$$
따라서 구하는 시각은 6시 $\dfrac{360}{11}$분이다.

3-2 시침은 1시간에 $30°$, 즉 1분에 $0.5°$씩 움직이고 분침은 1분에 $6°$씩 움직인다.

3시 x분에 시침과 분침이 서로 반대 방향으로 일직선을 이룬다고 하면 x분 동안 시침과 분침이 움직인 각도는 각각 $0.5x°$, $6x°$이고, 시침이 12시에서 3시까지 움직인 각도는 $90°$이다.

이때 시침과 분침이 서로 반대 방향으로 일직선을 이루면 시침과 분침은 $180°$를 이루므로

$$6x-(90+0.5x)=180$$

$$5.5x=270 \qquad \therefore x=\frac{540}{11}$$

따라서 구하는 시각은 3시 $\dfrac{540}{11}$분이다.

4-1 오른쪽 그림과 같이 한가운데 수를 x라 하면

$$(x-7)+(x-1)+x$$
$$+(x+1)+(x+7)=80$$

$$5x=80 \qquad \therefore x=16$$

따라서 한가운데 수는 16이다.

4-2 오른쪽 그림과 같이 가장 작은 수를 x라 하면

$$x+(x+1)+(x+7)+(x+8)=64$$

$$4x=48 \qquad \therefore x=12$$

따라서 가장 작은 수는 12이다.

5-1 사장이 직원보다 3분 동안 75개의 송편을 더 만들므로 1분 동안 25개의 송편을 더 만든다.

즉, 직원이 1분 동안 만드는 송편의 개수를 x라 하면 사장이 1분 동안 만드는 송편의 개수는 $x+25$이므로

사장이 10분 동안 만든 송편의 개수는 $(x+25)\times10$

직원이 30분 동안 만든 송편의 개수는 $x\times30$

이때 직원은 사장이 만든 송편의 개수의 $\dfrac{1}{2}$만큼 만들었으므로

$$x\times30=\frac{1}{2}\times\{(x+25)\times10\}$$

$$30x=5x+125,\ 25x=125 \qquad \therefore x=5$$

따라서 두 사람이 만든 송편의 개수의 합은

$$(5+25)\times10+5\times30=300+150=450$$

5-2 원장님이 학생보다 3분 동안 줄넘기 240개를 더 넘으므로 1분 동안 줄넘기 80개를 더 넘는다.

즉, 학생이 1분 동안 넘는 줄넘기의 개수를 x라 하면 원장님이 1분 동안 넘는 줄넘기의 개수는 $x+80$이므로

원장님이 5분 동안 넘은 줄넘기의 개수는 $(x+80)\times5$

학생이 10분 동안 넘은 줄넘기의 개수는 $x\times10$

이때 학생은 원장님이 넘은 줄넘기의 개수의 $\dfrac{3}{4}$만큼 넘었으므로

$$x\times10=\frac{3}{4}\times\{(x+80)\times5\}$$

$$10x=\frac{15}{4}x+300,\ \frac{25}{4}x=300 \qquad \therefore x=48$$

따라서 두 사람이 넘은 줄넘기의 개수의 합은

$$(48+80)\times5+48\times10=640+480=1120$$

1 $\dfrac{40+x}{200+x}\times100=25$		2 $\dfrac{13}{3}$	3 3
4 (1) 4 (2) $x=-15$		5 8	6 10개월 후
7 2	8 363	9 $\dfrac{1}{2}$	10 11

1 농도가 20%인 소금물 $200\,\mathrm{g}$에 들어 있는 소금의 양을 $a\,\mathrm{g}$이라 하면

$$\frac{a}{200}\times100=20 \qquad \therefore a=40 \qquad \cdots\cdots ①$$

따라서 소금이 $40\,\mathrm{g}$ 들어 있는 소금물 $200\,\mathrm{g}$에 $x\,\mathrm{g}$의 소금을 더 넣었더니 농도가 25%가 되었으므로

$$\frac{40+x}{200+x}\times100=25 \qquad \cdots\cdots ②$$

단계	채점 기준	배점
①	농도가 20%인 소금물 $200\,\mathrm{g}$에 들어 있는 소금의 양 구하기	3점
②	문장을 등식으로 나타내기	3점

2 $ax-1+\dfrac{1}{3}x=\dfrac{5}{2}x-\dfrac{1}{2}b$에서

$$\left(a+\frac{1}{3}\right)x-1=\frac{5}{2}x-\frac{1}{2}b \qquad \cdots\cdots ①$$

이 식이 x에 대한 항등식이므로

$$a+\frac{1}{3}=\frac{5}{2},\ -1=-\frac{1}{2}b$$

$$\therefore a=\frac{13}{6},\ b=2 \qquad \cdots\cdots ②$$

$$\therefore ab=\frac{13}{6}\times2=\frac{13}{3} \qquad \cdots\cdots ③$$

단계	채점 기준	배점
①	등식의 좌변 정리하기	2점
②	a, b의 값 구하기	2점
③	ab의 값 구하기	2점

3 $0.1-0.02x=0.04x+0.5$의 양변에 100을 곱하면

$$10-2x=4x+50,\ -6x=40 \qquad \therefore x=-\frac{20}{3}$$

따라서 $a=-\dfrac{20}{3}$이므로 $\qquad \cdots\cdots ①$

$$\frac{3}{10}a+5=\frac{3}{10}\times\left(-\frac{20}{3}\right)+5=3 \qquad \cdots\cdots ②$$

단계	채점 기준	배점
①	a의 값 구하기	4점
②	$\dfrac{3}{10}a+5$의 값 구하기	2점

4 (1) $a(2-x)-5(1-2x)=-3$에 $x=-1$을 대입하면

$3a-15=-3$, $3a=12$ $\therefore a=4$

(2) $0.2x-a=\dfrac{1}{2}(x-3)+2$에 $a=4$를 대입하면

$0.2x-4=\dfrac{1}{2}(x-3)+2$

양변에 10을 곱하면 $2x-40=5(x-3)+20$

$2x-40=5x-15+20$

$-3x=45$ $\therefore x=-15$

5 $5(x-3)=2x-18$에서 $5x-15=2x-18$

$3x=-3$ $\therefore x=-1$ ······ ①

따라서 $\dfrac{a(x+2)}{3}-\dfrac{2-ax}{4}=\dfrac{1}{6}$에 $x=-1$을 대입하면

$\dfrac{a}{3}-\dfrac{2+a}{4}=\dfrac{1}{6}$

양변에 12를 곱하면 $4a-3(2+a)=2$

$4a-6-3a=2$ $\therefore a=8$ ······ ②

단계	채점 기준	배점
①	$5(x-3)=2x-18$의 해 구하기	4점
②	a의 값 구하기	4점

6 x개월 후에 수진이의 예금액이 재현이의 예금액의 2배가 된다고 하면 x개월 후에 수진이의 예금액은 $(80000-4000x)$원, 재현이의 예금액은 $(60000-4000x)$원이므로

$80000-4000x=2(60000-4000x)$ ······ ①

$80000-4000x=120000-8000x$

$4000x=40000$ $\therefore x=10$ ······ ②

따라서 수진이의 예금액이 재현이의 예금액의 2배가 되는 것은 10개월 후이다. ······ ③

단계	채점 기준	배점
①	방정식 세우기	4점
②	방정식의 해 구하기	3점
③	수진이의 예금액이 재현이의 예금액의 2배가 되는 것은 몇 개월 후인지 구하기	1점

7 처음 화단의 넓이는

$18\times12=216(\mathrm{m}^2)$

오른쪽 그림과 같이 화단을 가장자리로 이동시키면 길을 제외한 화단은 가로의 길이가 $(18-x)\,\mathrm{m}$, 세로의 길이가 $9\,\mathrm{m}$인 직사각형 모양이므로

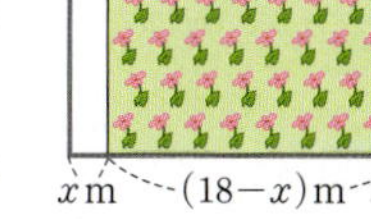

$(18-x)\times9=216\times\dfrac{2}{3}$ ······ ①

$162-9x=144$, $-9x=-18$ $\therefore x=2$ ······ ②

단계	채점 기준	배점
①	방정식 세우기	5점
②	x의 값 구하기	3점

8 작년 여학생 수를 x라 하면

$(증가한 여학생 수)=\dfrac{10}{100}\times x$

남학생은 4명 감소하였고 전체 학생 수가 5 % 증가하였으므로

$\dfrac{10}{100}\times x-4=\dfrac{5}{100}\times580$ ······ ①

양변에 100을 곱하면

$10x-400=2900$

$10x=3300$ $\therefore x=330$ ······ ②

따라서 올해 여학생 수는

$330+\dfrac{10}{100}\times330=330+33=363$ ······ ③

단계	채점 기준	배점
①	방정식 세우기	3점
②	방정식의 해 구하기	3점
③	올해 여학생 수 구하기	2점

9 $x*3=x+3-1=x+2$이므로

(좌변)$=(x*3)*5x$

$=(x+2)*5x$

$=(x+2)+5x-1$

$=6x+1$ ······ ①

(우변)$=2x*4$

$=2x+4-1$

$=2x+3$ ······ ②

즉, $6x+1=2x+3$이므로

$4x=2$ $\therefore x=\dfrac{1}{2}$ ······ ③

단계	채점 기준	배점
①	좌변 정리하기	4점
②	우변 정리하기	2점
③	x의 값 구하기	4점

10 채경이는 좌변의 a를 3으로 잘못 보았으므로 채경이가 푼 방정식은

$3x+4=2(x-2)+b$

이 방정식에 $x=-1$을 대입하면

$-3+4=-6+b$ $\therefore b=7$ ······ ①

시원이는 우변의 b를 12로 잘못 보았으므로 시원이가 푼 방정식은

$ax+4=2(x-2)+12$

이 방정식에 $x=2$를 대입하면

$2a+4=12$

$2a=8$ $\therefore a=4$ ······ ②

$\therefore a+b=4+7=11$ ······ ③

단계	채점 기준	배점
①	b의 값 구하기	4점
②	a의 값 구하기	4점
③	$a+b$의 값 구하기	2점

1 ⑤	2 ④	3 ③	4 ①	5 ④	6 ⑤
7 ②	8 ③	9 ③	10 ②	11 ①	12 ④
13 ⑤	14 ⑤	15 ②	16 ①	17 ②	18 ③
19 11	20 $36\,\mathrm{cm}^2$		21 28명	22 1시간 30분	

1 주어진 방정식의 x에 [ ] 안의 수를 대입하면

① $1-2\times1\neq3$

② $3\times(-1)\neq-1+4$

③ $-2-7\neq4\times(-2)+1$

④ $-3\times2+2\times(2-1)\neq1$

⑤ $\dfrac{1}{3}\times5-\dfrac{7}{6}=\dfrac{1}{2}\times5-2$

따라서 [ ] 안의 수가 주어진 방정식의 해인 것은 ⑤이다.

2 ② (좌변)$=4x-3x=x$이므로 (좌변)$\neq$(우변)

④ (우변)$=-2(x-2)=-2x+4$이므로 (좌변)$=$(우변)

⑤ (좌변)$=3(x+1)=3x+3$이므로 (좌변)$\neq$(우변)

따라서 항등식인 것은 ④이다.

3 $2x+b=ax+3$이 x에 대한 항등식이므로

$a=2$, $b=3$

$\therefore a+b=2+3=5$

4 주어진 등식의 양변을 6으로 나누면

$a+2=2(b+2)$, $a+2=2b+4$

이 등식의 양변에서 5를 빼면

$a-3=2b-1$

따라서 □ 안에 알맞은 수는 1이다.

5 $3x-7=2x+11$에서 -7과 $2x$를 이항하면

$3x-2x=11+7$

6 $\dfrac{1}{2}x-5.5=-x+6.5$의 양변에 10을 곱하면

$5x-55=-10x+65$

$15x=120$ $\therefore x=8$

7 $3(x+1)=a-2(4-x)$에 $x=-4$를 대입하면

$-9=a-16$ $\therefore a=7$

8 $3:(x-2)=4:(2x-6)$에서

$3(2x-6)=4(x-2)$, $6x-18=4x-8$

$2x=10$ $\therefore x=5$

따라서 $\dfrac{7x-5}{2}=12+a$에 $x=5$를 대입하면

$15=12+a$ $\therefore a=3$

9 $\dfrac{2}{3}(x+4)-\dfrac{5}{6}(8-x)=2$의 양변에 6을 곱하면

$4(x+4)-5(8-x)=12$

$4x+16-40+5x=12$

$9x=36$ $\therefore x=4$

따라서 $4x-3a+1=3x-4$에 $x=4$를 대입하면

$17-3a=8$, $-3a=-9$

$\therefore a=3$

10 $0.3(4x-a)=1.4x-1$의 양변에 10을 곱하면

$3(4x-a)=14x-10$

$12x-3a=14x-10$, $-2x=-10+3a$

$\therefore x=\dfrac{10-3a}{2}$

이때 $\dfrac{10-3a}{2}$가 자연수가 되려면 $10-3a$가 2의 배수이어야 하므로 자연수 a의 값은 2이다.

11 작은 수를 x라 하면 두 수의 합이 99이므로 큰 수는 $99-x$이다.

이때 작은 수의 일의 자리의 숫자 뒤에 0을 하나 더 붙인 수는 x의 10배인 $10x$이므로

$10x-(99-x)=242$

$11x=341$ $\therefore x=31$

따라서 구하는 작은 수는 31이다.

12 사탕을 x개 샀다고 하면 초콜릿은 $(10-x)$개를 샀으므로

$300x+500(10-x)=3600$

$300x+5000-500x=3600$

$-200x=-1400$ $\therefore x=7$

따라서 사탕은 7개를 샀다.

13 선영이의 나이를 x세라 하면 동생의 나이는 $(x-4)$세이므로

$x+(x-4)=56$

$2x=60$ $\therefore x=30$

따라서 선영이의 나이는 30세이다.

14 세로의 길이를 $x\,\mathrm{m}$라 하면 가로의 길이는 $(x+8)\,\mathrm{m}$이므로

$x+(x+8)+x=41$

$3x=33$ $\therefore x=11$

따라서 세로의 길이는 $11\,\mathrm{m}$이다.

15 한 의자에 6명씩 앉을 때의 학생 수는 $6x+2$

한 의자에 7명씩 앉을 때의 학생 수는 $7(x-6)+4$

이때 학생 수는 같으므로

$6x+2=7(x-6)+4$

$6x+2=7x-42+4$ $\therefore x=40$

$\therefore y=6\times40+2=242$

$\therefore x+y=40+242=282$

16 등산로의 길이를 x km라 하면

$\dfrac{x}{2}+\dfrac{30}{60}+\dfrac{x}{3}=3$, $\dfrac{x}{2}+\dfrac{1}{2}+\dfrac{x}{3}=3$

양변에 6을 곱하면

$3x+3+2x=18$

$5x=15$ $\quad\therefore x=3$

따라서 등산로의 길이는 3 km이다.

17 A 지점에서 B 지점으로 갈 때의 속력은

$10+5=15(\text{km/h})$

B 지점에서 A 지점으로 갈 때의 속력은

$10-5=5(\text{km/h})$

두 지점 A, B 사이의 거리를 x km라 하면

$\dfrac{x}{15}+\dfrac{x}{5}=4$

양변에 15를 곱하면

$x+3x=60$

$4x=60$ $\quad\therefore x=15$

따라서 두 지점 A, B 사이의 거리는 15 km이다.

18 원가를 x원이라 하면

$(\text{정가})=x+\dfrac{20}{100}x=\dfrac{6}{5}x(\text{원})$

$(\text{판매 가격})=(\text{정가})-700=\dfrac{6}{5}x-700(\text{원})$

$(\text{이익})=x\times\dfrac{10}{100}=\dfrac{1}{10}x(\text{원})$

이때 (판매 가격)$-$(원가)$=$(이익)이므로

$\left(\dfrac{6}{5}x-700\right)-x=\dfrac{1}{10}x$

$\dfrac{1}{5}x-700=\dfrac{1}{10}x$

양변에 10을 곱하면

$2x-7000=x$ $\quad\therefore x=7000$

따라서 이 상품의 원가는 7000원이다.

19 $3x-10=x+6$에서

$2x=16$ $\quad\therefore x=8$

$\therefore a=8$ $\qquad\qquad\cdots\cdots$ ①

따라서 $\dfrac{x}{2}-\dfrac{2x-a}{3}=\dfrac{13}{6}$에 $a=8$을 대입하면

$\dfrac{x}{2}-\dfrac{2x-8}{3}=\dfrac{13}{6}$

양변에 6을 곱하면

$3x-2(2x-8)=13$

$3x-4x+16=13$

$-x=-3$ $\quad\therefore x=3$

$\therefore b=3$ $\qquad\qquad\cdots\cdots$ ②

$\therefore a+b=8+3=11$ $\qquad\cdots\cdots$ ③

단계	채점 기준	배점
①	a의 값 구하기	2점
②	b의 값 구하기	3점
③	$a+b$의 값 구하기	1점

20 정사각형의 한 변의 길이를 x cm라 하면 직사각형의 세로의 길이는 x cm, 가로의 길이는 $\dfrac{x}{6}$ cm이므로

$2\left(x+\dfrac{x}{6}\right)=14$ $\qquad\qquad\cdots\cdots$ ①

$\dfrac{7}{3}x=14$ $\quad\therefore x=6$ $\qquad\cdots\cdots$ ②

따라서 정사각형의 한 변의 길이는 6 cm이므로 그 넓이는

$6\times6=36(\text{cm}^2)$ $\qquad\qquad\cdots\cdots$ ③

단계	채점 기준	배점
①	방정식 세우기	2점
②	방정식의 해 구하기	2점
③	정사각형의 넓이 구하기	2점

21 피타고라스의 제자를 x명이라 하면

$\dfrac{1}{2}x+\dfrac{1}{4}x+\dfrac{1}{7}x+3=x$ $\qquad\cdots\cdots$ ①

양변에 28을 곱하면

$14x+7x+4x+84=28x$

$3x=84$ $\quad\therefore x=28$ $\qquad\cdots\cdots$ ②

따라서 피타고라스의 제자는 28명이다. $\quad\cdots\cdots$ ③

단계	채점 기준	배점
①	방정식 세우기	4점
②	방정식의 해 구하기	3점
③	피타고라스의 제자가 몇 명인지 구하기	1점

22 전체 일의 양을 1이라 하면 지호와 지훈이가 1시간 동안 하는 일의 양은 각각 $\dfrac{1}{4}$, $\dfrac{1}{6}$이다. $\qquad\cdots\cdots$ ①

지호가 혼자 일한 시간을 x시간이라 하면 지호와 지훈이가 함께 일한 시간은 $(3-x)$시간이므로

$\dfrac{1}{4}x+\left(\dfrac{1}{4}+\dfrac{1}{6}\right)(3-x)=1$ $\qquad\cdots\cdots$ ②

$\dfrac{1}{4}x+\dfrac{5}{12}(3-x)=1$

양변에 12를 곱하면

$3x+5(3-x)=12$

$3x+15-5x=12$

$-2x=-3$ $\quad\therefore x=\dfrac{3}{2}$ $\qquad\cdots\cdots$ ③

따라서 지호가 혼자 일한 시간은 $\dfrac{3}{2}$시간, 즉 1시간 30분이다. $\qquad\qquad\cdots\cdots$ ④

단계	채점 기준	배점
①	지호와 지훈이가 1시간 동안 하는 일의 양 구하기	1점
②	방정식 세우기	3점
③	방정식의 해 구하기	3점
④	지호가 혼자 일한 시간 구하기	1점

1. 좌표와 그래프

 **필수 기출**

50~55쪽

1 ②	**2** ②	**3** (1, 5), (2, 4), (3, 3), (4, 2), (5, 1)
4 ③	**5** MATHLOVE	**6** ① **7** 5 **8** ⑤
9 ⑤	**10** ① **11** 10	**12** ⑤ **13** ⑤ **14** ②
15 ⑤	**16** ② **17** ③	**18** ④ **19** ③ **20** ②
21 ④	**22** ③ **23** 2번	**24** ④ **25** ④
26 A–ㄷ, B–ㄱ, C–ㄴ	**27** ⑤	**28** ① **29** ③
30 ②	**31** ㄱ, ㄹ	

1 $a+2=3$이므로 $a=1$
$3=2b-1$이므로 $2b=4$ $\therefore b=2$
$\therefore a-b=1-2=-1$

2 4의 약수는 1, 2, 4이므로
$a=1$ 또는 $a=2$ 또는 $a=4$
$|b|=3$이므로 $b=3$ 또는 $b=-3$
따라서 순서쌍 (a, b)는 $(1, 3)$, $(1, -3)$, $(2, 3)$,
$(2, -3)$, $(4, 3)$, $(4, -3)$의 6개이다.

3 두 주사위 A, B를 던져서 나온 눈의 수의 합이 6이 되는
순서쌍 (a, b)는
$(1, 5)$, $(2, 4)$, $(3, 3)$, $(4, 2)$, $(5, 1)$

4 ① A$(2, 3)$ ② B$(-2, 5)$
④ D$(4, 0)$ ⑤ E$(0, -4)$
따라서 옳은 것은 ③이다.

5 각 좌표가 나타내는 글자를 차례로 적으면
'MATHLOVE'이다.

7 점 A$(a+1, 2-a)$는 x축 위의 점이므로
$2-a=0$ $\therefore a=2$
점 B$(b-3, 2b+1)$은 y축 위의 점이므로
$b-3=0$ $\therefore b=3$
$\therefore a+b=2+3=5$

8 세 점 A, B, C를 좌표평면 위에 나타내
면 오른쪽 그림과 같다.
$\therefore$ (삼각형 ABC의 넓이)
$=\dfrac{1}{2}\times\{4-(-1)\}\times\{4-(-2)\}$
$=\dfrac{1}{2}\times5\times6=15$

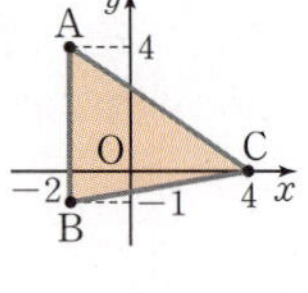

9 네 점 A, B, C, D를 좌표평면 위에 나
타내면 오른쪽 그림과 같고, 사각형
ABCD는 직사각형이다.
$\therefore$ (사각형 ABCD의 넓이)
$=\{2-(-2)\}\times\{2-(-3)\}$
$=4\times5=20$

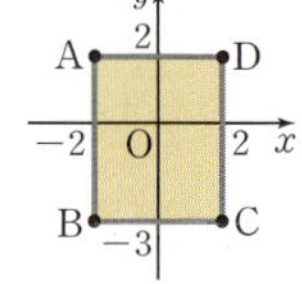

10 네 점 A, B, C, D를 좌표평면 위에
나타내면 오른쪽 그림과 같고, 사각
형 ABCD는 사다리꼴이다.
$\therefore$ (사각형 ABCD의 넓이)
$=\dfrac{1}{2}\times[\{2-(-3)\}+\{3-(-5)\}]\times\{3-(-2)\}$
$=\dfrac{1}{2}\times(5+8)\times5=\dfrac{65}{2}$

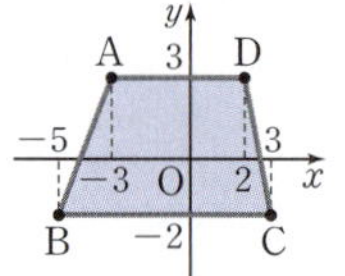

11 세 점 A, B, C를 좌표평면 위에 나타내
면 오른쪽 그림과 같다.
$\therefore$ (삼각형 ABC의 넓이)
$=$(사각형 ADEF의 넓이)
$-\{$(삼각형 ADB의 넓이)
$+$(삼각형 BEC의 넓이)
$+$(삼각형 ACF의 넓이)$\}$
$=4\times6-\left(\dfrac{1}{2}\times1\times6+\dfrac{1}{2}\times3\times2+\dfrac{1}{2}\times4\times4\right)$
$=24-(3+3+8)=10$

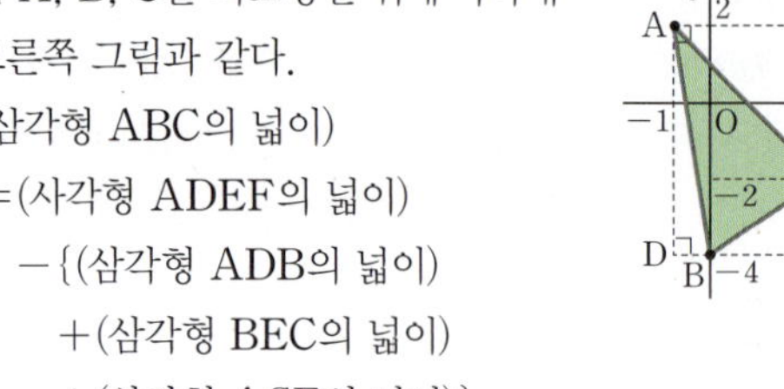
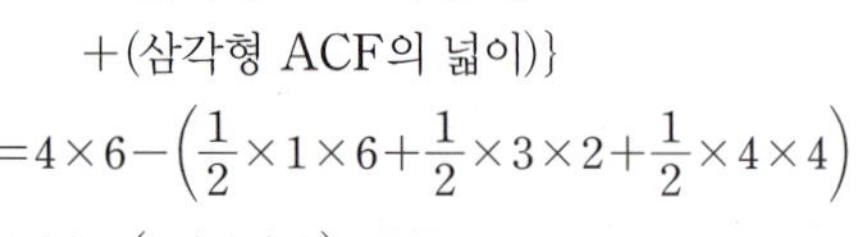

12 ① 제3사분면 위의 점
② 제2사분면 위의 점
③ y축 위의 점이므로 어느 사분면에도 속하지 않는다.
④ 제1사분면 위의 점
⑤ 제4사분면 위의 점
따라서 제4사분면 위의 점은 ⑤이다.

13 ① $(6, 5)$ ➡ 제1사분면
② $(-2, 0)$ ➡ 어느 사분면에도 속하지 않는다.
③ $(0, -5)$ ➡ 어느 사분면에도 속하지 않는다.
④ $(1, -2)$ ➡ 제4사분면
따라서 주어진 점이 속하는 사분면으로 옳은 것은 ⑤이다.

14 ② 제2사분면의 위의 점의 x좌표는 음수이다.

15 점 (a, b)가 제2사분면 위의 점이므로 $a<0$, $b>0$
① $-a>0$, $b>0$이므로 점 $(-a, b)$는 제1사분면 위의 점
이다.
② $a<0$, $-b<0$이므로 점 $(a, -b)$는 제3사분면 위의 점
이다.
③ $a-b<0$, $a<0$이므로 점 $(a-b, a)$는 제3사분면 위의
점이다.
④ $b>0$, $b-a>0$이므로 점 $(b, b-a)$는 제1사분면 위의
점이다.

⑤ $b>0$, $ab<0$이므로 점 (b, ab)는 제4사분면 위의 점이다.
따라서 제4사분면 위의 점은 ⑤이다.

16 점 $(-a, b)$가 제4사분면 위의 점이므로
$-a>0$, $b<0$ ∴ $a<0$, $b<0$
따라서 $a+b<0$, $ab>0$이므로 점 $(a+b, ab)$는 제2사분면 위의 점이다.

17 점 (a, b)가 제1사분면 위의 점이므로 $a>0$, $b>0$
점 (c, d)가 제3사분면 위의 점이므로 $c<0$, $d<0$
따라서 $ac<0$, $d-b<0$이므로 점 $(ac, d-b)$는 제3사분면 위의 점이다.

18 $ab<0$이므로 a, b의 부호는 반대이고, $b-a<0$이므로
$a>0$, $b<0$
따라서 점 (a, b)는 제4사분면 위의 점이다.

19 점 $A\left(\dfrac{a}{b}, a-b\right)$가 제2사분면 위의 점이므로
$\dfrac{a}{b}<0$, $a-b>0$
$\dfrac{a}{b}<0$이므로 a, b의 부호는 반대이고, $a-b>0$이므로
$a>0$, $b<0$
따라서 $a^2-b>0$, $ab^2>0$이므로 점 $B(a^2-b, ab^2)$은 제1사분면 위의 점이다.
① 제2사분면 위의 점
② 어느 사분면에도 속하지 않는다.
③ 제1사분면 위의 점
④ 제3사분면 위의 점
⑤ 제4사분면 위의 점
따라서 점 B와 같은 사분면 위의 점은 ③이다.

21 점 $(-3, a-3)$과 y축에 대하여 대칭인 점의 좌표는
$(3, a-3)$이고, 이 점이 점 $(2+b, 5)$와 일치하므로
$3=2+b$, $a-3=5$
∴ $a=8$, $b=1$
∴ $a+b=8+1=9$

22 점 B의 좌표는 $(-2, -3)$이므로 세 점 A, B, O를 좌표평면 위에 나타내면 오른쪽 그림과 같다.
∴ (삼각형 ABO의 넓이)
$=\dfrac{1}{2}\times\{3-(-3)\}\times 2$
$=\dfrac{1}{2}\times 6\times 2=6$

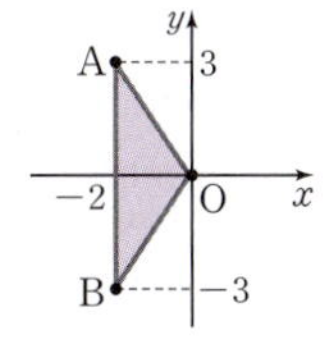

23 방패연이 지면에 닿으면 높이가 0이 된다.
따라서 방패연이 지면에 닿았다가 다시 떠오른 것은 2번이다.

24 두 사람이 만날 때까지 두 사람 사이의 거리는 일정하게 감소한다.
따라서 그래프로 알맞은 것은 ③이다.

25 컵의 폭이 위로 갈수록 넓어지므로 물의 높이가 점점 느리게 증가한다.
따라서 그래프로 알맞은 것은 ④이다.

26 용기 A, B는 폭이 일정하므로 물의 높이가 일정하게 증가한다. 이때 용기의 폭이 넓을수록 같은 시간 동안 물의 높이는 느리게 증가한다.
용기 C는 아랫부분의 폭이 넓고 윗부분의 폭이 좁으므로 물의 높이가 일정하게 증가하다가 어느 순간부터 이전보다 빠르면서 일정하게 증가한다.
따라서 용기 A의 그래프는 ㄷ, 용기 B의 그래프는 ㄱ, 용기 C의 그래프는 ㄴ이다.

27 ① 도서관까지 갔다 오는 데 총 55분이 걸렸다.
② 집에서 출발한 지 15분 후에 창현이는 집에서 $1.5\,\text{km}$ 떨어진 지점에 있었다.
③ 도서관에 머문 시간은 $35-25=10$(분)이다.
④ 창현이가 이동한 거리는 총 $3+3=6(\text{km})$이다.
⑤ 도서관을 출발하여 집까지 오는 데 걸린 시간은
$55-35=20$(분)이다.
따라서 옳은 것은 ⑤이다.

28 자전거가 일정한 속력으로 움직인 시간은 출발한 지 15분 후부터 25분 후까지, 30분 후부터 35분 후까지, 45분 후부터 50분 후까지이므로
$10+5+5=20$(분)

29 정재가 처음으로 $60\,\text{m}$ 지점을 통과하는 것은 출발한 지 2분 후이다.   ∴ $a=2$
방향을 바꿀 때는 출발 지점에서부터 거리가 증가하다가 감소하거나 감소하다가 증가하는 때이므로 출발한 지 3분 후, 4분 후, 5분 후, 6분 후의 4번이다.   ∴ $b=4$
∴ $a+b=2+4=6$

30 ② 형과 동생은 형이 출발한 지 4분 후에 만났다.
③ 동생이 출발한 지 14분 후에 두 사람 사이의 거리는
$1.0-0.7=0.3(\text{km})$이다.
⑤ 형이 출발한 지 6분 후, 즉 동생이 출발한 지 10분 후에 형의 그래프의 y의 값이 동생의 그래프의 y의 값보다 크므로 형은 동생보다 집에서 멀리 떨어져 있다.
따라서 옳지 않은 것은 ②이다.

31 ㄱ. 두 사람의 그래프가 처음으로 만나는 점의 x의 값이 20이므로 두 사람은 출발한 지 20분 후에 처음으로 만났다.

ㄴ. 출발한 지 35분 후에 두 사람 사이의 거리는
$6-4=2(km)$이다.

ㄷ. 성준이는 출발한 지 45분 후에 다시 지한이를 앞서기 시
작하였다.

ㄹ. 성준이와 지한이는 결승점까지 도착하는 데 각각 55분,
65분이 걸렸으므로 성준이가 결승점에 도착한 지
$65-55=10(분)$ 후에 지한이가 도착하였다.

따라서 보기 중 옳은 것은 ㄱ, ㄹ이다.

 **쌍둥이** 56~57쪽

1 ①	**2** ③	**3** -5	**4** ②	**5** ③	**6** ⑤
7 ②	**8** 3	**9** ①	**10** ③	**11** ③	

1 $2a+3=-a-3$이므로 $3a=-6$ ∴ $a=-2$
$-3b-1=2b+4$이므로 $-5b=5$ ∴ $b=-1$
∴ $a+b=-2+(-1)=-3$

2 ① A$(2, 7)$ ② B$(-3, 6)$
④ D$(-3, -3)$ ⑤ E$(0, 2)$
따라서 옳은 것은 ③이다.

3 점 A$(1-a, a+3)$은 x축 위의 점이므로
$a+3=0$ ∴ $a=-3$
점 B$(b-2, 3b-1)$은 y축 위의 점이므로
$b-2=0$ ∴ $b=2$
∴ $a-b=-3-2=-5$

4 세 점 A, B, C를 좌표평면 위에 나타
내면 오른쪽 그림과 같다.
∴ (삼각형 ABC의 넓이)
$$=\frac{1}{2}\times\{2-(-3)\}\times\{5-(-3)\}$$
$$=\frac{1}{2}\times5\times8=20$$

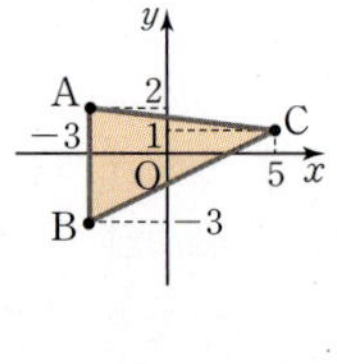

5 ③ 점 $(0, -2)$는 x좌표가 0이므로 y축 위의 점이다.

6 점 (b, a)가 제3사분면 위의 점이므로 $a<0$, $b<0$
① $a<0$, $b<0$이므로 점 (a, b)는 제3사분면 위의 점이다.
② $ab>0$, $-a>0$이므로 점 $(ab, -a)$는 제1사분면 위의
점이다.
③ $a+b<0$, $b<0$이므로 점 $(a+b, b)$는 제3사분면 위의
점이다.
④ $-a>0$, $-b>0$이므로 점 $(-a, -b)$는 제1사분면 위
의 점이다.
⑤ $-a>0$, $b<0$이므로 점 $(-a, b)$는 제4사분면 위의 점
이다.
따라서 제4사분면 위의 점은 ⑤이다.

7 $ab>0$이므로 a, b의 부호는 같고, $a+b<0$이므로
$a<0$, $b<0$
따라서 $a<0$, $-b>0$이므로 점 $(a, -b)$는 제2사분면 위
의 점이다.

8 점 $(2a+1, 3-b)$와 x축에 대하여 대칭인 점의 좌표는
$(2a+1, -3+b)$이고, 이 점이 점 $(a+2, 2b-1)$과 일치
하므로
$2a+1=a+2$, $-3+b=2b-1$
∴ $a=1$, $b=-2$
∴ $a-b=1-(-2)=3$

9 컵의 폭이 위로 갈수록 좁아지므로 물의 높이가 점점 빠르
게 증가한다.
따라서 그래프로 알맞은 것은 ①이다.

10 ① 은우는 10시부터 18시까지 총 8시간 동안 여행을 했다.
② 집에서 출발한 지 2시간 후, 즉 12시에 은우는 집에서부
터 10 km 떨어진 지점에 있었다.
③ 은우가 자전거를 탄 총거리는 $30+30=60(km)$이다.
⑤ 은우가 자전거를 타는 동안 이동하지 않은 시간은 11시
부터 11시 30분까지, 13시부터 14시까지이므로 총
$30+60=90(분)$이다.
따라서 옳지 않은 것은 ③이다.

11 ① 기훈이가 중간에 멈춘 시간은 출발한 지 30분 후부터
40분 후까지이므로 $40-30=10(분)$이다.
③ 집에서 공원까지의 거리는 3.5 km이다.
⑤ 연지가 출발한 지 20분 후에 두 사람 사이의 거리는
$2.5-2=0.5(km)$이다.
따라서 옳지 않은 것은 ③이다.

100점 완성 58~59쪽

1-1 -1	**1-2** 4	**2-1** 제2사분면
2-2 제4사분면	**3-1** 제1사분면	
3-2 제4사분면	**4-1** ⑤	**4-2** ④
5-1 ㄱ, ㄴ	**5-2** ㄱ, ㄷ	

1-1 $a<0$이므로 세 점 A, B, C를 좌표평
면 위에 나타내면 오른쪽 그림과 같다.
∴ (삼각형 ABC의 넓이)
$$=\frac{1}{2}\times\{5-(-2)\}\times(3-a)$$
$$=\frac{1}{2}\times7\times(3-a)=\frac{7}{2}(3-a)$$
즉, $\frac{7}{2}(3-a)=14$이므로 $3-a=4$ ∴ $a=-1$

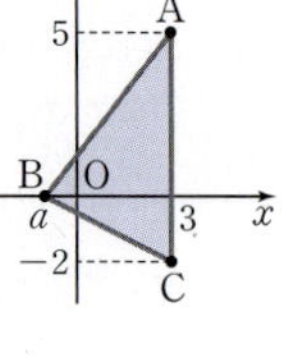

1-2 $a>0$이므로 세 점 A, B, C를 좌표평면 위에 나타내면 오른쪽 그림과 같다.

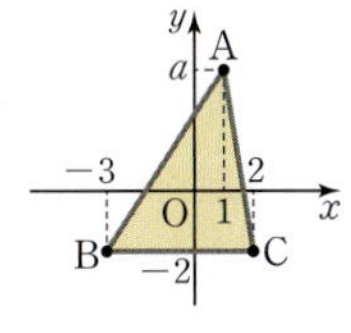

$\therefore$ (삼각형 ABC의 넓이)

$$=\frac{1}{2}\times\{2-(-3)\}\times\{a-(-2)\}$$

$$=\frac{1}{2}\times5\times(a+2)=\frac{5}{2}(a+2)$$

즉, $\frac{5}{2}(a+2)=15$이므로

$a+2=6$ $\therefore a=4$

2-1 점 $A(a-2,\ 6-3b)$는 x축 위의 점이므로

$6-3b=0,\ 3b=6$ $\therefore b=2$

점 $B(a+2,\ 2b)$는 y축 위의 점이므로

$a+2=0$ $\therefore a=-2$

점 $C(c-3,\ b^2-1)$, 즉 점 $C(c-3,\ 3)$은 어느 사분면에도 속하지 않으므로

$c-3=0$ $\therefore c=3$

따라서 점 $P(a-b,\ c)$, 즉 점 $P(-4,\ 3)$은 제2사분면 위의 점이다.

2-2 점 $A(a-3,\ b+1)$은 x축 위의 점이므로

$b+1=0$ $\therefore b=-1$

점 $B(2a+4,\ 1-b)$는 y축 위의 점이므로

$2a+4=0,\ 2a=-4$ $\therefore a=-2$

점 $C(a^2-b^2,\ 2c-6)$, 즉 점 $C(3,\ 2c-6)$은 어느 사분면에도 속하지 않으므로

$2c-6=0,\ 2c=6$ $\therefore c=3$

따라서 점 $P(a+c,\ b-2c)$, 즉 점 $P(1,\ -7)$은 제4사분면 위의 점이다.

3-1 $\frac{b}{a}<0$이므로 $a,\ b$의 부호는 반대이다.

이때 $|a|>|b|,\ a+b>0$이므로 $a>0,\ b<0$

따라서 $a>0,\ a-b>0$이므로 점 $P(a,\ a-b)$는 제1사분면 위의 점이다.

3-2 점 $(a+b,\ ab)$가 제2사분면 위의 점이므로

$a+b<0,\ ab>0$

$ab>0$이므로 $a,\ b$의 부호는 같고, $a+b<0$이므로

$a<0,\ b<0$

이때 $|a|<|b|$이므로 $b<a<0$

따라서 $a-b>0,\ b-a<0$이므로 점 $P(a-b,\ b-a)$는 제4사분면 위의 점이다.

4-1 물병의 아랫부분은 위로 갈수록 폭이 좁아지고 물병의 윗부분은 위로 갈수록 폭이 넓어진다.

따라서 일정한 속력으로 물을 넣으면 물의 높이가 점점 빠르게 증가하다가 점점 느리게 증가하므로 그래프로 알맞은 것은 ⑤이다.

4-2 물통의 아랫부분은 위로 갈수록 폭이 넓어지고 물통의 윗부분은 위로 갈수록 폭이 좁아진다.

따라서 일정한 속력으로 물을 넣으면 물의 높이가 점점 느리게 증가하다가 점점 빠르게 증가하므로 그래프로 알맞은 것은 ④이다.

5-1 ㄷ. 두 지점 A, B 사이의 거리가 $20\,\text{km}$이므로 B 지점에 도착하는 것은 처음 출발한 지 20분 후, 60분 후, 100분 후, 140분 후이다.

따라서 두 번째로 B 지점에 도착하는 것은 출발한 지 60분 후이다.

ㄹ. 160분 동안 순환 버스는 두 지점 A, B 사이를 4번 왕복하였다.

따라서 보기 중 옳은 것은 ㄱ, ㄴ이다.

5-2 ㄴ. 대관람차는 출발한 지 48분 후에 2바퀴를 돌아 처음 위치로 돌아온다.

따라서 보기 중 옳은 것은 ㄱ, ㄷ이다.

서술형 완성

1 $\frac{12}{5}$ **2** $(3,\ 6)$ **3** 4

4 (1) 1 (2) -1 (3) 제4사분면   **5** 제3사분면

6 (1) 30분 (2) 150분 후   **7** 12

8 (1) 채린, 민주 (2) 수지 (3) 민주, 분속 $50\,\text{m}$

1 $\frac{2}{3}a-1=1-a$이므로 $\frac{5}{3}a=2$ $\therefore a=\frac{6}{5}$ ······ ①

$b+2=\frac{1}{2}b+3$이므로 $\frac{1}{2}b=1$ $\therefore b=2$ ······ ②

$\therefore ab=\frac{6}{5}\times2=\frac{12}{5}$ ······ ③

단계	채점 기준	배점
①	a의 값 구하기	2점
②	b의 값 구하기	2점
③	ab의 값 구하기	2점

2 세 점 $A(0,\ 3)$, $B(3,\ 0)$, $C(6,\ 3)$을 좌표평면 위에 나타낸 후 정사각형 ABCD를 그리면 오른쪽 그림과 같다.

······ ①

따라서 점 D의 좌표는 $(3,\ 6)$이다.   ······ ②

단계	채점 기준	배점
①	정사각형 ABCD를 좌표평면 위에 나타내기	4점
②	점 D의 좌표 구하기	4점

3 점 $A(2a+8,\ a+5)$는 x축 위의 점이므로

$a+5=0$ $\therefore a=-5$ ······ ①

점 $B(2b+6,\ -b+1)$은 y축 위의 점이므로

$2b+6=0,\ 2b=-6$ $\therefore b=-3$ ······ ②

두 점 $A(-2,\ 0)$, $B(0,\ 4)$를 좌표평면

위에 나타내면 오른쪽 그림과 같다.

$\therefore$ (삼각형 AOB의 넓이)

$=\dfrac{1}{2}\times 2\times 4=4$ ······ ③

단계	채점 기준	배점
①	a의 값 구하기	2점
②	b의 값 구하기	2점
③	삼각형 AOB의 넓이 구하기	4점

4 (1) 두 점 A, B의 x좌표의 절댓값은 같고 부호가 반대이므로

$a+2=3a,\ 2a=2$ $\therefore a=1$

(2) 두 점 A, B의 y좌표의 절댓값은 같고 부호가 반대이므로

$3b=b-2,\ 2b=-2$ $\therefore b=-1$

(3) 점 $C(a,\ b)$, 즉 점 $C(1,\ -1)$은 제4사분면 위의 점이다.

5 점 $\left(\dfrac{b}{a},\ a-b\right)$가 제2사분면 위의 점이므로

$\dfrac{b}{a}<0,\ a-b>0$ ······ ①

$\dfrac{b}{a}<0$이므로 $a,\ b$의 부호는 반대이고, $a-b>0$이므로

$a>0,\ b<0$ ······ ②

따라서 $-a-b^2<0,\ b^3<0$이므로 점 $(-a-b^2,\ b^3)$은 제3

사분면 위의 점이다.   ······ ③

단계	채점 기준	배점
①	$\dfrac{b}{a},\ a-b$의 부호 알기	2점
②	$a,\ b$의 부호 정하기	3점
③	점 $(-a-b^2,\ b^3)$이 제몇 사분면 위의 점인지 구하기	3점

6 (1) 지수가 도서관에 도착하기 전에 집에서부터 떨어진 거리의 변화가 없는 때는 11시부터 11시 30분까지이므로 공원에 머문 시간은 30분이다.

(2) 지수는 10시에 출발하여 12시 30분에 도서관에 도착하였다.

따라서 집에서 출발한 지 2시간 30분, 즉 150분 후에 도서관에 도착하였다.

7 점 $A(2,\ 3)$과 x축에 대하여 대칭인 점 P의 좌표는

$(2,\ -3)$ ······ ①

점 $A(2,\ 3)$과 y축에 대하여 대칭인 점 Q의 좌표는

$(-2,\ 3)$ ······ ②

점 $A(2,\ 3)$과 원점에 대하여 대칭인 점 R의 좌표는

$(-2,\ -3)$ ······ ③

따라서 세 점 P, Q, R를 좌표평면 위에 나타내면 오른쪽 그림과 같으므로

(삼각형 PQR의 넓이)

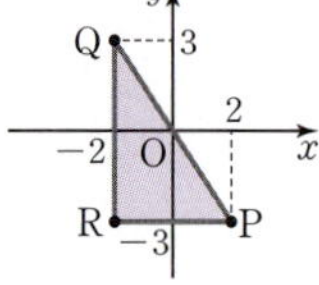

$=\dfrac{1}{2}\times\{2-(-2)\}\times\{3-(-3)\}$

$=\dfrac{1}{2}\times 4\times 6=12$ ······ ④

단계	채점 기준	배점
①	점 P의 좌표 구하기	2점
②	점 Q의 좌표 구하기	2점
③	점 R의 좌표 구하기	2점
④	삼각형 PQR의 넓이 구하기	4점

8 (1) $4\,\mathrm{km}$까지 완주한 사람은 채린, 민주이다.

(2) 처음 20분 동안 가장 선두에 달린 사람은 수지이다.

(3) 처음부터 끝까지 쉬지 않고 일정한 속력으로 달린 사람은

민주이고, 속력은 분속 $\dfrac{4000}{80}=50(\mathrm{m})$이다.

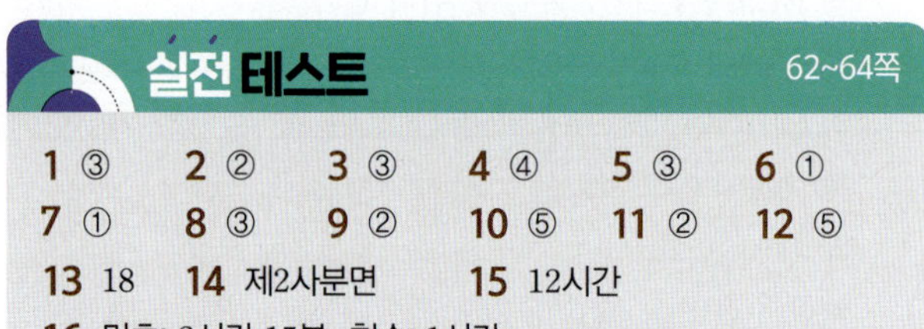

1 ③	**2** ②	**3** ③	**4** ④	**5** ③	**6** ①
7 ①	**8** ③	**9** ②	**10** ⑤	**11** ②	**12** ⑤
13 18	**14** 제2사분면		**15** 12시간		
16 민호: 2시간 15분, 현수: 1시간					

1 6의 약수는 1, 2, 3, 6이므로

$a=1$ 또는 $a=2$ 또는 $a=3$ 또는 $a=6$

$|b|=4$이므로 $b=4$ 또는 $b=-4$

따라서 순서쌍 $(a,\ b)$는 $(1,\ 4),\ (1,\ -4),\ (2,\ 4),$

$(2,\ -4),\ (3,\ 4),\ (3,\ -4),\ (6,\ 4),\ (6,\ -4)$의 8개이다.

2 좌표평면 위의 점은

① $P(3,\ 4)$ ③ $R(-4,\ -3)$

④ $S(0,\ -5)$ ⑤ $T(5,\ -2)$

따라서 바르게 나타낸 것은 ②이다.

4 점 $A\left(3a,\ \dfrac{a}{2}-2\right)$가 x축 위의 점이므로

$\dfrac{a}{2}-2=0,\ \dfrac{a}{2}=2$ $\therefore a=4$

점 $B\left(b+\dfrac{1}{2},\ 2b+3\right)$이 y축 위의 점이므로

$b+\dfrac{1}{2}=0$ $\therefore b=-\dfrac{1}{2}$

$\therefore a+b=4+\left(-\dfrac{1}{2}\right)=\dfrac{7}{2}$

5 점 $(-2, 3)$은 제2사분면 위의 점이므로 $a=2$
점 $(-3, -5)$는 제3사분면 위의 점이므로 $b=3$
$\therefore a+b=2+3=5$

6 B$(2, 0)$, C$(-2, 2)$이므로 세 점 A,
B, C를 좌표평면 위에 나타내면 오른
쪽 그림과 같다.
$\therefore$ (삼각형 ABC의 넓이)
$=\dfrac{1}{2}\times 6\times\{2-(-2)\}$
$=\dfrac{1}{2}\times 6\times 4=12$

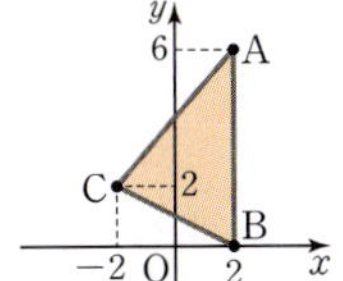

7 ㄷ. x축 위의 점의 y좌표는 0이다.
ㄹ. 점 $(-1, -3)$은 제3사분면 위의 점이고,
점 $\left(4, -\dfrac{1}{4}\right)$은 제4사분면 위의 점이다.
따라서 보기 중 옳은 것은 ㄱ, ㄴ이다.

8 점 $\left(b-a, \dfrac{b}{a}\right)$가 제4사분면 위의 점이므로
$b-a>0, \dfrac{b}{a}<0$
$\dfrac{b}{a}<0$이므로 a, b의 부호는 반대이고, $b-a>0$이므로
$a<0, b>0$
따라서 $-b<0$이므로 점 $(-b, a)$는 제3사분면 위의 점이다.

9 점 A$(5, -3)$과 y축에 대하여 대칭인 점은 B$(-5, -3)$이
므로
$a=-5, b=-3$
점 A$(5, -3)$과 원점에 대하여 대칭인 점은 C$(-5, 3)$이
므로
$c=-5, d=3$
$\therefore a+b+c+d=-5+(-3)+(-5)+3=-10$

10 점 A$(-2, 3a)$와 x축에 대하여 대칭인 점의 좌표는
$(-2, -3a)$이고, 이 점이 점 B$(a+1, 2b+3)$과 일치하
므로
$-2=a+1, -3a=2b+3$
$-2=a+1$에서 $a=-3$
$-3a=2b+3$에 $a=-3$을 대입하면
$9=2b+3, 2b=6$ $\therefore b=3$
$\therefore b-a=3-(-3)=6$

11 기온이 일정하다가 감소한 후 다시 일정하다가 증가하는
그래프는 ②이다.

12 물통의 윗부분은 폭이 넓고 일정하고, 아랫부분은 폭이 좁
고 일정하다.
따라서 물의 높이가 느리고 일정하게 감소하다가 빠르고
일정하게 감소하므로 그래프로 알맞은 것은 ⑤이다.

13 점 B$(1-b, b-a)$는 y축 위의 점이므로
$1-b=0$ $\therefore b=1$ ······ ①
점 C$(ab-3, a+2b)$는 y축 위의 점이므로
$ab-3=0, a-3=0$
$\therefore a=3$ ······ ②
$\therefore$ A$(3, 0)$, B$(0, -2)$, C$(0, 5)$, D$(3, 5)$ ······ ③
네 점 A, B, C, D를 좌표평면 위에 나타
내면 오른쪽 그림과 같으므로
(사각형 ABCD의 넓이)
$=\dfrac{1}{2}\times[5+\{5-(-2)\}]\times 3$
$=\dfrac{1}{2}\times 12\times 3$
$=18$ ······ ④

단계	채점 기준	배점
①	b의 값 구하기	2점
②	a의 값 구하기	2점
③	네 점 A, B, C, D의 좌표 구하기	4점
④	사각형 ABCD의 넓이 구하기	4점

14 $ab<0$이므로 a, b의 부호는 반대이고, $a-b<0$이므로
$a<0, b>0$ ······ ①
$\therefore \dfrac{b}{a}<0, \dfrac{b}{b-a}>0$ ······ ②
$\quad\quad\quad\quad\quad\quad b-a>0$
따라서 점 $\left(\dfrac{b}{a}, \dfrac{b}{b-a}\right)$는 제2사분면 위의 점이다. ······ ③

단계	채점 기준	배점
①	a, b의 부호 정하기	6점
②	$\dfrac{b}{a}, \dfrac{b}{b-a}$의 부호 정하기	4점
③	주어진 점이 제몇 사분면 위의 점인지 구하기	2점

15 해수면의 높이가 가장 높은 때는 10시, 22시이고
해수면의 높이가 가장 낮은 때는 4시, 16시이다. ······ ①
즉, 12시간마다 그래프의 모양이 반복되므로 해수면의 높
이는 12시간마다 반복된다. ······ ②

단계	채점 기준	배점
①	해수면이 가장 높은 시각과 가장 낮은 시각 확인하기	4점
②	해수면의 높이가 반복되는 시간 구하기	4점

16 민호는 9시에 학교에서 출발하여 11시 15분에 도서관에 도
착하였으므로 학교에서 도서관까지 가는 데 걸린 시간은 2
시간 15분이다. ······ ①
현수는 9시 45분에 학교에서 출발하여 10시 45분에 도서관
에 도착하였으므로 학교에서 도서관까지 가는 데 걸린 시
간은 1시간이다. ······ ②

단계	채점 기준	배점
①	민호가 이동하는 데 걸린 시간 구하기	4점
②	현수가 이동하는 데 걸린 시간 구하기	4점

 필수 기출　　　　　　66~73쪽

1 ㄱ, ㄷ, ㄹ	**2** ③, ④	**3** ②	**4** ②	**5** -6
6 ②	**7** ④	**8** ①, ③	**9** ⑤	**10** ④	**11** ④
12 ⑤	**13** ⑤	**14** ④	**15** ③	**16** ⑤	**17** ⑤
18 6	**19** $\frac{1}{2}$	**20** $y=4x$, 8번	**21** ③	
22 30 kg	**23** ④	**24** ②, ⑤	**25** ⑤	
26 $y=-\frac{20}{x}$	**27** ④	**28** ③	**29** ④	**30** ②
31 ④, ⑤	**32** ㄴ, ㄹ, ㅂ	**33** ②	**34** 72	
35 -2	**36** ①	**37** ⑤	**38** ③	**39** ⑤	**40** ⑤
41 6	**42** $\frac{16}{3}$	**43** 15	**44** ②	**45** 12	**46** ③
47 ⑤	**48** ③			

1 ㄴ. $xy=1$에서 $y=\dfrac{1}{x}$

　ㄷ. $\dfrac{y}{x}=-5$에서 $y=-5x$

따라서 보기 중 y가 x에 정비례하는 것은 ㄱ, ㄷ, ㄹ이다.

2 ① $y=4x$
② (거리)=(속력)×(시간)이므로 $y=6x$
③ $y=20-x$
④ (직사각형의 넓이)=(가로의 길이)×(세로의 길이)이므로
　　$xy=25$　　∴ $y=\dfrac{25}{x}$
⑤ $y=500x$
따라서 y가 x에 정비례하지 않는 것은 ③, ④이다.

3 y가 x에 정비례하므로 $y=ax$로 놓고 이 식에 $x=6$, $y=3$을 대입하면
　　$3=6a$　　∴ $a=\dfrac{1}{2}$
　　∴ $y=\dfrac{1}{2}x$

4 $y=ax$로 놓고 이 식에 $x=-2$, $y=8$을 대입하면
　　$8=-2a$　　∴ $a=-4$
따라서 $y=-4x$이므로 이 식에 $y=-24$를 대입하면
　　$-24=-4x$　　∴ $x=6$

5 $y=ax$로 놓고 이 식에 $x=1$, $y=-5$를 대입하면
　　$-5=a$　　∴ $y=-5x$
$y=-5x$에 $x=2$, $y=A$를 대입하면
　　$A=-10$
$y=-5x$에 $x=B$, $y=-20$을 대입하면
　　$-20=-5B$　　∴ $B=4$
　　∴ $A+B=-10+4=-6$

6 정비례 관계 $y=-\dfrac{3}{2}x$의 그래프는 원점과 점 $(-2, 3)$을 지나는 직선이므로 ②이다.

7 ④ $\left|\dfrac{1}{2}\right|<\left|\dfrac{3}{4}\right|$이므로 $y=\dfrac{1}{2}x$의 그래프가 $y=\dfrac{3}{4}x$의 그래프보다 x축에 더 가깝다.

8 ② 점 (a, a^2)을 지나는 직선이다.
④ $a<0$일 때, 제2사분면과 제4사분면을 지난다.
⑤ $a>0$일 때, x의 값이 증가하면 y의 값도 증가한다.
따라서 옳은 것은 ①, ③이다.

9 $y=ax$의 그래프가 제1사분면과 제3사분면을 지나므로
　　$a>0$
또 $y=ax$의 그래프가 $y=x$의 그래프보다 y축에 가까우므로 $|a|>1$, 즉 $a>1$이어야 한다.
따라서 a의 값이 될 수 있는 것은 ⑤이다.

10 $y=cx$, $y=dx$의 그래프가 제1사분면과 제3사분면을 지나므로 $c>0$, $d>0$이고, $y=cx$의 그래프가 $y=dx$의 그래프보다 y축에 가까우므로
　　$0<d<c$
$y=ax$, $y=bx$의 그래프가 제2사분면과 제4사분면을 지나므로 $a<0$, $b<0$이고, $y=bx$의 그래프가 $y=ax$의 그래프보다 y축에 가까우므로 $|b|>|a|$
　　∴ $b<a<0$
따라서 a, b, c, d 중 가장 큰 값은 c, 가장 작은 값은 b이다.

11 $y=-2x$에 주어진 각 점의 좌표를 대입하면
① $4=-2\times(-2)$　　② $-6=-2\times3$
③ $0=-2\times0$　　④ $-8\neq-2\times(-4)$
⑤ $-3=-2\times\dfrac{3}{2}$
따라서 $y=-2x$의 그래프 위의 점이 아닌 것은 ④이다.

12 $y=\dfrac{1}{3}x$에 $x=a$, $y=a-3$을 대입하면
　　$a-3=\dfrac{1}{3}a$, $\dfrac{2}{3}a=3$　　∴ $a=\dfrac{9}{2}$

13 $y=-\dfrac{5}{2}x$의 그래프가 점 $(a, -5)$를 지나므로
$y=-\dfrac{5}{2}x$에 $x=a$, $y=-5$를 대입하면
　　$-5=-\dfrac{5}{2}a$　　∴ $a=2$
또 $y=-\dfrac{5}{2}x$의 그래프가 점 $(-4, b)$를 지나므로
$y=-\dfrac{5}{2}x$에 $x=-4$, $y=b$를 대입하면
　　$b=-\dfrac{5}{2}\times(-4)=10$
　　∴ $ab=2\times10=20$

14 $y=ax$에 $x=3$, $y=-9$를 대입하면

$-9=3a$　　$\therefore a=-3$

즉, $y=-3x$이므로 이 식에 주어진 각 점의 좌표를 대입하면

① $3\neq-3\times1$　　　　② $4\neq-3\times(-2)$

③ $1\neq-3\times(-3)$　　　④ $-6=-3\times2$

⑤ $16\neq-3\times(-4)$

따라서 $y=-3x$의 그래프 위에 있는 점은 ④이다.

15 $y=ax$의 그래프가 점 $(-3,\,-1)$을 지나므로

$y=ax$에 $x=-3$, $y=-1$을 대입하면

$-1=-3a$　　$\therefore a=\dfrac{1}{3}$

따라서 $y=\dfrac{1}{3}x$의 그래프가 점 $(k,\,2)$를 지나므로

$y=\dfrac{1}{3}x$에 $x=k$, $y=2$를 대입하면

$2=\dfrac{1}{3}k$　　$\therefore k=6$

16 그래프가 원점을 지나는 직선이므로 $y=ax$로 놓는다.

이 그래프가 점 $(-5,\,3)$을 지나므로 $y=ax$에 $x=-5$, $y=3$을 대입하면

$3=-5a$　　$\therefore a=-\dfrac{3}{5}$

$\therefore y=-\dfrac{3}{5}x$

17 그래프가 원점을 지나는 직선이므로 $y=ax$로 놓는다.

이 그래프가 점 $(-2,\,-1)$을 지나므로 $y=ax$에 $x=-2$, $y=-1$을 대입하면

$-1=-2a$　　$\therefore a=\dfrac{1}{2}$

즉, $y=\dfrac{1}{2}x$이므로 이 식에 주어진 각 점의 좌표를 대입하면

① $4=\dfrac{1}{2}\times8$　　　　② $3=\dfrac{1}{2}\times6$

③ $2=\dfrac{1}{2}\times4$　　　　④ $-2=\dfrac{1}{2}\times(-4)$

⑤ $-4\neq\dfrac{1}{2}\times(-6)$

따라서 $y=\dfrac{1}{2}x$의 그래프 위의 점이 아닌 것은 ⑤이다.

18 점 A의 x좌표가 3이므로 $y=2x$에 $x=3$을 대입하면

$y=2\times3=6$　　$\therefore$ A$(3,\,6)$

또 점 B의 x좌표가 3이므로 $y=\dfrac{2}{3}x$에 $x=3$을 대입하면

$y=\dfrac{2}{3}\times3=2$　　$\therefore$ B$(3,\,2)$

$\therefore$ (삼각형 AOB의 넓이)$=\dfrac{1}{2}\times(6-2)\times3$

$\qquad\qquad\qquad\qquad=\dfrac{1}{2}\times4\times3=6$

19 점 A의 x좌표가 4이므로

$y=ax$에 $x=4$를 대입하면

$y=4a$　　$\therefore$ A$(4,\,4a)$

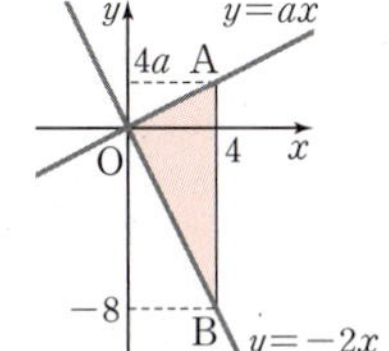

또 점 B의 x좌표가 4이므로

$y=-2x$에 $x=4$를 대입하면

$y=-2\times4=-8$　　$\therefore$ B$(4,\,-8)$

이때 삼각형 AOB의 넓이가 20이므로

$\dfrac{1}{2}\times\{4a-(-8)\}\times4=20$

$2(4a+8)=20$, $4a+8=10$

$4a=2$　　$\therefore a=\dfrac{1}{2}$

20 톱니가 48개인 톱니바퀴 A가 x번 회전하는 동안 톱니가 12개인 톱니바퀴 B는 y번 회전하므로

$48\times x=12\times y$　　$\therefore y=4x$

이 식에 $x=2$를 대입하면 $y=4\times2=8$

따라서 톱니바퀴 B는 8번 회전한다.

21 9 L의 휘발유로 108 km를 달릴 수 있으므로 1 L의 휘발유로 $\dfrac{108}{9}=12$(km)를 달릴 수 있다.

즉, x L의 휘발유로 $12x$ km를 달리므로 $y=12x$

이 식에 $y=192$를 대입하면

$192=12x$　　$\therefore x=16$

따라서 필요한 휘발유의 양은 16 L이다.

22 y가 x에 정비례하므로 $y=ax$로 놓고 $x=72$, $y=12$를 대입하면

$12=72a$　　$\therefore a=\dfrac{1}{6}$

따라서 $y=\dfrac{1}{6}x$이므로 이 식에 $y=5$를 대입하면

$5=\dfrac{1}{6}x$　　$\therefore x=30$

따라서 구하는 무게는 30 kg이다.

23 ① 형의 그래프가 나타내는 x와 y 사이의 관계식을 $y=ax$로 놓고 이 식에 $x=2$, $y=400$을 대입하면

$\quad400=2a$　　$\therefore a=200$

$\quad\therefore y=200x$

② 동생의 그래프가 나타내는 x와 y 사이의 관계식을 $y=bx$로 놓고 이 식에 $x=2$, $y=100$을 대입하면

$\quad100=2b$　　$\therefore b=50$

$\quad\therefore y=50x$

③ $y=50x$에 $x=10$을 대입하면 $y=50\times10=500$

$\quad$즉, 동생이 10분 동안 간 거리는 500 m이다.

④ 형: $y=200x$에 $y=2000$을 대입하면

$\qquad2000=200x$　　$\therefore x=10$

$\quad$동생: $y=50x$에 $y=2000$을 대입하면

$\qquad2000=50x$　　$\therefore x=40$

따라서 동생은 형보다 $40-10=30$(분) 늦게 도착한다.

⑤ 형: $y=200x$에 $x=5$를 대입하면
$$y=200\times5=1000$$
동생: $y=50x$에 $x=5$를 대입하면
$$y=50\times5=250$$
따라서 구하는 거리의 차는 $1000-250=750(\text{m})$이다.
따라서 옳지 않은 것은 ④이다.

24 ③ $x=\dfrac{1}{5}y$에서 $y=5x$

⑤ $xy=10$에서 $y=\dfrac{10}{x}$

따라서 y가 x에 반비례하는 것은 ②, ⑤이다.

25 ㄱ. (거리)$=$(속력)$\times$(시간)이므로 $y=2x$

ㄴ. $y=4000x$

ㄷ. (시간)$=\dfrac{(\text{거리})}{(\text{속력})}$이므로 $y=\dfrac{1}{x}$

ㄹ. (삼각형의 넓이)$=\dfrac{1}{2}\times$(밑변의 길이)$\times$(높이)이므로

$$24=\dfrac{1}{2}xy,\ xy=48 \qquad \therefore\ y=\dfrac{48}{x}$$

ㅁ. $y=\dfrac{10}{x}$

따라서 보기 중 y가 x에 반비례하는 것은 ㄷ, ㄹ, ㅁ이다.

26 y는 x에 반비례하므로 $y=\dfrac{a}{x}$로 놓고 이 식에 $x=4$,
$y=-5$를 대입하면
$$-5=\dfrac{a}{4} \qquad \therefore\ a=-20$$
$$\therefore\ y=-\dfrac{20}{x}$$

27 $y=\dfrac{a}{x}$로 놓고 이 식에 $x=-3$, $y=6$을 대입하면
$$6=\dfrac{a}{-3} \qquad \therefore\ a=-18$$
따라서 $y=-\dfrac{18}{x}$이므로 이 식에 $y=-9$를 대입하면
$$-9=-\dfrac{18}{x} \qquad \therefore\ x=2$$

28 x와 y의 곱이 48로 일정하므로
$$xy=48 \qquad \therefore\ y=\dfrac{48}{x}$$

29 반비례 관계 $y=-\dfrac{2}{x}$의 그래프는 점 $(1,\ -2)$를 지나고 제2
사분면과 제4사분면 위에 있는 한 쌍의 곡선이므로 ④이다.

30 ① $y=\dfrac{4}{x}$에 $x=2$, $y=8$을 대입하면 $8\neq\dfrac{4}{2}$
즉, 점 $(2,\ 8)$을 지나지 않는다.
③ $|4|>|1|$이므로 $y=\dfrac{1}{x}$의 그래프가 $y=\dfrac{4}{x}$의 그래프보다
좌표축에 더 가깝다.
④ $x<0$일 때, x의 값이 증가하면 y의 값은 감소한다.
⑤ 제1사분면과 제3사분면을 지난다.
따라서 옳은 것은 ②이다.

31 ① 점 $\left(2,\ \dfrac{a}{2}\right)$를 지난다.

② x축에 한없이 가까워질 뿐 만나지는 않는다.
③ $a<0$일 때, 제2사분면과 제4사분면을 지난다.
따라서 옳은 것은 ④, ⑤이다.

32 $a>0$일 때, $y=ax$의 그래프와 $y=\dfrac{a}{x}$의 그래프는 모두
제1사분면과 제3사분면을 지난다.
따라서 보기 중 그 그래프가 제3사분면을 지나는 것은
ㄴ, ㄹ, ㅂ이다.

33 $y=-\dfrac{12}{x}$에 주어진 각 점의 좌표를 대입하면

① $1\neq-\dfrac{12}{-6}$ ② $3=-\dfrac{12}{-4}$ ③ $-12\neq-\dfrac{12}{2}$

④ $-2\neq-\dfrac{12}{3}$ ⑤ $-\dfrac{2}{3}\neq-\dfrac{12}{8}$

따라서 $y=-\dfrac{12}{x}$의 그래프 위에 있는 점은 ②이다.

34 $y=\dfrac{16}{x}$에 $x=2$, $y=a$를 대입하면 $a=\dfrac{16}{2}=8$

$y=\dfrac{16}{x}$에 $x=b$, $y=-\dfrac{1}{4}$을 대입하면

$$-\dfrac{1}{4}=\dfrac{16}{b} \qquad \therefore\ b=-64$$
$$\therefore\ a-b=8-(-64)=72$$

35 $y=\dfrac{a}{x}$의 그래프가 점 $(-2,\ 1)$을 지나므로

$y=\dfrac{a}{x}$에 $x=-2$, $y=1$을 대입하면

$$1=\dfrac{a}{-2} \qquad \therefore\ a=-2$$

36 $y=\dfrac{a}{x}$에 $x=6$, $y=-1$을 대입하면

$$-1=\dfrac{a}{6} \qquad \therefore\ a=-6$$

따라서 $y=-\dfrac{6}{x}$이므로 이 식에 $x=b$, $y=-2$를 대입하면

$$-2=-\dfrac{6}{b} \qquad \therefore\ b=3$$
$$\therefore\ a+b=-6+3=-3$$

37 $\mathrm{A}(1,\ a)$, $\mathrm{B}\left(5,\ \dfrac{a}{5}\right)$이고 두 점 A, B의 y좌표의 차가 4이
므로
$$a-\dfrac{a}{5}=4,\ \dfrac{4}{5}a=4 \qquad \therefore\ a=5$$

38 $y=\dfrac{15}{x}$의 그래프 위의 점 중에서 x좌표와 y좌표가 모두 정
수이려면 $|x|$가 15의 약수이어야 하므로 x의 값은 1, 3, 5,
15, -1, -3, -5, -15이다.
따라서 x좌표와 y좌표가 모두 정수인 점은
$(1,\ 15)$, $(3,\ 5)$, $(5,\ 3)$, $(15,\ 1)$, $(-1,\ -15)$,
$(-3,\ -5)$, $(-5,\ -3)$, $(-15,\ -1)$
의 8개이다.

39 그래프가 좌표축에 가까워지면서 한없이 뻗어 나가는 한 쌍의 매끄러운 곡선이므로 $y=\dfrac{a}{x}$로 놓는다.

이 그래프가 점 $(8,\ 3)$을 지나므로 $y=\dfrac{a}{x}$에 $x=8,\ y=3$을 대입하면

$3=\dfrac{a}{8}$ $\therefore a=24$ $\therefore y=\dfrac{24}{x}$

40 그래프가 좌표축에 가까워지면서 한없이 뻗어 나가는 한 쌍의 매끄러운 곡선이므로 $y=\dfrac{a}{x}$로 놓는다.

이 그래프가 점 $(2,\ -2)$를 지나므로 $y=\dfrac{a}{x}$에 $x=2$, $y=-2$를 대입하면

$-2=\dfrac{a}{2}$ $\therefore a=-4$

따라서 $y=-\dfrac{4}{x}$의 그래프가 점 $\left(-\dfrac{8}{3},\ k\right)$를 지나므로

$y=-\dfrac{4}{x}$에 $x=-\dfrac{8}{3}$, $y=k$를 대입하면

$k=(-4)\div\left(-\dfrac{8}{3}\right)=(-4)\times\left(-\dfrac{3}{8}\right)=\dfrac{3}{2}$

41 $y=\dfrac{3}{8}x$에 $x=4$를 대입하면

$y=\dfrac{3}{8}\times4=\dfrac{3}{2}$ $\therefore \mathrm{P}\left(4,\ \dfrac{3}{2}\right)$

따라서 $y=\dfrac{a}{x}$의 그래프가 점 $\mathrm{P}\left(4,\ \dfrac{3}{2}\right)$을 지나므로

$y=\dfrac{a}{x}$에 $x=4$, $y=\dfrac{3}{2}$을 대입하면

$\dfrac{3}{2}=\dfrac{a}{4}$ $\therefore a=6$

42 $y=\dfrac{12}{x}$의 그래프가 점 $(3,\ b)$를 지나므로

$y=\dfrac{12}{x}$에 $x=3$, $y=b$를 대입하면

$b=\dfrac{12}{3}=4$

따라서 $y=ax$의 그래프가 점 $(3,\ 4)$를 지나므로

$y=ax$에 $x=3$, $y=4$를 대입하면

$4=3a$ $\therefore a=\dfrac{4}{3}$

$\therefore ab=\dfrac{4}{3}\times4=\dfrac{16}{3}$

43 점 C의 x좌표를 $k\,(k>0)$라 하면 $\mathrm{C}\left(k,\ \dfrac{15}{k}\right)$

$\therefore$ (직사각형 AOBC의 넓이)$=k\times\dfrac{15}{k}=15$

44 $y=\dfrac{a}{x}$의 그래프가 점 $(2,\ 9)$를 지나므로

$y=\dfrac{a}{x}$에 $x=2$, $y=9$를 대입하면

$9=\dfrac{a}{2}$ $\therefore a=18$ $\therefore y=\dfrac{18}{x}$

점 A의 x좌표를 $k\,(k>0)$라 하면 $\mathrm{P}\left(k,\ \dfrac{18}{k}\right)$

$\therefore$ (직사각형 OAPB의 넓이)$=k\times\dfrac{18}{k}=18$

45 두 점 A, C의 y좌표는 각각 $\dfrac{a}{3}$, $-\dfrac{a}{3}$이다.

이때 직사각형 ABCD의 넓이가 48이므로

$6\times\left\{\dfrac{a}{3}-\left(-\dfrac{a}{3}\right)\right\}=48$

$6\times\dfrac{2}{3}a=48$ $\therefore a=12$

46 톱니가 30개인 톱니바퀴 A가 15번 회전하는 동안 톱니가 x개인 톱니바퀴 B는 y번 회전하므로

$30\times15=x\times y$ $\therefore y=\dfrac{450}{x}$

47 $y=\dfrac{a}{x}$로 놓고, 주어진 그래프가 점 $(20,\ 15)$를 지나므로

$y=\dfrac{a}{x}$에 $x=20$, $y=15$를 대입하면

$15=\dfrac{a}{20}$ $\therefore a=300$

따라서 $y=\dfrac{300}{x}$이므로 이 식에 $x=100$을 대입하면

$y=\dfrac{300}{100}=3$

따라서 주파수가 $100\,\mathrm{MHz}$일 때의 파장은 $3\,\mathrm{m}$이다.

48 똑같은 기계 4대로 30시간 동안 작업한 일의 양과 똑같은 기계 x대로 y시간 동안 작업한 일의 양은 같으므로

$4\times30=x\times y$ $\therefore y=\dfrac{120}{x}$

이 식에 $x=12$를 대입하면 $y=\dfrac{120}{12}=10$

따라서 똑같은 기계 12대로 일을 끝내려면 10시간을 작업해야 한다.

Best 쌍둥이

1 ③	**2** 16	**3** ④	**4** 4	**5** $-\dfrac{11}{3}$	**6** $\dfrac{39}{8}$
7 45분	**8** ④	**9** ④	**10** ④	**11** 24	**12** ②
13 $\dfrac{1}{2}$	**14** 24				

1 ① $y=4x$ ② $y=3x$ ③ $y=x+5$
④ $y=6x$ ⑤ $y=0.5x$

따라서 y가 x에 정비례하지 않는 것은 ③이다.

2 $y=ax$로 놓고 이 식에 $x=-3$, $y=-12$를 대입하면

$-12=-3a$ $\therefore a=4$

따라서 $y=4x$이므로 이 식에 $x=4$를 대입하면

$y=4\times4=16$

3 ① 점 $(2, -12)$를 지난다.

② 제2사분면과 제4사분면을 지난다.

③ $|2|<|-6|$이므로 $y=2x$의 그래프가 $y=-6x$의 그래프보다 x축에 더 가깝다.

⑤ 원점을 지나는 직선이다.

따라서 옳은 것은 ④이다.

4 $y=-\dfrac{1}{4}x$에 $x=a$, $y=1$을 대입하면

$1=-\dfrac{1}{4}a$ ∴ $a=-4$

$y=-\dfrac{1}{4}x$에 $x=4$, $y=b$를 대입하면

$b=-\dfrac{1}{4}\times 4=-1$

∴ $ab=-4\times(-1)=4$

5 $y=ax$에 $x=-6$, $y=4$를 대입하면

$4=-6a$ ∴ $a=-\dfrac{2}{3}$

따라서 $y=-\dfrac{2}{3}x$이므로 이 식에 $x=k$, $y=-2$를 대입하면

$-2=-\dfrac{2}{3}k$ ∴ $k=3$

∴ $a-k=-\dfrac{2}{3}-3=-\dfrac{11}{3}$

6 점 A의 y좌표가 3이므로 $y=4x$에 $y=3$을 대입하면

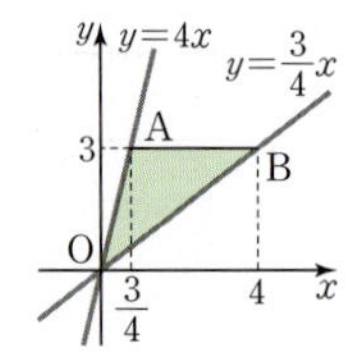

$3=4x$ ∴ $x=\dfrac{3}{4}$

∴ $A\left(\dfrac{3}{4}, 3\right)$

또 점 B의 y좌표가 3이므로 $y=\dfrac{3}{4}x$에 $y=3$을 대입하면

$3=\dfrac{3}{4}x$ ∴ $x=4$

∴ $B(4, 3)$

∴ (삼각형 AOB의 넓이)$=\dfrac{1}{2}\times\left(4-\dfrac{3}{4}\right)\times 3$

$=\dfrac{1}{2}\times\dfrac{13}{4}\times 3=\dfrac{39}{8}$

7 민영이의 그래프가 나타내는 x와 y 사이의 관계식을 $y=ax$로 놓고 이 식에 $x=2$, $y=400$을 대입하면

$400=2a$ ∴ $a=200$ ∴ $y=200x$

서진이의 그래프가 나타내는 x와 y 사이의 관계식을 $y=bx$로 놓고 이 식에 $x=4$, $y=200$을 대입하면

$200=4b$ ∴ $b=50$ ∴ $y=50x$

민영: $y=200x$에 $y=3000$을 대입하면

$3000=200x$ ∴ $x=15$

서진: $y=50x$에 $y=3000$을 대입하면

$3000=50x$ ∴ $x=60$

따라서 민영이는 서진이보다 $60-15=45$(분) 더 빨리 도착한다.

8 ① $y=3x+1$ ② $y=30-x$ ③ $y=4x$

④ $y=\dfrac{70}{x}$ ⑤ $y=1000x$

따라서 y가 x에 반비례하는 것은 ④이다.

9 $y=\dfrac{a}{x}$로 놓고 이 식에 $x=-2$, $y=-12$를 대입하면

$-12=\dfrac{a}{-2}$ ∴ $a=24$

따라서 $y=\dfrac{24}{x}$이므로 이 식에 $y=8$을 대입하면

$8=\dfrac{24}{x}$ ∴ $x=3$

10 ④ $x<0$일 때, x의 값이 증가하면 y의 값도 증가한다.

⑤ 0이 아닌 두 수 a, b에 대하여 점 (a, b)가 $y=-\dfrac{10}{x}$의 그래프 위의 점이면 $b=-\dfrac{10}{a}$이므로 $-b=-\dfrac{10}{-a}$이다.

즉, 점 $(-a, -b)$도 이 그래프 위의 점이다.

따라서 옳지 않은 것은 ④이다.

11 $y=\dfrac{a}{x}$에 $x=-9$, $y=2$를 대입하면

$2=\dfrac{a}{-9}$ ∴ $a=-18$

따라서 $y=-\dfrac{18}{x}$이므로 이 식에 $x=b$, $y=-3$을 대입하면

$-3=-\dfrac{18}{b}$ ∴ $b=6$

∴ $b-a=6-(-18)=24$

12 $y=\dfrac{16}{x}$의 그래프 위의 점 중에서 x좌표와 y좌표가 모두 정수이려면 $|x|$가 16의 약수이어야 하므로 x의 값은 1, 2, 4, 8, 16, -1, -2, -4, -8, -16이다.

따라서 x좌표와 y좌표가 모두 정수인 점은

$(1, 16)$, $(2, 8)$, $(4, 4)$, $(8, 2)$, $(16, 1)$, $(-1, -16)$, $(-2, -8)$, $(-4, -4)$, $(-8, -2)$, $(-16, -1)$

의 10개이다.

13 $y=\dfrac{8}{x}$에 $x=4$를 대입하면 $y=\dfrac{8}{4}=2$

∴ $P(4, 2)$

따라서 $y=ax$에 $x=4$, $y=2$를 대입하면

$2=4a$ ∴ $a=\dfrac{1}{2}$

14 직사각형 ABCD의 넓이가 84이므로

$14\times 2b=84$ ∴ $b=3$

따라서 $A(7, 3)$이므로 $y=\dfrac{a}{x}$에 $x=7$, $y=3$을 대입하면

$3=\dfrac{a}{7}$ ∴ $a=21$

∴ $a+b=21+3=24$

1-1 $(6, 3)$	**1-2** ②	**2-1** $\dfrac{3}{5}$	**2-2** ②
3-1 36초 후	**3-2** 31초 후	**4-1** 15시간	**4-2** 4시간
5-1 12	**5-2** 7		

1-1 점 A의 x좌표를 $k\,(k>0)$라 하면 $\mathrm{A}(k, 2k)$

정사각형 ABCD의 한 변의 길이가 3이므로 점 C의 좌표는 $(k+3, 2k-3)$이다.

점 C는 정비례 관계 $y=\dfrac{1}{2}x$의 그래프 위에 있으므로

$y=\dfrac{1}{2}x$에 $x=k+3$, $y=2k-3$을 대입하면

$2k-3=\dfrac{1}{2}(k+3)$, $4k-6=k+3$

$3k=9$　　$\therefore k=3$

따라서 점 C의 좌표는 $(6, 3)$이다.

1-2 점 A의 x좌표를 $k\,(k>0)$라 하면 $\mathrm{A}(k, 3k)$

정사각형 ABCD의 한 변의 길이가 4이므로

$\mathrm{B}(k, 3k-4)$, $\mathrm{C}(k+4, 3k-4)$

점 C는 정비례 관계 $y=\dfrac{1}{3}x$의 그래프 위에 있으므로

$y=\dfrac{1}{3}x$에 $x=k+4$, $y=3k-4$를 대입하면

$3k-4=\dfrac{1}{3}(k+4)$, $9k-12=k+4$

$8k=16$　　$\therefore k=2$

따라서 점 B의 좌표는 $(2, 2)$이므로 x좌표와 y좌표의 합은 $2+2=4$

2-1 오른쪽 그림과 같이 정비례 관계 $y=ax$의 그래프와 선분 AB가 만나는 점을 P라 하고, 점 P의 좌표를 $(p, q)\,(p>0, q>0)$라 하자.

(삼각형 AOB의 넓이)$=\dfrac{1}{2}\times10\times6=30$이므로

(삼각형 AOP의 넓이)$=\dfrac{1}{2}\times6\times p=15$에서

$3p=15$　　$\therefore p=5$

(삼각형 POB의 넓이)$=\dfrac{1}{2}\times10\times q=15$에서

$5q=15$　　$\therefore q=3$

따라서 정비례 관계 $y=ax$의 그래프가 점 $\mathrm{P}(5, 3)$을 지나므로 $y=ax$에 $x=5$, $y=3$을 대입하면

$3=5a$　　$\therefore a=\dfrac{3}{5}$

2-2 $\mathrm{A}(3, 9)$, $\mathrm{B}\!\left(3, -\dfrac{3}{2}\right)$이므로

(삼각형 AOB의 넓이)$=\dfrac{1}{2}\times\left\{9-\left(-\dfrac{3}{2}\right)\right\}\times3$

$\qquad\qquad\qquad=\dfrac{1}{2}\times\dfrac{21}{2}\times3=\dfrac{63}{4}$

오른쪽 그림과 같이 정비례 관계 $y=ax$의 그래프와 선분 AB가 만나는 점을 P라 하고, 점 P의 좌표를 $(3, p)$라 하면

(삼각형 AOP의 넓이)

$=\dfrac{1}{2}\times(9-p)\times3=\dfrac{3(9-p)}{2}$

따라서 $\dfrac{3(9-p)}{2}=\dfrac{63}{8}$이므로 $9-p=\dfrac{21}{4}$　　$\therefore p=\dfrac{15}{4}$

즉, $\mathrm{P}\!\left(3, \dfrac{15}{4}\right)$이고, 이 점이 정비례 관계 $y=ax$의 그래프 위에 있으므로 $y=ax$에 $x=3$, $y=\dfrac{15}{4}$를 대입하면

$\dfrac{15}{4}=3a$　　$\therefore a=\dfrac{5}{4}$

3-1 선분 BP의 길이가 $x\,\mathrm{cm}$일 때, 삼각형 ABP의 넓이를 $y\,\mathrm{cm}^2$라 하면

$y=\dfrac{1}{2}\times x\times24=12x$

$y=12x$에 $y=180$을 대입하면

$180=12x$　　$\therefore x=15$

즉, 삼각형 ABP의 넓이가 $180\,\mathrm{cm}^2$일 때, 선분 BP의 길이는 $15\,\mathrm{cm}$이므로 점 P가 움직인 거리는

$24+45+24+15=108\,(\mathrm{cm})$

따라서 삼각형 ABP의 넓이가 처음으로 $180\,\mathrm{cm}^2$가 되는 것은 출발한 지 $108\div3=36$(초) 후이다.

3-2 선분 PC의 길이가 $x\,\mathrm{cm}$일 때, 삼각형 DPC의 넓이를 $y\,\mathrm{cm}^2$라 하면

$y=\dfrac{1}{2}\times x\times16=8x$

$y=8x$에 $y=80$을 대입하면 $80=8x$　　$\therefore x=10$

즉, 삼각형 DPC의 넓이가 $80\,\mathrm{cm}^2$일 때, 선분 PC의 길이는 $10\,\mathrm{cm}$이므로 점 P가 움직인 거리는

$16+20+16+(20-10)=62\,(\mathrm{cm})$

따라서 삼각형 DPC의 넓이가 처음으로 $80\,\mathrm{cm}^2$가 되는 것은 출발한 지 $62\div2=31$(초) 후이다.

4-1 기계 A의 그래프가 나타내는 x와 y 사이의 관계식을 $y=ax$로 놓고 이 식에 $x=5$, $y=1050$을 대입하면

$1050=5a$　　$\therefore a=210$　　$\therefore y=210x$

기계 B의 그래프가 나타내는 x와 y 사이의 관계식을 $y=bx$로 놓고 이 식에 $x=5$, $y=350$을 대입하면

$350=5b$　　$\therefore b=70$　　$\therefore y=70x$

이때 두 기계 A, B를 동시에 가동하면 x시간 동안 만드는 부품의 개수 y는

$y=210x+70x=280x$

$y=280x$에 $y=4200$을 대입하면

$4200=280x$　　$\therefore x=15$

따라서 자동차 부품 4200개를 만드는 데 걸리는 시간은 15시간이다.

4-2 수문 A의 그래프가 나타내는 x와 y 사이의 관계식을
$y=ax$로 놓고 $x=1$, $y=20$을 대입하면
$20=a$　　∴ $y=20x$
수문 B의 그래프가 나타내는 x와 y 사이의 관계식을
$y=bx$로 놓고 $x=2$, $y=20$을 대입하면
$20=2b$　　∴ $b=10$　　∴ $y=10x$
이때 두 수문 A, B를 동시에 열면 x시간 동안 방류되는 물의
양 y만 톤은
$y=20x+10x=30x$
$y=30x$에 $y=120$을 대입하면
$120=30x$　　∴ $x=4$
따라서 120만 톤의 물을 방류하는 데 걸리는 시간은 4시간
이다.

5-1 $\mathrm{D}\left(a,\ \dfrac{17}{a}\right)$, $\mathrm{G}\left(b,\ \dfrac{17}{b}\right)$이라 하면

(직사각형 AOED의 넓이)$=a\times\dfrac{17}{a}=17$,

(직사각형 BOFG의 넓이)$=b\times\dfrac{17}{b}=17$

직사각형 BOEC의 넓이를 S라 하면
(직사각형 ABCD의 넓이)$+$(직사각형 CEFG의 넓이)
$=(17-S)+(17-S)=10$
$34-2S=10$, $2S=24$　　∴ $S=12$
따라서 직사각형 BOEC의 넓이는 12이다.

5-2 $\mathrm{D}\left(p,\ \dfrac{a}{p}\right)$, $\mathrm{G}\left(q,\ \dfrac{a}{q}\right)$라 하면

(직사각형 AOED의 넓이)$=p\times\dfrac{a}{p}=a$,

(직사각형 BOFG의 넓이)$=q\times\dfrac{a}{q}=a$

즉, 직사각형 AOED의 넓이와 직사각형 BOFG의 넓이가
같으므로
(직사각형 CEFG의 넓이)
$=$(직사각형 BOFG의 넓이)$-$(직사각형 BOEC의 넓이)
$=$(직사각형 AOED의 넓이)$-$(직사각형 BOEC의 넓이)
$=$(직사각형 ABCD의 넓이)
$=7$

서술형 완성

1 $\dfrac{7}{2}$　　**2** -8　　**3** (1) $y=40x$　(2) 7600원
4 (1) $y=10x$　(2) 8 cm　　**5** 6　　**6** -18　**7** 12
8 $y=\dfrac{200}{x}$　　**9** $\dfrac{10}{3}$　　**10** 8

1　$y=-\dfrac{5}{2}x$에 $x=2a-4$, $y=5$를 대입하면

$5=-\dfrac{5}{2}(2a-4)$

$5=-5a+10$
$5a=5$　　∴ $a=1$　　　　　　　……①

$y=-\dfrac{5}{2}x$에 $x=1$, $y=b-5$를 대입하면

$b-5=-\dfrac{5}{2}$　　∴ $b=\dfrac{5}{2}$　　　……②

∴ $a+b=1+\dfrac{5}{2}=\dfrac{7}{2}$　　　　　　……③

단계	채점 기준	배점
①	a의 값 구하기	2점
②	b의 값 구하기	2점
③	$a+b$의 값 구하기	2점

2　$y=ax$에 $x=3$, $y=-12$를 대입하면
$-12=3a$　　∴ $a=-4$　　　　　……①
따라서 $y=-4x$이므로 이 식에 $x=-1$, $y=b$를 대입하
면
$b=-4\times(-1)=4$　　　　　　　……②
∴ $a-b=-4-4=-8$　　　　　　　……③

단계	채점 기준	배점
①	a의 값 구하기	2점
②	b의 값 구하기	2점
③	$a-b$의 값 구하기	2점

3　(1) 식품 $1\,\mathrm{g}$당 가격은 $\dfrac{4000}{100}=40$(원)이므로 x와 y 사이의
관계식은
$y=40x$
(2) $y=40x$에 $x=190$을 대입하면
$y=40\times190=7600$
따라서 식품 $190\,\mathrm{g}$의 가격은 7600원이다.

4　(1) $y=\dfrac{1}{2}\times x\times20$　　∴ $y=10x$
(2) $y=10x$에 $y=80$을 대입하면
$80=10x$　　∴ $x=8$
따라서 삼각형 APD의 넓이가 $80\,\mathrm{cm}^2$일 때, 선분 AP의
길이는 $8\,\mathrm{cm}$이다.

5　$y=\dfrac{a}{x}$의 그래프가 점 $\left(3,\ -\dfrac{4}{3}\right)$를 지나므로

$y=\dfrac{a}{x}$에 $x=3$, $y=-\dfrac{4}{3}$를 대입하면

$-\dfrac{4}{3}=\dfrac{a}{3}$　　∴ $a=-4$　　　……①

즉, $y=-\dfrac{4}{x}$의 그래프 위의 점 중에서 x좌표와 y좌표가 모두

정수이려면 $|x|$가 4의 약수이어야 하므로 x의 값은 1, 2,
4, -1, -2, -4이다.
따라서 x좌표와 y좌표가 모두 정수인 점은
$(1,\ -4)$, $(2,\ -2)$, $(4,\ -1)$, $(-1,\ 4)$, $(-2,\ 2)$, $(-4,\ 1)$
의 6개이다.　　　　　　　　　　　……②

단계	채점 기준	배점
①	a의 값 구하기	3점
②	x좌표와 y좌표가 모두 정수인 점의 개수 구하기	5점

6 $y=-3x$에 $x=-3$, $y=b$를 대입하면

$b=-3\times(-3)=9$ ...... ①

따라서 $y=\dfrac{a}{x}$에 $x=-3$, $y=9$를 대입하면

$9=\dfrac{a}{-3}$ $\therefore a=-27$ ...... ②

$\therefore a+b=-27+9=-18$ ...... ③

단계	채점 기준	배점
①	b의 값 구하기	3점
②	a의 값 구하기	3점
③	$a+b$의 값 구하기	2점

7 점 A의 x좌표를 $k\,(k>0)$라 하면

$A\left(k,\ \dfrac{a}{k}\right)$ ...... ①

이때 삼각형 AOB의 넓이가 6이므로

$\dfrac{1}{2}\times k\times\dfrac{a}{k}=6$

$\dfrac{1}{2}a=6$ $\therefore a=12$ ...... ②

단계	채점 기준	배점
①	점 A의 좌표를 문자를 사용하여 나타내기	3점
②	a의 값 구하기	5점

8 매분 $4\,L$씩 50분 동안 물을 넣으면 물탱크가 가득 차므로 물탱크에 들어갈 수 있는 물의 양은

$4\times50=200(L)$ ...... ①

따라서 $x\times y=200$이므로 $y=\dfrac{200}{x}$ ...... ②

단계	채점 기준	배점
①	물탱크에 들어갈 수 있는 물의 양 구하기	4점
②	x와 y 사이의 관계식 구하기	4점

9 정사각형 ABCD의 한 변의 길이가 4이므로 점 B의 x좌표와 y좌표는 $6-4=2$이다.

따라서 두 점 A, C의 좌표는

$A(2,\ 6)$, $C(6,\ 2)$ ...... ①

$y=ax$의 그래프가 점 $A(2,\ 6)$을 지나므로

$y=ax$에 $x=2$, $y=6$을 대입하면

$6=2a$ $\therefore a=3$ ...... ②

$y=bx$의 그래프가 점 $C(6,\ 2)$를 지나므로

$y=bx$에 $x=6$, $y=2$를 대입하면

$2=6b$ $\therefore b=\dfrac{1}{3}$ ...... ③

$\therefore a+b=3+\dfrac{1}{3}=\dfrac{10}{3}$ ...... ④

단계	채점 기준	배점
①	두 점 A, C의 좌표 구하기	4점
②	a의 값 구하기	2점
③	b의 값 구하기	2점
④	$a+b$의 값 구하기	2점

10 두 점 C, E의 좌표는

$C(4,\ 6)$, $E\left(4,\ \dfrac{a}{4}\right)$ ...... ①

직사각형 ADEC의 넓이는

$4\times\left(6-\dfrac{a}{4}\right)=24-a$

직사각형 DOBE의 넓이는

$4\times\dfrac{a}{4}=a$ ...... ②

이때 직사각형 ADEC의 넓이가 직사각형 DOBE의 넓이의 2배이므로

$24-a=2a$, $3a=24$ $\therefore a=8$ ...... ③

단계	채점 기준	배점
①	두 점 C, E의 좌표 구하기	2점
②	두 직사각형 ADEC, DOBE의 넓이 구하기	4점
③	a의 값 구하기	4점

1 ③ $\dfrac{y}{x}=\dfrac{1}{5}$에서 $y=\dfrac{1}{5}x$이므로 y는 x에 정비례한다.

2 $y=ax$로 놓고 이 식에 $x=-6$, $y=-1$을 대입하면

$-1=-6a$ $\therefore a=\dfrac{1}{6}$

$\therefore y=\dfrac{1}{6}x$

3 ① 점 $(2,\ 2a)$를 지난다.

⑤ $a>0$일 때, x의 값이 증가하면 y의 값도 증가한다.

4 $A(3,\ 4)$이므로 정사각형 ABCD의 한 변의 길이는 4이고, 점 D의 좌표는 $(7,\ 4)$이다.

점 $D(7,\ 4)$가 정비례 관계 $y=ax$의 그래프 위에 있으므로

$y=ax$에 $x=7$, $y=4$를 대입하면

$4=7a$ $\therefore a=\dfrac{4}{7}$

5 그래프가 원점을 지나는 직선이므로 $y=ax$로 놓는다.

이 그래프가 점 $(-4, 2)$를 지나므로 $y=ax$에 $x=-4$, $y=2$를 대입하면

$$2=-4a \qquad \therefore a=-\frac{1}{2}$$

즉, $y=-\frac{1}{2}x$이므로 이 식에 주어진 각 점의 좌표를 대입하면

① $3=-\frac{1}{2}\times(-6)$ ② $\frac{2}{3}=-\frac{1}{2}\times\left(-\frac{4}{3}\right)$

③ $1\neq-\frac{1}{2}\times\left(-\frac{1}{2}\right)$ ④ $-4=-\frac{1}{2}\times8$

⑤ $-5=-\frac{1}{2}\times10$

따라서 $y=-\frac{1}{2}x$의 그래프 위의 점이 아닌 것은 ③이다.

6 오른쪽 그림과 같이 정비례 관계 $y=ax$의 그래프와 변 BC가 만나는 점을 P라 하면 점 P의 좌표는 $(4, 4a)$이다.

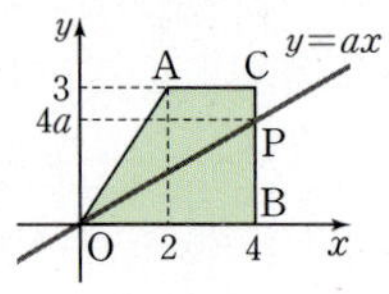

이때 (삼각형 POB의 넓이)$=\frac{1}{2}\times$(사각형 AOBC의 넓이)이므로

$$\frac{1}{2}\times4\times4a=\frac{1}{2}\times\left\{\frac{1}{2}\times(2+4)\times3\right\}$$

$$8a=\frac{9}{2} \qquad \therefore a=\frac{9}{16}$$

7 휘발유 $1\,\mathrm{mL}$를 정화하는 데 필요한 물의 양이 $20\,\mathrm{L}$이므로 휘발유 $x\,\mathrm{mL}$를 정화하는 데 필요한 물의 양을 $y\,\mathrm{L}$라 하면

$$y=20x$$

$y=20x$에 $y=4200$을 대입하면

$$4200=20x \qquad \therefore x=210$$

따라서 구하는 휘발유의 양은 $210\,\mathrm{mL}$이다.

8 ① 속력이 가장 빠른 학생은 A이다.

③ 학생 A의 그래프가 나타내는 x와 y 사이의 관계식을 $y=ax$로 놓는다.

이 그래프가 점 $(80, 600)$을 지나므로 $y=ax$에 $x=80$, $y=600$을 대입하면

$$600=80a \qquad \therefore a=\frac{15}{2} \qquad \therefore y=\frac{15}{2}x$$

④ 80초 동안 학생 A가 달린 거리는 $600\,\mathrm{m}$, 학생 B가 달린 거리는 $400\,\mathrm{m}$이므로 학생 A가 달린 거리는 학생 B가 달린 거리의 $\frac{600}{400}=\frac{3}{2}$(배)이다.

⑤ 학생 B의 그래프가 나타내는 x와 y 사이의 관계식을 $y=bx$로 놓는다.

이 그래프가 점 $(40, 200)$을 지나므로 $y=bx$에 $x=40$, $y=200$을 대입하면

$$200=40b \qquad \therefore b=5$$

$$\therefore y=5x \qquad \cdots\cdots \text{㉠}$$

학생 C의 그래프가 나타내는 x와 y 사이의 관계식을 $y=cx$로 놓는다.

이 그래프가 점 $(200, 800)$을 지나므로 $y=cx$에 $x=200$, $y=800$을 대입하면

$$800=200c \qquad \therefore c=4$$

$$\therefore y=4x \qquad \cdots\cdots \text{㉡}$$

㉠에 $x=100$을 대입하면 $y=5\times100=500$

㉡에 $x=100$을 대입하면 $y=4\times100=400$

즉, 100초 동안 달렸을 때, 두 학생 B와 C가 달린 거리의 차는 $500-400=100\,(\mathrm{m})$이다.

따라서 옳은 것은 ②, ④이다.

9 ① $y=15x$

② $y=350x$

③ $x+y=24$에서 $y=24-x$

④ (직사각형의 넓이)$=$(가로의 길이)$\times$(세로의 길이)이므로

$$30=xy \qquad \therefore y=\frac{30}{x}$$

⑤ (소금의 양)$=\dfrac{(소금물의 농도)}{100}\times$(소금물의 양)이므로

$$y=\frac{x}{100}\times300=3x$$

따라서 y가 x에 반비례하는 것은 ④이다.

10 ① 원점을 지나지 않는다.

③ 제2사분면과 제4사분면을 지난다.

④ $x>0$일 때, x의 값이 증가하면 y의 값도 증가한다.

따라서 옳은 것은 ②, ⑤이다.

11 ① 제2사분면, 제4사분면

②, ③, ④, ⑤ 제1사분면, 제3사분면

따라서 그 그래프가 지나는 사분면이 나머지 넷과 다른 하나는 ①이다.

12 $y=-\dfrac{a}{x}$에 $x=2$, $y=-10$을 대입하면

$$-10=-\frac{a}{2} \qquad \therefore a=20 \qquad \therefore y=-\frac{20}{x}$$

$y=-\dfrac{20}{x}$에 $x=-5$, $y=b$를 대입하면

$$b=-\frac{20}{-5}=4$$

$y=-\dfrac{20}{x}$에 $x=c$, $y=2$를 대입하면

$$2=-\frac{20}{c} \qquad \therefore c=-10$$

$$\therefore a+b+c=20+4+(-10)=14$$

13 ① 점 $(1, 4)$를 지나는 한 쌍의 매끄러운 곡선이므로 $y=\dfrac{a}{x}$로 놓고 이 식에 $x=1$, $y=4$를 대입하면

$$4=a \qquad \therefore y=\frac{4}{x}$$

② 점 $(2, 1)$과 원점을 지나는 직선이므로

$y=ax$로 놓고 이 식에 $x=2$, $y=1$을 대입하면

$$1=2a \quad \therefore a=\frac{1}{2} \quad \therefore y=\frac{1}{2}x$$

③ 점 $(1, 2)$와 원점을 지나는 직선이므로

$y=ax$로 놓고 이 식에 $x=1$, $y=2$를 대입하면

$$2=a \quad \therefore y=2x$$

④ 점 $(3, -1)$을 지나는 한 쌍의 매끄러운 곡선이므로

$y=\frac{a}{x}$로 놓고 이 식에 $x=3$, $y=-1$을 대입하면

$$-1=\frac{a}{3} \quad \therefore a=-3 \quad \therefore y=-\frac{3}{x}$$

⑤ 점 $(3, -1)$과 원점을 지나는 직선이므로

$y=ax$로 놓고 이 식에 $x=3$, $y=-1$을 대입하면

$$-1=3a \quad \therefore a=-\frac{1}{3} \quad \therefore y=-\frac{1}{3}x$$

따라서 바르게 짝 지어지지 않은 것은 ②, ④이다.

14 $y=ax$에 $x=-2$, $y=c$를 대입하면 $c=-2a$

$y=\frac{b}{x}$에 $x=-2$, $y=c$를 대입하면 $c=-\frac{b}{2}$

$$\therefore b=-2c=-2\times(-2a)=4a$$

따라서 $\frac{b}{a}=\frac{4a}{a}=4$, $ca=-2a\times a=-2a^2$이고

$-2a^2<0$이므로 점 $\left(\frac{b}{a}, ca\right)$는 제4사분면 위의 점이다.

15 두 점 A, C의 좌표는 각각 $\left(3, \frac{a}{3}\right)$, $\left(6, \frac{a}{6}\right)$이고, 직사각형 ABCD의 넓이가 12이므로

$$3\times\left(\frac{a}{3}-\frac{a}{6}\right)=12, \frac{a}{6}=4 \quad \therefore a=24$$

16 압력이 x기압인 기체의 부피를 y mL라 하고

$y=\frac{a}{x}$에 $x=4$, $y=16$을 대입하면

$$16=\frac{a}{4} \quad \therefore a=64$$

즉, $y=\frac{64}{x}$이므로 이 식에 $x=10$을 대입하면

$$y=\frac{64}{10}=\frac{32}{5}$$

따라서 압력이 10기압인 기체의 부피는 $\frac{32}{5}$ mL이다.

17 점 P의 x좌표가 2이고, 점 P는 정비례 관계 $y=\frac{1}{2}x$의 그래프 위에 있으므로 점 P의 좌표는 $(2, 1)$이다.

넓이가 1인 정사각형 A의 한 변의 길이는 1이므로 점 Q의 x좌표는 $2+1=3$이고, 점 Q는 정비례 관계 $y=\frac{1}{2}x$의 그래프 위에 있으므로 점 Q의 좌표는 $\left(3, \frac{3}{2}\right)$이다.

정사각형 B의 한 변의 길이는 $\frac{3}{2}$이므로 점 R의 x좌표는

$3+\frac{3}{2}=\frac{9}{2}$이고, 점 R는 정비례 관계 $y=\frac{1}{2}x$의 그래프 위에 있으므로 점 R의 좌표는 $\left(\frac{9}{2}, \frac{9}{4}\right)$이다. ⋯⋯ ①

따라서 정사각형 B의 넓이는 $\frac{3}{2}\times\frac{3}{2}=\frac{9}{4}$, 정사각형 C의 넓이는 $\frac{9}{4}\times\frac{9}{4}=\frac{81}{16}$이므로 구하는 합은

$$\frac{9}{4}+\frac{81}{16}=\frac{117}{16}$$ ⋯⋯ ②

단계	채점 기준	배점
①	세 점 P, Q, R의 좌표 구하기	5점
②	두 정사각형 B, C의 넓이의 합 구하기	5점

18 $y=ax$로 놓고 이 식에 $x=5$, $y=300$을 대입하면

$$300=5a \quad \therefore a=60 \quad \therefore y=60x$$ ⋯⋯ ①

$y=60x$에 $y=1800$을 대입하면

$$1800=60x \quad \therefore x=30$$

따라서 영식이가 학교까지 가는 데 걸린 시간은 30분이고, 9시 15분에 학교에 도착했으므로 집에서 출발한 시각은 8시 45분이다. ⋯⋯ ②

단계	채점 기준	배점
①	x와 y 사이의 관계식 구하기	4점
②	영식이가 집에서 출발한 시각 구하기	6점

19 $y=\frac{a}{x}$로 놓고 이 식에 $x=2$, $y=60$을 대입하면

$$60=\frac{a}{2} \quad \therefore a=120 \quad \therefore y=\frac{120}{x}$$ ⋯⋯ ①

$y=\frac{120}{x}$에 $x=3$, $y=A$를 대입하면

$$A=\frac{120}{3}=40$$

$y=\frac{120}{x}$에 $x=4$, $y=B$를 대입하면

$$B=\frac{120}{4}=30$$

$y=\frac{120}{x}$에 $x=C$, $y=24$를 대입하면

$$24=\frac{120}{C} \quad \therefore C=5$$ ⋯⋯ ②

$$\therefore A+B+C=40+30+5=75$$ ⋯⋯ ③

단계	채점 기준	배점
①	x와 y 사이의 관계식 구하기	3점
②	A, B, C의 값 구하기	3점
③	$A+B+C$의 값 구하기	2점

20 $y=ax$에 $x=-2$, $y=-7$을 대입하면

$$-7=-2a \quad \therefore a=\frac{7}{2}$$ ⋯⋯ ①

$y=\frac{b}{x}$에 $x=-2$, $y=-7$을 대입하면

$$-7=\frac{b}{-2} \quad \therefore b=14$$ ⋯⋯ ②

$$\therefore ab=\frac{7}{2}\times14=49$$ ⋯⋯ ③

단계	채점 기준	배점
①	a의 값 구하기	3점
②	b의 값 구하기	3점
③	ab의 값 구하기	2점

 1회 84~89쪽

1 ⑤	**2** ④	**3** ③	**4** ①	**5** ③	**6** ①, ⑤
7 ⑤	**8** ④	**9** ③	**10** $-\dfrac{1}{12}x-\dfrac{5}{4}$		**11** ①
12 $3a-5$		**13** ④	**14** ④	**15** ④	**16** ⑤
17 ④	**18** -2	**19** ④	**20** 23	**21** ②	**22** 6 km
23 ⑤	**24** 6	**25** ①	**26** 12	**27** 제3사분면	
28 ⑤	**29** ⑴ 8 km ⑵ 25분			**30** ①, ④	
31 2	**32** ④	**33** ③	**34** ⑤		
35 ⑴ $y=\dfrac{7}{4}x$ ⑵ 14번		**36** ②, ⑤		**37** ②	
38 12	**39** ④	**40** ②			

1 ① $1\div x=\dfrac{1}{x}$ ② $0.1\times a=0.1a$
③ $b\times b\times b=b^3$ ④ $(t+1)\times(-2)=-2(t+1)$
따라서 옳은 것은 ⑤이다.

3 ① $2a=2\times(-2)=-4$
② $\dfrac{1}{a}=-\dfrac{1}{2}$
③ $-a=-(-2)=2$
④ $a-3=-2-3=-5$
⑤ $-a^2=-(-2)^2=-4$
따라서 식의 값이 가장 큰 것은 ③이다.

4 $0.9(h-100)$에 $h=180$을 대입하면
$0.9\times(180-100)=0.9\times80=72(\text{kg})$

5 ③ x의 계수는 -2이다.

6 ② 다항식의 차수가 2이므로 일차식이 아니다.
③ 분모에 문자가 있는 식은 다항식이 아니므로 일차식이
아니다.
④ 상수항만 있으므로 일차식이 아니다.
따라서 일차식인 것은 ①, ⑤이다.

7 ⑤ $(12x-3)\div\left(-\dfrac{3}{5}\right)=(12x-3)\times\left(-\dfrac{5}{3}\right)$
$=-20x+5$

8 동류항은 문자와 차수가 각각 같으므로 $2x$와 동류항인 것은
④이다.

9 $-2a+6+9a-4=(-2+9)a+6-4$
$=7a+2$

10 $\dfrac{2x-3}{3}-\dfrac{3x+1}{4}=\dfrac{4(2x-3)}{12}-\dfrac{3(3x+1)}{12}$
$=\dfrac{8x-12-9x-3}{12}$
$=\dfrac{-x-15}{12}=-\dfrac{1}{12}x-\dfrac{5}{4}$

11 $2A+3B=2(3x+y)+3(2x-4y)$
$=6x+2y+6x-12y=12x-10y$

12 $\square=5a-2-(2a+3)$
$=5a-2-2a-3=3a-5$

13 ① $4\times(-1)-1=-5$
② $2-0=0+2$
③ $-3\times3+7=2\times3-8$
④ $2\times(-2+1)\neq8-(-2)$
⑤ $-4=4\times(4-2)-12$
따라서 방정식의 해가 아닌 것은 ④이다.

14 ① 다항식
② 부등호를 사용한 식
④ (우변)$=3(3-x)=9-3x$이므로 (좌변)$=$(우변)
⑤ (좌변)$=4(x-3)=4x-12$이므로 (좌변)$\neq$(우변)
따라서 항등식인 것은 ④이다.

15 ① $a=b$의 양변에서 2를 빼면 $a-2=b-2$
② $a-5=b+5$의 양변에 5를 더하면 $a=b+10$
③ $\dfrac{a}{2}=\dfrac{b}{3}$의 양변에 4를 곱하면 $2a=\dfrac{4}{3}b$
④ $5(a-4)=15b$의 양변을 5로 나누면 $a-4=3b$
⑤ $a=-b$의 양변에 4를 곱하면 $4a=-4b$
이 식의 양변에서 1을 빼면 $4a-1=-4b-1$
따라서 옳은 것은 ④이다.

16 ① $x-5=4 \Rightarrow x=4+5$
② $-x=2x+6 \Rightarrow -x-2x=6$
③ $4x+3=-7 \Rightarrow 4x=-7-3$
④ $1+x=5x-2 \Rightarrow x-5x=-2-1$
따라서 바르게 이항한 것은 ⑤이다.

17 ① $2x-9=5$에서 $2x=14$ $\therefore x=7$
② $3(x-4)=9$에서 $3x-12=9$, $3x=21$ $\therefore x=7$
③ $3x+8=4x+1$에서 $-x=-7$ $\therefore x=7$
④ $3x+1=-2x-14$에서 $5x=-15$ $\therefore x=-3$
⑤ $5(x-2)=3x+4$에서 $5x-10=3x+4$
$2x=14$ $\therefore x=7$
따라서 해가 나머지 넷과 다른 하나는 ④이다.

18 $\dfrac{4x-1}{3}=\dfrac{2(1-x)}{5}+1$의 양변에 15를 곱하면
$5(4x-1)=6(1-x)+15$, $20x-5=6-6x+15$
$26x=26$ $\therefore x=1$ $\therefore a=1$
$0.25(x-2)-\dfrac{3}{5}(2x+1)=0.8$에서
$\dfrac{1}{4}(x-2)-\dfrac{3}{5}(2x+1)=\dfrac{4}{5}$
양변에 20을 곱하면 $5(x-2)-12(2x+1)=16$
$5x-10-24x-12=16$
$-19x=38$ $\therefore x=-2$ $\therefore b=-2$
$\therefore ab=1\times(-2)=-2$

19 $x-2=4x-11$에서 $-3x=-9$ $\quad\therefore x=3$
따라서 $ax-5=2x+1$에 $x=3$을 대입하면
$3a-5=6+1,\ 3a=12$ $\quad\therefore a=4$

20 가장 작은 수를 x라 하면 연속하는 세 홀수는 $x,\ x+2,$
$x+4$이므로
$x+(x+2)+(x+4)=75$
$3x=69$ $\quad\therefore x=23$
따라서 가장 작은 수는 23이다.

21 사다리꼴의 윗변의 길이를 $x\,\text{cm}$라 하면 아랫변의 길이는
$(x+3)\,\text{cm}$이므로
$\dfrac{1}{2}\times\{x+(x+3)\}\times8=36$
$4(2x+3)=36,\ 2x+3=9$
$2x=6$ $\quad\therefore x=3$
따라서 사다리꼴의 윗변의 길이는 $3\,\text{cm}$이다.

22 출발 지점에서 정상까지의 거리를 $x\,\text{km}$라 하면
$\dfrac{x}{3}+\dfrac{30}{60}+\dfrac{x}{4}=4,\ \dfrac{x}{3}+\dfrac{1}{2}+\dfrac{x}{4}=4$
양변에 12를 곱하면 $4x+6+3x=48$
$7x=42$ $\quad\therefore x=6$
따라서 출발 지점에서 정상까지의 거리는 $6\,\text{km}$이다.

23 작년의 여학생 수를 x라 하면 작년의 남학생 수는 $600-x$
이므로
(감소한 남학생 수)$=\dfrac{4}{100}\times(600-x)$
(증가한 전체 학생 수)$=\dfrac{2}{100}\times600$
이때 여학생이 24명 증가하였으므로
$24-\dfrac{4}{100}\times(600-x)=\dfrac{2}{100}\times600$
양변에 100을 곱하면 $2400-2400+4x=1200$
$4x=1200$ $\quad\therefore x=300$
따라서 올해 여학생 수는
$300+24=324$

24 $a+3=2a-1$이므로 $a=4$
$-2b+1=b+7$이므로 $3b=-6$ $\quad\therefore b=-2$
$\therefore a-b=4-(-2)=6$

25 점 $\text{A}(3a+2,\ 1-4a)$가 x축 위의 점이므로
$1-4a=0,\ 4a=1$ $\quad\therefore a=\dfrac{1}{4}$
점 $\text{B}(b-2,\ 2b+5)$가 y축 위의 점이므로
$b-2=0$ $\quad\therefore b=2$
$\therefore 4a-3b=4\times\dfrac{1}{4}-3\times2=1-6=-5$

26 세 점 A, B, C를 좌표평면 위에 나타 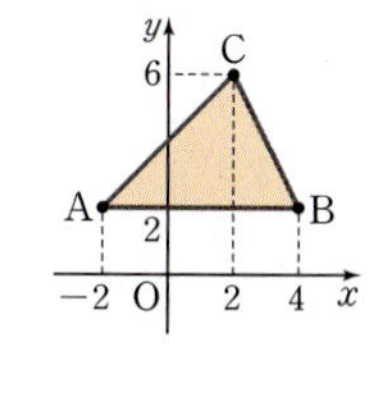
내면 오른쪽 그림과 같으므로
(삼각형 ABC의 넓이)
$=\dfrac{1}{2}\times\{4-(-2)\}\times(6-2)$
$=\dfrac{1}{2}\times6\times4=12$

27 $a>0,\ b<0$이므로 $-a<0,\ b<0$
따라서 점 $(-a,\ b)$는 제3사분면 위의 점이다.

28 물통의 밑면의 반지름의 길이가 길수록 물의 높이가 느리
게 증가하므로 각 물통에 해당하는 그래프를 짝 지으면
A$-$ㄷ, B$-$ㄴ, C$-$ㄱ

29 ⑴ 연희가 출발한 후 1시간, 즉 60분 동안 이동한 거리는
$8\,\text{km}$이다.
⑵ 거리의 변화가 없는 것은 출발한 지 25분 후부터 40분
후까지, 65분 후부터 75분 후까지이므로 자전거가 정지
한 시간은 모두 $15+10=25$(분)이다.

30 ① $x+y=30$에서 $y=30-x$
② $y=500x$
③ (정삼각형의 둘레의 길이)$=3\times$(한 변의 길이)이므로
$y=3x$
④ $y=\dfrac{600}{x}$
⑤ (거리)$=$(속력)$\times$(시간)이므로 $y=8x$
따라서 y가 x에 정비례하지 않는 것은 ①, ④이다.

31 $y=ax$로 놓고 이 식에 $x=6,\ y=-1$을 대입하면
$-1=6a$ $\quad\therefore a=-\dfrac{1}{6}$
따라서 $y=-\dfrac{1}{6}x$이므로 이 식에 $x=-12$를 대입하면
$y=-\dfrac{1}{6}\times(-12)=2$

32 $y=-3x$에 주어진 각 점의 좌표를 대입하면
① $-12=-3\times4$ $\qquad$ ② $0=-3\times0$
③ $-3=-3\times1$ $\qquad$ ④ $-6\neq-3\times(-1)$
⑤ $-9=-3\times3$
따라서 $y=-3x$의 그래프 위의 점이 아닌 것은 ④이다.

33 $y=ax$의 그래프가 점 $(-1,\ -2)$를 지나므로
$y=ax$에 $x=-1,\ y=-2$를 대입하면
$-2=-a$ $\quad\therefore a=2$
따라서 $y=2x$의 그래프가 점 $(2,\ b)$를 지나므로
$y=2x$에 $x=2,\ y=b$를 대입하면
$b=2\times2=4$
$\therefore a+b=2+4=6$

34 $y=\dfrac{3}{4}x$에 $x=8$을 대입하면

$$y=\dfrac{3}{4}\times 8=6 \qquad \therefore \mathrm{A}(8,\ 6)$$

$$\therefore (삼각형\ \mathrm{AOB}의\ 넓이)=\dfrac{1}{2}\times 8\times 6=24$$

35 ⑴ 두 톱니바퀴 A, B가 서로 맞물려 돌아간 톱니의 수는 같으므로

$$56\times x=32\times y \qquad \therefore y=\dfrac{7}{4}x$$

⑵ $y=\dfrac{7}{4}x$에 $x=8$을 대입하면

$$y=\dfrac{7}{4}\times 8=14$$

따라서 톱니바퀴 B는 14번 회전한다.

36 ② 원점을 지나지 않는다.

⑤ $x>0$일 때, x의 값이 증가하면 y의 값은 감소한다.

37 $y=\dfrac{12}{x}$에 $x=-a,\ y=8$을 대입하면

$$8=\dfrac{12}{-a} \qquad \therefore a=-\dfrac{3}{2}$$

38 $\mathrm{P}\!\left(2,\ \dfrac{a}{2}\right)$, $\mathrm{Q}\!\left(4,\ \dfrac{a}{4}\right)$이고 두 점 P, Q의 y좌표의 차가 3이므로

$$\dfrac{a}{2}-\dfrac{a}{4}=3,\ \dfrac{a}{4}=3 \qquad \therefore a=12$$

39 ① 점 $(2,\ 2)$를 지나는 한 쌍의 매끄러운 곡선이므로

$y=\dfrac{a}{x}$에 $x=2,\ y=2$를 대입하면

$$2=\dfrac{a}{2} \quad \therefore a=4 \quad \therefore y=\dfrac{4}{x}$$

② 점 $(-2,\ 3)$을 지나는 한 쌍의 매끄러운 곡선이므로

$y=\dfrac{a}{x}$에 $x=-2,\ y=3$을 대입하면

$$3=\dfrac{a}{-2} \quad \therefore a=-6 \quad \therefore y=-\dfrac{6}{x}$$

③ 점 $(3,\ 2)$와 원점을 지나는 직선이므로 $y=ax$에 $x=3,\ y=2$를 대입하면

$$2=3a \quad \therefore a=\dfrac{2}{3} \quad \therefore y=\dfrac{2}{3}x$$

④ 점 $(1,\ 2)$와 원점을 지나는 직선이므로 $y=ax$에 $x=1,\ y=2$를 대입하면

$$a=2 \quad \therefore y=2x$$

⑤ 점 $(-2,\ 1)$과 원점을 지나는 직선이므로 $y=ax$에 $x=-2,\ y=1$을 대입하면

$$1=-2a \quad \therefore a=-\dfrac{1}{2} \quad \therefore y=-\dfrac{1}{2}x$$

따라서 바르게 짝 지은 것은 ④이다.

40 30000원어치의 페인트로 칠할 수 있는 벽의 넓이는

$$\dfrac{30000}{5000}=6(\mathrm{m}^2)$$

따라서 $x\times y=6$이므로 $y=\dfrac{6}{x}$

2회

1 ⑤	**2** ④	**3** ②	**4** 20℃	**5** ②	**6** ①			
7 ④	**8** ②	**9** ㉠ $2x-2$, ㉡ $5x-11$						
10 $\dfrac{15}{2}a+7$	**11** ⑤	**12** $-2x+10$	**13** ①					
14 ㈎ ㄴ, ㈏ ㄹ	**15** ㄱ, ㄹ, ㅁ	**16** ①						
17 $x=-6$	**18** -3	**19** ①	**20** 4	**21** ③				
22 2	**23** 750 m	**24** 146	**25** ④	**26** 24				
27 ④	**28** ②	**29** ③	**30** ⑴ 3시간 30분 ⑵ 90분 후					
31 ①, ⑤	**32** ③	**33** ①	**34** 1					
35 $y=10x$, 18분	**36** $y=\dfrac{8}{x}$	**37** 4	**38** ④					
39 ②	**40** 25 cm³							

1 ① $x\times z\div y=x\times z\times\dfrac{1}{y}=\dfrac{xz}{y}$

② $x\div(y\div z)=x\div\left(y\times\dfrac{1}{z}\right)=x\times\dfrac{z}{y}=\dfrac{xz}{y}$

③ $x\div y\div\dfrac{1}{z}=x\times\dfrac{1}{y}\times z=\dfrac{xz}{y}$

④ $x\times\left(\dfrac{1}{y}\div\dfrac{1}{z}\right)=x\times\left(\dfrac{1}{y}\times z\right)=\dfrac{xz}{y}$

⑤ $\dfrac{1}{x}\div\dfrac{1}{y}\div\dfrac{1}{z}=\dfrac{1}{x}\times y\times z=\dfrac{yz}{x}$

따라서 나머지 넷과 다른 하나는 ⑤이다.

2 ④ (거리)=(속력)×(시간)이므로 시속 $5\,\mathrm{km}$로 x시간 동안 달린 거리는

$$5\times x=5x(\mathrm{km})$$

3 $2x^2-3y=2\times\left(-\dfrac{1}{2}\right)^2-3\times\dfrac{1}{3}=2\times\dfrac{1}{4}-1$

$$=\dfrac{1}{2}-1=-\dfrac{1}{2}$$

4 $\dfrac{5}{9}(x-32)$에 $x=68$을 대입하면

$$\dfrac{5}{9}\times(68-32)=\dfrac{5}{9}\times 36=20(℃)$$

5 ① 항이 2개이므로 단항식이 아니다.

③ x의 계수는 $\dfrac{1}{4}$이다.

④ 다항식의 차수는 2이다.

⑤ 항은 $xy,\ z$의 2개이다.

따라서 옳은 것은 ②이다.

6 $\dfrac{2}{3}(12x-4)-\dfrac{1}{3}=8x-\dfrac{8}{3}-\dfrac{1}{3}=8x-3$

$\left(\dfrac{1}{3}x+\dfrac{2}{3}\right)\div\left(-\dfrac{1}{3}\right)^2=\left(\dfrac{1}{3}x+\dfrac{2}{3}\right)\div\dfrac{1}{9}$

$$=\left(\dfrac{1}{3}x+\dfrac{2}{3}\right)\times 9$$

$$=3x+6$$

따라서 두 상수항의 곱은

$$-3\times 6=-18$$

7 $4(x+2)+\dfrac{1}{3}(9-6x)=4x+8+3-2x$
$$=2x+11$$
따라서 $a=2$, $b=11$이므로
$b-a=11-2=9$

8 $\dfrac{5a-3b+2}{3}-\dfrac{a-5b-1}{2}$
$$=\dfrac{2(5a-3b+2)}{6}-\dfrac{3(a-5b-1)}{6}$$
$$=\dfrac{10a-6b+4-3a+15b+3}{6}$$
$$=\dfrac{7a+9b+7}{6}$$
$$=\dfrac{7}{6}a+\dfrac{3}{2}b+\dfrac{7}{6}$$

9 $\bigcirc=(3x+2)+(-x-4)=2x-2$
$\bigcirc=(2x-2)+(3x-9)=5x-11$

10 직사각형의 가로의 길이는 $3a+2$, 세로의 길이는 $2+3=5$
이므로
(색칠한 부분의 넓이)
=(직사각형의 넓이)-(색칠하지 않은 삼각형의 넓이의 합)
$$=(3a+2)\times5-\left\{\dfrac{1}{2}\times3a\times2+\dfrac{1}{2}\times(3a+2)\times3\right\}$$
$$=15a+10-\left(3a+\dfrac{9}{2}a+3\right)$$
$$=15a+10-\left(\dfrac{15}{2}a+3\right)$$
$$=15a+10-\dfrac{15}{2}a-3$$
$$=\dfrac{15}{2}a+7$$

11 $6A-4B=6\times\left(\dfrac{1}{6}x+y\right)-4\times\left(-\dfrac{1}{4}x-\dfrac{1}{2}y\right)$
$$=x+6y+x+2y$$
$$=2x+8y$$

12 $A+(-5x-3)=x+3$이므로
$A=x+3-(-5x-3)$
$$=x+3+5x+3=6x+6$$
$B-(5x-2)=3x-2$이므로
$B=3x-2+(5x-2)=8x-4$
$\therefore A-B=6x+6-(8x-4)$
$$=6x+6-8x+4$$
$$=-2x+10$$

13 $2(3x-1)-7=6x+a$에서
$6x-2-7=6x+a$ $\therefore 6x-9=6x+a$
이 식이 x에 대한 항등식이므로
$a=-9$

14 ㉮ 등식의 양변에서 5를 뺀다. ➡ ㄴ
㉯ 등식의 양변을 3으로 나눈다. ➡ ㄹ

15 ㄱ. $\dfrac{x}{5}=1$에서 $\dfrac{x}{5}-1=0$
ㄴ. $4x-1=4x$에서 $-1=0$
ㄷ. 분모에 문자가 있는 식은 다항식이 아니므로 일차방정
식이 아니다.
ㄹ. $y-2=2y-2$에서 $-y=0$
ㅁ. $1-2x^2=-2(x^2+1)-x$에서
$1-2x^2=-2x^2-2-x$ $\therefore x+3=0$
따라서 보기 중 일차방정식인 것은 ㄱ, ㄹ, ㅁ이다.

16 $2x+1=4x-7$에서 $-2x=-8$
$\therefore x=4$ $\therefore a=4$
$7x-2(x-3)=16$에서 $7x-2x+6=16$
$5x=10$ $\therefore x=2$ $\therefore b=2$
$\therefore a+b=4+2=6$

17 $\dfrac{x+3}{2}=1.5(x+2)-\dfrac{3}{4}x$에서
$\dfrac{x+3}{2}=\dfrac{3}{2}(x+2)-\dfrac{3}{4}x$
양변에 4를 곱하면 $2(x+3)=6(x+2)-3x$
$2x+6=6x+12-3x$ $\therefore x=-6$

18 $(2x-9):(7x+1)=3:4$에서
$4(2x-9)=3(7x+1)$
$8x-36=21x+3$, $13x=-39$ $\therefore x=-3$

19 $\dfrac{2x-3}{4}+a=\dfrac{x-2a}{3}$에 $x=2$를 대입하면
$\dfrac{1}{4}+a=\dfrac{2-2a}{3}$
양변에 12를 곱하면 $3+12a=8-8a$
$20a=5$ $\therefore a=\dfrac{1}{4}$

20 $x-\dfrac{1}{3}(x+a)=-\dfrac{5}{3}$의 양변에 3을 곱하면
$3x-(x+a)=-5$, $3x-x-a=-5$
$2x=a-5$ $\therefore x=\dfrac{a-5}{2}$
따라서 $\dfrac{a-5}{2}$가 음의 정수이려면 $a-5$의 값이 -2, -4,
-6, …이어야 하므로 이를 만족시키는 자연수 a의 값은 3,
1이다.
따라서 구하는 합은 $3+1=4$

21 x년 후에 아버지의 나이가 딸의 나이의 3배가 된다고 하면
$48+x=3(12+x)$
$48+x=36+3x$
$2x=12$ $\therefore x=6$
따라서 아버지의 나이가 딸의 나이의 3배가 되는 것은 6년
후이다.

22 처음 직사각형의 넓이는 $4 \times 6 = 24(\text{cm}^2)$

가로의 길이를 $2\,\text{cm}$만큼, 세로의 길이를 $x\,\text{cm}$만큼 늘이면

가로의 길이는 $6\,\text{cm}$, 세로의 길이는 $(6+x)\,\text{cm}$이므로

$6 \times (6+x) = 2 \times 24$

$36 + 6x = 48,\ 6x = 12 \qquad \therefore\ x = 2$

23 현성이가 걸은 시간을 x분이라 하면 현주가 뛴 시간은

$(x-10)$분이므로

$50x = 150(x-10)$

$50x = 150x - 1500$

$100x = 1500 \qquad \therefore\ x = 15$

따라서 현성이가 걸은 시간은 15분이므로 15분 동안 현성이

가 걸은 거리는

$50 \times 15 = 750(\text{m})$

24 텐트의 개수를 x라 하면

한 텐트에 6명씩 배정할 때의 학생 수는 $6x+2$

한 텐트에 7명씩 배정할 때의 학생 수는 $7(x-4)+6$

이때 학생 수는 같으므로

$6x+2 = 7(x-4)+6$

$6x+2 = 7x - 28 + 6 \qquad \therefore\ x = 24$

따라서 텐트의 개수가 24이므로 전체 학생 수는

$6 \times 24 + 2 = 146$

25 ④ D$(0, -3)$

26 네 점 A, B, C, D를 좌표평면 위에 나

타내면 오른쪽 그림과 같고, 사각형

ABCD는 사다리꼴이므로

(사각형 ABCD의 넓이)

$= \dfrac{1}{2} \times [\{2-(-3)\} + \{3-(-4)\}] \times \{1-(-3)\}$

$= \dfrac{1}{2} \times (5+7) \times 4 = 24$

27 점 $(a, -b)$가 제3사분면 위의 점이므로

$a < 0,\ -b < 0 \qquad \therefore\ a < 0,\ b > 0$

따라서 $-a > 0,\ ab < 0$이므로 점 $(-a, ab)$는 제4사분면

위의 점이다.

28 점 $(a, -2)$와 y축에 대하여 대칭인 점의 좌표는

$(-a, -2)$이고, 이 점이 점 $(-4, b+1)$과 일치하므로

$-a = -4,\ -2 = b+1 \qquad \therefore\ a = 4,\ b = -3$

$\therefore\ ab = 4 \times (-3) = -12$

29 물통의 아랫부분은 폭이 좁고 일정하고, 윗부분은 폭이 넓

고 일정하다.

따라서 물의 높이가 빠르고 일정하게 증가하다가 느리고

일정하게 증가하므로 그래프로 알맞은 것은 ③이다.

30 ⑴ 소희네 가족이 $35\,\text{km}$만큼 이동한 후 12시부터 15시 30

분까지 거리의 변화가 없으므로 놀이동산에 머문 시간

은 3시간 30분이다.

⑵ 소희네 가족은 15시 30분에 출발하여 17시에 집에 도착

하였으므로 놀이동산에서 출발한 지 90분 후에 집에 도착

하였다.

31 ④ $xy = -2$에서 $y = -\dfrac{2}{x}$

⑤ $\dfrac{y}{x} = 8$에서 $y = 8x$

따라서 y가 x에 정비례하는 것은 ①, ⑤이다.

32 ③ $a > 0$이면 오른쪽 위로 향하는 직선이고, $a < 0$이면 오른

쪽 아래로 향하는 직선이다.

33 $\left| -\dfrac{1}{4} \right| < \left| \dfrac{3}{2} \right| < |-2| < |3| < |-4|$이므로 그래프가 y

축에 가장 가까운 것은 ①이다.

34 $y = ax$에 $x = 2,\ y = -6$을 대입하면

$-6 = 2a \qquad \therefore\ a = -3$

따라서 $y = -3x$이므로 이 식에 $x = -2,\ y = k+2$를 대입

하면

$k+2 = -3 \times (-2) \qquad \therefore\ k = 4$

$\therefore\ a+k = -3+4 = 1$

35 매분 $10\,\text{L}$씩 물을 넣으므로 x와 y 사이의 관계식은

$y = 10x$

전체 물의 양의 $\dfrac{3}{5}$은 $300 \times \dfrac{3}{5} = 180(\text{L})$이므로

$y = 10x$에 $y = 180$을 대입하면

$180 = 10x \qquad \therefore\ x = 18$

따라서 물을 전체의 $\dfrac{3}{5}$만큼 채우는 데 걸리는 시간은 18분

이다.

36 y는 x에 반비례하므로 $y = \dfrac{a}{x}$로 놓고 이 식에 $x = 2,\ y = 4$

를 대입하면

$4 = \dfrac{a}{2} \qquad \therefore\ a = 8$

$\therefore\ y = \dfrac{8}{x}$

37 그래프가 원점에 대하여 대칭인 한 쌍의 매끄러운 곡선이므

로 $y = \dfrac{a}{x}$로 놓는다.

$y = \dfrac{a}{x}$에 $x = 3,\ y = -2$를 대입하면

$-2 = \dfrac{a}{3} \qquad \therefore\ a = -6$

따라서 $y = -\dfrac{6}{x}$이므로 이 식에 $x = -\dfrac{3}{2},\ y = k$를 대입하면

$k = -6 \div \left(-\dfrac{3}{2} \right) = -6 \times \left(-\dfrac{2}{3} \right) = 4$

38 $y=-\dfrac{12}{x}$의 그래프 위의 점 중에서 x좌표와 y좌표가 모두 정수이려면 $|x|$가 12의 약수이어야 하므로 x의 값은 1, 2, 3, 4, 6, 12, -1, -2, -3, -4, -6, -12이다.

따라서 x좌표와 y좌표가 모두 정수인 점은
$(1, -12)$, $(2, -6)$, $(3, -4)$, $(4, -3)$, $(6, -2)$, $(12, -1)$, $(-1, 12)$, $(-2, 6)$, $(-3, 4)$, $(-4, 3)$, $(-6, 2)$, $(-12, 1)$
의 12개이다.

39 점 P의 x좌표를 $p\,(p>0)$라 하면 $P\left(p, \dfrac{10}{p}\right)$

$\therefore$ (직사각형 AOBP의 넓이)$=p\times\dfrac{10}{p}=10$

40 $y=\dfrac{a}{x}$로 놓고 이 식에 $x=5$, $y=20$을 대입하면

$20=\dfrac{a}{5}$ $\therefore a=100$

즉, $y=\dfrac{100}{x}$이므로 이 식에 $x=4$를 대입하면

$y=\dfrac{100}{4}=25$

따라서 압력이 4기압일 때, 기체의 부피는 $25\,cm^3$이다.

3회 — 96~101쪽

1 ③	**2** ⑤	**3** ④	**4** $(30000-720x)$원, 15600원
5 5	**6** ③	**7** ②, ⑤ **8** ③	**9** $\dfrac{1}{4}$ **10** ④
11 $4x+2$	**12** ③	**13** -12 **14** ⑤	**15** $a\neq5$
16 ③ **17** $x=4$	**18** ⑤	**19** ⑤	**20** ②
21 10분 후	**22** 4일	**23** ③	**24** -5
25 ①, ④	**26** 2	**27** 제2사분면	**28** 5
29 ④ **30** ④, ⑤		**31** ⑤ **32** ③	**33** $-\dfrac{3}{2}$
34 $\dfrac{3}{2}$ **35** 5 cm		**36** ② **37** ④	
38 ㄷ, ㅁ	**39** 24	**40** 8 cm	

1 ① $a\times b\div7\div x+y=a\times b\times\dfrac{1}{7}\times\dfrac{1}{x}+y$
$\qquad =\dfrac{ab}{7x}+y$

② $a\times b\div7\times(x+y)=a\times b\times\dfrac{1}{7}\times(x+y)$
$\qquad =\dfrac{ab(x+y)}{7}$

③ $a\times b\div7\div(x+y)=a\times b\times\dfrac{1}{7}\times\dfrac{1}{x+y}$
$\qquad =\dfrac{ab}{7(x+y)}$

④ $a\times b+\dfrac{1}{7}\times(x+y)=ab+\dfrac{x+y}{7}$

⑤ $a\times b\times(x+y)\times\dfrac{1}{7}=\dfrac{ab(x+y)}{7}$

따라서 기호 $\times$, $\div$를 사용하여 나타낸 것은 ③이다.

2 (속력)$=\dfrac{\text{(거리)}}{\text{(시간)}}$이므로 x시간 동안 $300\,km$를 갔을 때의 속력은 시속 $\dfrac{300}{x}\,km$이다.

3 ① $a^3=(-1)^3=-1$
② $-(-a)^2=-\{-(-1)\}^2=-1^2=-1$
③ $-(-a^3)=-\{-(-1)^3\}=-\{-(-1)\}=-1$
④ $\dfrac{1}{a^2}=\dfrac{1}{(-1)^2}=1$
⑤ $1-2a^4=1-2\times(-1)^4=1-2=-1$
따라서 식의 값이 나머지 넷과 다른 하나는 ④이다.

4 버스를 x회 이용한 후 교통카드의 잔액은 $(30000-720x)$원이다.
따라서 $30000-720x$에 $x=20$을 대입하면
$30000-720\times20=30000-14400=15600$
따라서 버스를 20회 이용한 후 교통카드의 잔액은 15600원이다.

5 $a=-\dfrac{6}{5}$, $b=\dfrac{1}{5}$, $c=-5$이므로
$(a+b)\times c=\left(-\dfrac{6}{5}+\dfrac{1}{5}\right)\times(-5)$
$\qquad\qquad =(-1)\times(-5)=5$

6 $2a-1$을 상자 A에 통과시키면
$(2a-1)\div\left(-\dfrac{1}{5}\right)-7=(2a-1)\times(-5)-7$
$\qquad\qquad =-10a+5-7$
$\qquad\qquad =-10a-2$
$-10a-2$를 상자 B에 통과시키면
$(-10a-2)\times(-2)\div4=(-10a-2)\times(-2)\times\dfrac{1}{4}$
$\qquad\qquad =(-10a-2)\times\left(-\dfrac{1}{2}\right)$
$\qquad\qquad =5a+1$
따라서 구하는 식은 $5a+1$이다.

7 ① 문자가 다르므로 동류항이 아니다.
③ 차수가 다르므로 동류항이 아니다.
④ $-\dfrac{1}{y}$은 분모에 문자가 있으므로 다항식이 아니다.
따라서 동류항끼리 짝 지어진 것은 ②, ⑤이다.

8 $3(x-5)-4(2+x)+5(x+3)$
$=3x-15-8-4x+5x+15$
$=4x-8$

9
$$\frac{2x+1}{3}-\frac{3x-2}{4}+\frac{5x-3}{6}$$
$$=\frac{4(2x+1)}{12}-\frac{3(3x-2)}{12}+\frac{2(5x-3)}{12}$$
$$=\frac{8x+4-9x+6+10x-6}{12}$$
$$=\frac{9x+4}{12}$$
$$=\frac{3}{4}x+\frac{1}{3}$$

따라서 x의 계수는 $\frac{3}{4}$, 상수항은 $\frac{1}{3}$이므로 그 곱은

$$\frac{3}{4}\times\frac{1}{3}=\frac{1}{4}$$

10 (색칠한 부분의 넓이)
$$=(\text{사다리꼴의 넓이})-(\text{직사각형의 넓이})$$
$$=\frac{1}{2}\times\{(x+1)+(3x-5)\}\times6-3\times(x-1)$$
$$=3\times(4x-4)-3x+3$$
$$=12x-12-3x+3$$
$$=9x-9$$

11
$$3\left(\frac{A}{2}-\frac{B}{6}\right)+B=\frac{3}{2}A-\frac{B}{2}+B$$
$$=\frac{3A+B}{2}$$
$$=\frac{3(5x-2)+(-7x+10)}{2}$$
$$=\frac{15x-6-7x+10}{2}$$
$$=\frac{8x+4}{2}$$
$$=4x+2$$

12 (내)에서 $B+(2x-3)=-5x+3$이므로
$$B=-5x+3-(2x-3)$$
$$=-5x+3-2x+3$$
$$=-7x+6$$

(가)에서 $A-(-3x+1)=-7x+6$이므로
$$A=-7x+6+(-3x+1)$$
$$=-10x+7$$
$$\therefore\ 3A-(4A-2B)=3A-4A+2B$$
$$=-A+2B$$
$$=-(-10x+7)+2(-7x+6)$$
$$=10x-7-14x+12$$
$$=-4x+5$$

13 $(a-1)x-12=2(x+2b)+x$에서
$$(a-1)x-12=2x+4b+x$$
$$\therefore\ (a-1)x-12=3x+4b$$

이 식이 x에 대한 항등식이므로
$$a-1=3,\ -12=4b\qquad\therefore\ a=4,\ b=-3$$
$$\therefore\ ab=4\times(-3)=-12$$

14 ① $a=3b$의 양변을 3으로 나누면 $\frac{1}{3}a=b$

② $a=3b$의 양변에서 9를 빼면 $a-9=3b-9$
$$\therefore\ a-9=3(b-3)$$

③ $a=3b$의 양변에 2를 곱하면 $2a=6b$
이 식의 양변에서 1을 빼면 $2a-1=6b-1$

④ $a=3b$의 양변을 6으로 나누면 $\frac{1}{6}a=\frac{1}{2}b$

이 식의 양변에 4를 더하면 $\frac{1}{6}a+4=\frac{1}{2}b+4$

⑤ $a=3b$의 양변에 -1을 곱하면 $-a=-3b$
이 식의 양변에 6을 더하면 $-a+6=-3b+6$

따라서 옳지 않은 것은 ⑤이다.

15 $-x+3=1+(4-a)x$에서 $(a-5)x+2=0$
따라서 주어진 등식이 일차방정식이 되려면
$$a-5\neq0\qquad\therefore\ a\neq5$$

16 $8(x-7)=-3(2x+5)+1$에서
$$8x-56=-6x-15+1$$
$$14x=42\qquad\therefore\ x=3$$

17 $\frac{2}{3}\left(\frac{1}{2}x+1\right)=0.6x-\frac{2}{5}$에서
$$\frac{2}{3}\left(\frac{1}{2}x+1\right)=\frac{3}{5}x-\frac{2}{5}$$
$$\frac{1}{3}x+\frac{2}{3}=\frac{3}{5}x-\frac{2}{5}$$

양변에 15를 곱하면 $5x+10=9x-6$
$$4x=16\qquad\therefore\ x=4$$

18 ① $3(x-2)=x-8$에서 $3x-6=x-8$
$$2x=-2\qquad\therefore\ x=-1$$

② $0.2x=0.6x+1.6$의 양변에 10을 곱하면
$$2x=6x+16,\ 4x=-16\qquad\therefore\ x=-4$$

③ $-x+4=\frac{3-x}{2}+1$의 양변에 2를 곱하면
$$-2x+8=3-x+2\qquad\therefore\ x=3$$

④ $\frac{x+1}{4}=0.8x-2.5$에서 $\frac{x+1}{4}=\frac{4}{5}x-\frac{5}{2}$
양변에 20을 곱하면 $5x+5=16x-50$
$$11x=55\qquad\therefore\ x=5$$

⑤ $(x+3):(2x-5)=2:3$에서
$$3(x+3)=2(2x-5)$$
$$3x+9=4x-10\qquad\therefore\ x=19$$

따라서 x의 값 중 가장 큰 것은 ⑤이다.

19 $2:5=x:20$에서 $5x=40\qquad\therefore\ x=8$
$-(x+2a)=4(a-x)-6$에 $x=8$을 대입하면
$$-(8+2a)=4(a-8)-6$$
$$-8-2a=4a-32-6$$
$$6a=30\qquad\therefore\ a=5$$

20 처음 수의 십의 자리의 숫자를 x라 하면
$$60+x=2(10x+6)+10$$
$$60+x=20x+22$$
$$19x=38 \qquad \therefore x=2$$
따라서 처음 수는 26이다.

21 헤나와 민재가 출발한 지 x분 후에 처음으로 만난다고 하면 두 사람이 걸은 거리의 합은 1.4 km, 즉 1400 m이므로
$$80x+60x=1400$$
$$140x=1400 \qquad \therefore x=10$$
따라서 두 사람은 출발한 지 10분 후에 처음으로 만난다.

22 전체 일의 양을 1이라 하면 A와 B가 하루 동안 하는 일의 양은 각각 $\dfrac{1}{12}$, $\dfrac{1}{8}$이다.

둘이 함께 일한 기간을 x일이라 하면
$$\frac{1}{12}\times 2+\left(\frac{1}{12}+\frac{1}{8}\right)\times x=1$$
$$\frac{1}{6}+\frac{5}{24}x=1$$
$$\frac{5}{24}x=\frac{5}{6} \qquad \therefore x=4$$
따라서 둘이 함께 일한 기간은 4일이다.

23 정삼각형을 1개, 2개, 3개, 4개, ... 만드는 데 필요한 성냥개비의 개수는 각각
$$3,\ 3+2\times 1,\ 3+2\times 2,\ 3+2\times 3,\ ...$$
즉, 정삼각형을 x개 만드는 데 필요한 성냥개비의 개수는
$$3+2\times(x-1)=2x+1$$
이때 95개의 성냥개비를 사용하므로
$$2x+1=95,\ 2x=94 \qquad \therefore x=47$$
따라서 95개의 성냥개비를 사용하여 만들 수 있는 정삼각형의 개수는 47이다.

24 $2a+5=a+3$이므로 $a=-2$
$-b+1=b-4$이므로 $-2b=-5 \qquad \therefore b=\dfrac{5}{2}$
$$\therefore ab=-2\times\frac{5}{2}=-5$$

25 ② x좌표가 0인 점은 점 E이다.
③ 제4사분면 위의 점은 점 F이다.
⑤ 점 D의 좌표가 $(a,\ b)$이면 점 A의 좌표는 $(-a,\ -b)$이다.
따라서 옳은 것은 ①, ④이다.

26 점 A$(4a+1,\ 3a+6)$이 x축 위의 점이므로
$$3a+6=0 \qquad \therefore a=-2$$
점 B$(5-b,\ 2b-8)$이 x축 위의 점이므로
$$2b-8=0 \qquad \therefore b=4$$
$$\therefore a+b=-2+4=2$$

27 점 $(ab,\ b-a)$가 제3사분면 위의 점이므로
$$ab<0,\ b-a<0$$
$ab<0$이므로 a, b의 부호는 반대이고, $b-a<0$이므로
$a>0$, $b<0$
따라서 $-a<0$, $a-b>0$이므로 점 $(-a,\ a-b)$는 제2사분면 위의 점이다.

28 점 $(2,\ 3)$과 x축에 대하여 대칭인 점은 A$(2,\ -3)$
점 $(3,\ 2)$와 y축에 대하여 대칭인 점은 B$(-3,\ 2)$
따라서 세 점 A, B, C를 좌표평면 위에 나타내면 오른쪽 그림과 같으므로
(삼각형 ABC의 넓이)
$$=\frac{1}{2}\times 2\times\{2-(-3)\}$$
$$=\frac{1}{2}\times 2\times 5=5$$

29 속력이 일정하면 그래프가 가로축과 평행하고 잠시 멈추었다가 다시 출발하면 속력이 점점 감소하다 잠시 동안 0이 된 후 다시 증가한다.
또 출발 후 이전과 같은 속력으로 움직이므로 이전과 같은 위치에서 가로축과 평행하다.
따라서 상황을 나타낸 그래프로 알맞은 것은 ④이다.

30 ④ 로봇이 12분 동안 움직인 거리는 $8+8+8=24(\text{m})$이다.
⑤ A 지점과 로봇 사이의 거리가 처음으로 6 m가 되는 때는 출발한 지 3분 후이다.

31 $y=ax$로 놓고 이 식에 $x=-5$, $y=-20$을 대입하면
$$-20=-5a \qquad \therefore a=4$$
$y=4x$에 $x=p$, $y=-4$를 대입하면
$$-4=4p \qquad \therefore p=-1$$
$y=4x$에 $x=2$, $y=q$를 대입하면
$$q=4\times 2=8$$
$$\therefore q-p=8-(-1)=9$$

32 정비례 관계 $y=\dfrac{4}{3}x$의 그래프는 원점과 점 $(3,\ 4)$를 지나는 직선이므로 ③이다.

33 $y=ax$의 그래프가 점 $(-1,\ 2)$를 지나므로
$y=ax$에 $x=-1$, $y=2$를 대입하면
$$2=-a \qquad \therefore a=-2$$
$y=bx$의 그래프가 점 $(4,\ 3)$을 지나므로
$y=bx$에 $x=4$, $y=3$을 대입하면
$$3=4b \qquad \therefore b=\frac{3}{4}$$
$$\therefore ab=-2\times\frac{3}{4}=-\frac{3}{2}$$

34 $y=ax$에 $y=6$을 대입하면

$$6=ax \quad \therefore x=\frac{6}{a} \quad \therefore \mathrm{P}\left(\frac{6}{a},\,6\right)$$

이때 삼각형 PQO의 넓이가 12이므로

$$\frac{1}{2}\times\frac{6}{a}\times6=12 \quad \therefore a=\frac{3}{2}$$

35 (삼각형의 넓이)$=\dfrac{1}{2}\times$(밑변의 길이)$\times$(높이)이므로

$$y=\frac{1}{2}\times x\times10 \quad \therefore y=5x$$

이 식에 $y=25$를 대입하면

$$25=5x \quad \therefore x=5$$

따라서 삼각형 ABP의 넓이가 $25\,\mathrm{cm}^2$일 때, 점 P가 움직인 거리는 $5\,\mathrm{cm}$이다.

36 $y=\dfrac{a}{x}$로 놓고 이 식에 $x=8$, $y=-3$을 대입하면

$$-3=\frac{a}{8} \quad \therefore a=-24$$

따라서 $y=-\dfrac{24}{x}$이므로 이 식에 $y=4$를 대입하면

$$4=-\frac{24}{x} \quad \therefore x=-6$$

37 ④ $a>0$일 때, $x<0$인 범위에서 x의 값이 증가하면 y의 값은 감소한다.

38 $\left|\dfrac{1}{2}\right|<|-1|<|-3|<|4|<|6|<|-7|$이므로 그래프가 원점에 가장 가까운 것은 ㄷ, 원점에서 가장 먼 것은 ㅁ이다.

39 $y=\dfrac{a}{x}$에 $x=6$, $y=3$을 대입하면

$$3=\frac{a}{6} \quad \therefore a=18$$

$$\therefore y=\frac{18}{x}$$

점 P의 x좌표를 k라 하고 $y=\dfrac{18}{x}$에 $x=k$, $y=9$를 대입하면

$$9=\frac{18}{k} \quad \therefore k=2$$

따라서 직사각형 PAQB의 넓이는

$$(6-2)\times(9-3)=24$$

40 넓이가 일정한 삼각형의 높이는 밑변의 길이에 반비례하므로 $y=\dfrac{a}{x}$로 놓고 이 식에 $x=4$, $y=12$를 대입하면

$$12=\frac{a}{4} \quad \therefore a=48$$

즉, $y=\dfrac{48}{x}$이므로 이 식에 $x=6$을 대입하면

$$y=\frac{48}{6}=8$$

따라서 밑변의 길이가 $6\,\mathrm{cm}$일 때, 삼각형의 높이는 $8\,\mathrm{cm}$이다.

---

1 2	**2** ⑤	**3** -7	**4** ④	**5** 35
6 $-20x+12$	**7** -20	**8** ①	**9** $4x$	**10** ③
11 $-3x+1$	**12** $a+9$	**13** $7x-10$		**14** ④
15 ⑤	**16** 21	**17** ①	**18** 4	**19** ② **20** 15
21 84세	**22** ③	**23** ③	**24** 10000원	
25 ③, ④	**26** 5	**27** ④	**28** 45	**29** ②
30 ④ **31** ②, ⑤		**32** ②	**33** -2	**34** $\dfrac{3}{4}$
35 $y=15x$, 240장	**36** 15분	**37** ㄴ, ㄷ, ㅁ		**38** 24
39 -20	**40** 10명			

1 ㄱ. $a+1\div b\times c=a+1\times\dfrac{1}{b}\times c=a+\dfrac{c}{b}$

ㄴ. $(w+z)\times(-3)=-3(w+z)$

ㄷ. $0.1\times x\times y-a\times b=0.1xy-ab$

ㄹ. $(x-y)\div4+4\div z\times(-2)$

$$=(x-y)\times\frac{1}{4}+4\times\frac{1}{z}\times(-2)$$

$$=\frac{x-y}{4}-\frac{8}{z}$$

따라서 보기 중 옳은 것은 ㄱ, ㄹ의 2개이다.

2 ① $(x+3)$세

② $a-\dfrac{10}{100}\times a=a-0.1a=0.9a$(원)

③ $100\times a+10\times b+1\times c=100a+10b+c$

④ (시간)$=\dfrac{(거리)}{(속력)}$이므로 걸린 시간은 $\dfrac{x}{2}$시간

⑤ (소금의 양)$=\dfrac{(소금물의 농도)}{100}\times$(소금물의 양)이므로

$$\frac{x}{100}\times200=2x(\mathrm{g})$$

따라서 옳은 것은 ⑤이다.

3 $9x^2-\dfrac{2}{y}=9\times\left(\dfrac{1}{3}\right)^2-2\div\dfrac{1}{4}$

$$=9\times\frac{1}{9}-2\times4=1-8=-7$$

4 지면의 기온이 $20\,^\circ\mathrm{C}$이고 지면에서 $1\,\mathrm{km}$ 높아질 때마다 기온은 $6\,^\circ\mathrm{C}$씩 낮아지므로 지면에서 높이가 $x\,\mathrm{km}$인 곳의 기온은 $(20-6x)\,^\circ\mathrm{C}$이다.

$20-6x$에 $x=2.5$를 대입하면

$$20-6\times2.5=20-15=5$$

따라서 지면에서 높이가 $2.5\,\mathrm{km}$인 곳의 기온은 $5\,^\circ\mathrm{C}$이다.

5 x의 계수가 7, 상수항이 -4인 일차식은

$$7x-4 \quad \cdots\cdots \textrm{㉠}$$

㉠에 $x=-2$를 대입하면

$$7\times(-2)-4=-18 \quad \therefore m=-18$$

㉠에 $x=3$을 대입하면

$$7\times3-4=17 \quad \therefore n=17$$

$$\therefore |m-n|=|-18-17|=35$$

6 $(8x-10)\div\left(-\dfrac{2}{5}\right)-0.2(5x+10)+6\left(\dfrac{x-1}{2}-\dfrac{x+4}{3}\right)$
$=(8x-10)\times\left(-\dfrac{5}{2}\right)-x-2+3(x-1)-2(x+4)$
$=-20x+25-x-2+3x-3-2x-8$
$=-20x+12$

7 $-x-3-\{-(x-1)-2(x+1)\}+4x-6$
$=-x-3-(-x+1-2x-2)+4x-6$
$=-x-3-(-3x-1)+4x-6$
$=-x-3+3x+1+4x-6$
$=6x-8$
$6x-8$에 $x=-2$를 대입하면
$6\times(-2)-8=-12-8=-20$

8 n이 자연수일 때, $2n-1$은 홀수, $2n$은 짝수이므로
$(-1)^{2n-1}=-1$, $(-1)^{2n}=1$
$\therefore\ (-1)^{2n-1}(2x+3y)+(-1)^{2n}(2x-3y)$
$=-(2x+3y)+(2x-3y)$
$=-2x-3y+2x-3y$
$=-6y$

9 단계마다 네 변에 바둑돌이 1개씩 추가되므로 [1단계], [2단계], [3단계], [4단계], …에 필요한 바둑돌의 개수는 각각
$4,\ 4+4\times1,\ 4+4\times2,\ 4+4\times3,\ …$
따라서 [x단계]에 필요한 바둑돌의 개수는
$4+4(x-1)=4+4x-4=4x$

10 붕어빵이 오전에 a개 팔렸다고 하면 오후에는 $2a$개 팔렸으므로 하루 동안의 총 판매 금액은
$a\times x+2a\times(x-0.3x)=ax+2a\times0.7x$
$\qquad\qquad\qquad\qquad\qquad=ax+1.4ax$
$\qquad\qquad\qquad\qquad\qquad=2.4ax(원)$
따라서 하루 동안 팔린 붕어빵 한 개당 평균 가격은
$\dfrac{2.4ax}{a+2a}=\dfrac{2.4ax}{3a}=0.8x=\dfrac{4}{5}x(원)$

11 어떤 다항식을 $\square$라 하면
$\square+5x-2=7x-3$
$\therefore\ \square=7x-3-(5x-2)$
$\qquad\ =7x-3-5x+2$
$\qquad\ =2x-1$
따라서 바르게 계산한 식은
$2x-1-(5x-2)=2x-1-5x+2$
$\qquad\qquad\qquad\quad=-3x+1$

12 $X-(a-2)=3a+4$이므로
$X=3a+4+(a-2)=4a+2$
$Y=(3a+4)-(6a-3)=3a+4-6a+3=-3a+7$
$\therefore\ X+Y=(4a+2)+(-3a+7)=a+9$

13 (좌변)$=2(3x-5)-x=6x-10-x=5x-10$이므로
$5x-10=A-2x$
$\therefore\ A=(5x-10)+2x=7x-10$

14 $4(a-1)=4b+16$의 양변을 4로 나누면
$a-1=b+4$
이 식의 양변에 3을 더하면
$a+2=b+7$
$\therefore\ \square=7$

15 ① $5x-4=3x$에서 $2x=4$ $\quad\therefore\ x=2$
② $10-x=2(x-1)$에서 $10-x=2x-2$
$\quad -3x=-12$ $\quad\therefore\ x=4$
③ $3(2x+5)=2(-x+1)-11$에서
$\quad 6x+15=-2x+2-11$
$\quad 8x=-24$ $\quad\therefore\ x=-3$
④ $\dfrac{x+4}{3}=\dfrac{x}{2}+\dfrac{5}{3}$의 양변에 6을 곱하면
$\quad 2(x+4)=3x+10,\ 2x+8=3x+10$
$\quad\therefore\ x=-2$
⑤ $0.3x+0.8=0.2x-1$의 양변에 10을 곱하면
$\quad 3x+8=2x-10$ $\quad\therefore\ x=-18$
따라서 해가 가장 작은 것은 ⑤이다.

16 $0.4(3x-1)=\dfrac{x+9}{2}$에서 $\dfrac{2}{5}(3x-1)=\dfrac{x+9}{2}$
양변에 10을 곱하면 $4(3x-1)=5(x+9)$
$12x-4=5x+45,\ 7x=49$
$\therefore\ x=7$ $\quad\therefore\ a=7$
$1.6+\dfrac{x+1}{3}=\dfrac{3}{5}(x-3)$에서 $\dfrac{8}{5}+\dfrac{x+1}{3}=\dfrac{3}{5}(x-3)$
양변에 15를 곱하면 $24+5(x+1)=9(x-3)$
$24+5x+5=9x-27,\ -4x=-56$
$\therefore\ x=14$ $\quad\therefore\ b=14$
$\therefore\ a+b=7+14=21$

17 $3x+2=x-4$에서 $2x=-6$ $\quad\therefore\ x=-3$
따라서 $2x+a=3(x+a)-9$에 $x=-3$을 대입하면
$-6+a=3(-3+a)-9$
$-6+a=-9+3a-9$
$-2a=-12$ $\quad\therefore\ a=6$

18 $4x+9=-3(2-3x)$에서 $4x+9=-6+9x$
$-5x=-15$ $\quad\therefore\ x=3$
따라서 $\dfrac{ax-3}{5}=0.3(3x-1)$의 해가 $x=-3$이므로 이를 대입하면
$\dfrac{-3a-3}{5}=-3,\ a+1=5$
$\therefore\ a=4$

19 $4(5-x)=a$에서 $20-4x=a$

$-4x=a-20$ $\therefore x=\dfrac{20-a}{4}$

이때 $\dfrac{20-a}{4}$가 자연수가 되려면 $20-a$는 4의 배수이어야

하므로 자연수 a는 16, 12, 8, 4의 4개이다.

20 우희가 가진 쿠키의 개수를 x라 하면 정하가 가진 쿠키의

개수는 $21-x$이므로

$x=3(21-x)-3$

$x=63-3x-3$, $4x=60$ $\therefore x=15$

따라서 우희가 가진 쿠키의 개수는 15이다.

21 디오판토스가 사망한 나이를 x세라 하면

$\dfrac{1}{6}x+\dfrac{1}{12}x+\dfrac{1}{7}x+5+\dfrac{1}{2}x+4=x$

양변에 84를 곱하면

$14x+7x+12x+420+42x+336=84x$

$-9x=-756$ $\therefore x=84$

따라서 디오판토스는 84세에 사망하였다.

22 두 사람이 출발한 지 x분 후에 처음으로 만난다고 하면

$300x-200x=3000$

$100x=3000$ $\therefore x=30$

따라서 30분 후에 처음으로 만나게 된다.

23 기차의 길이를 $x\,\mathrm{m}$라 하면 이 기차가 길이가 $500\,\mathrm{m}$인 터널

을 완전히 통과할 때 이동한 거리는 $(500+x)\,\mathrm{m}$이고, 길이

가 $200\,\mathrm{m}$인 터널을 완전히 통과할 때 이동한 거리는

$(200+x)\,\mathrm{m}$이다.

이때 기차의 속력은 일정하므로

$\dfrac{500+x}{40}=\dfrac{200+x}{20}$

양변에 40을 곱하면 $500+x=2(200+x)$

$500+x=400+2x$ $\therefore x=100$

따라서 기차의 길이는 $100\,\mathrm{m}$이다.

24 제품의 원가를 x원이라 하면

$(\text{정가})=x+\dfrac{25}{100}x=\dfrac{5}{4}x(\text{원})$

$(\text{판매 가격})=\dfrac{5}{4}x-1000(\text{원})$

이때 $(\text{판매 가격})-(\text{원가})=(\text{이익})$이므로

$\left(\dfrac{5}{4}x-1000\right)-x=\dfrac{15}{100}x$

$\dfrac{1}{4}x-1000=\dfrac{3}{20}x$

양변에 20을 곱하면 $5x-20000=3x$

$2x=20000$ $\therefore x=10000$

따라서 제품의 원가는 10000원이다.

25 ③ 점 $(2, 0)$은 x축 위의 점이다.

④ 점 $(1, 2)$와 점 $(2, 1)$은 서로 다른 점이다.

26 세 점 A, B, C를 좌표평면 위에 나타

내면 오른쪽 그림과 같다.

이때 삼각형 ABC의 넓이가 14이므로

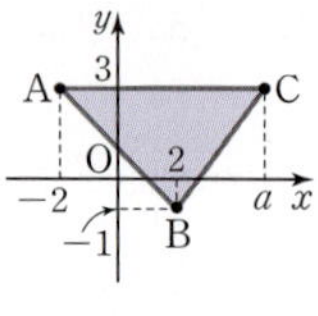

$\dfrac{1}{2}\times\{a-(-2)\}\times\{3-(-1)\}=14$

$2(a+2)=14$, $a+2=7$

$\therefore a=5$

27 $\dfrac{b}{a}>0$이므로 a와 b의 부호는 같고, $a+b<0$이므로

$a<0$, $b<0$

① $a<0$, $b<0$이므로 점 (a, b)는 제3사분면 위의 점이다.

② $a<0$, $-b>0$이므로 점 $(a, -b)$는 제2사분면 위의

점이다.

③ $-b>0$, $-a>0$이므로 점 $(-b, -a)$는 제1사분면 위

의 점이다.

④ $-a-b>0$, $-a>0$이므로 점 $(-a-b, -a)$는 제1

사분면 위의 점이다.

⑤ $b<0$, $\dfrac{a}{b}>0$이므로 점 $\left(b, \dfrac{a}{b}\right)$는 제2사분면 위의 점이다.

따라서 옳지 않은 것은 ④이다.

28 점 $(a+4, -3)$과 원점에 대하여 대칭인 점의 좌표는

$(-a-4, 3)$

점 $(-5, -b-2)$와 y축에 대하여 대칭인 점의 좌표는

$(5, -b-2)$

이 두 점의 좌표가 같으므로

$-a-4=5$, $3=-b-2$ $\therefore a=-9$, $b=-5$

$\therefore ab=-9\times(-5)=45$

29 물병의 폭이 위로 올라갈수록 일정하다

가 a 지점에서 점점 좁아지므로 물의 높

이는 일정하게 증가하다가 점점 빠르게

증가한다.

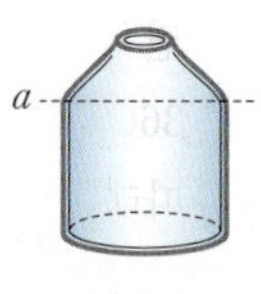

따라서 그래프로 알맞은 것은 ②이다.

30 ④ 찬호는 공원까지 가는 데 $50-20=30(\text{분})$이 걸렸다.

31 ① 원점을 지나는 직선이다.

③ 제2사분면과 제4사분면을 지난다.

④ 오른쪽 아래로 향하는 직선이다.

따라서 옳은 것은 ②, ⑤이다.

32 $y=ax$의 그래프는 제2사분면과 제4사분면을 지나므로

$a<0$

$y=bx$, $y=cx$의 그래프는 제1사분면과 제3사분면을 지나

므로 $b>0$, $c>0$이고, $y=bx$의 그래프가 $y=cx$의 그래프

보다 y축에 가까우므로

$0<c<b$

$\therefore a<c<b$

33 그래프가 원점을 지나는 직선이므로 $y=ax$로 놓는다.

이 그래프가 점 $(-6, 3)$을 지나므로 $y=ax$에 $x=-6$, $y=3$을 대입하면

$$3=-6a \qquad \therefore a=-\frac{1}{2}$$

따라서 $y=-\frac{1}{2}x$의 그래프가 점 $(4, k)$를 지나므로

$y=-\frac{1}{2}x$에 $x=4$, $y=k$를 대입하면

$$k=-\frac{1}{2}\times 4=-2$$

34 점 A의 x좌표가 4이므로 $y=\frac{3}{2}x$에 $x=4$를 대입하면

$$y=\frac{3}{2}\times 4=6$$

따라서 삼각형 AOB의 넓이는

$$\frac{1}{2}\times 4\times 6=12$$

$y=ax$의 그래프와 선분 AB가 만나는 점을 P라 하면 점 P의 좌표는 $(4, 4a)$이므로 삼각형 POB의 넓이는

$$\frac{1}{2}\times 4\times 4a=8a$$

이때 (삼각형 POB의 넓이)$=\frac{1}{2}\times$(삼각형 AOB의 넓이)이므로

$$8a=\frac{1}{2}\times 12 \qquad \therefore a=\frac{3}{4}$$

35 종이 1장의 무게는 $\frac{750}{50}=15\,(\text{g})$이므로 x와 y 사이의 관계식은

$$y=15x$$

이때 3.6 kg은 3600 g이므로 $y=15x$에 $y=3600$을 대입하면

$$3600=15x \qquad \therefore x=240$$

따라서 무게가 3.6 kg인 종이는 240장이다.

36 정우의 그래프가 나타내는 x와 y 사이의 관계식을 $y=ax$로 놓고 이 식에 $x=2$, $y=800$을 대입하면

$$800=2a \qquad \therefore a=400$$

$$\therefore y=400x$$

정모의 그래프가 나타내는 x와 y 사이의 관계식을 $y=bx$로 놓고 이 식에 $x=2$, $y=200$을 대입하면

$$200=2b \qquad \therefore b=100$$

$$\therefore y=100x$$

학교에서 서점까지의 거리는 2 km, 즉 2000 m이므로

$y=400x$에 $y=2000$을 대입하면

$$2000=400x \qquad \therefore x=5$$

또 $y=100x$에 $y=2000$을 대입하면

$$2000=100x \qquad \therefore x=20$$

따라서 정우와 정모가 서점에 도착하는 데 걸리는 시간은 각각 5분, 20분이므로 정우가 정모를 기다려야 하는 시간은

$$20-5=15(\text{분})$$

37 ㄱ, ㄹ, ㅂ: 제1사분면과 제3사분면을 지난다.

ㄴ, ㄷ, ㅁ: 제2사분면과 제4사분면을 지난다.

38 $y=\frac{2}{3}x$의 그래프가 점 P를 지나므로

$y=\frac{2}{3}x$에 $x=6$을 대입하면

$$y=\frac{2}{3}\times 6=4$$

$$\therefore \text{P}(6, 4)$$

이때 $y=\frac{a}{x}$의 그래프가 점 P$(6, 4)$를 지나므로

$y=\frac{a}{x}$에 $x=6$, $y=4$를 대입하면

$$4=\frac{a}{6} \qquad \therefore a=24$$

39 A$\left(-4, -\frac{a}{4}\right)$, C$\left(4, \frac{a}{4}\right)$이고 직사각형 ABCD의 넓이가 80이므로

$$\{4-(-4)\}\times\left(-\frac{a}{4}-\frac{a}{4}\right)=80$$

$$8\times\left(-\frac{a}{2}\right)=80, \ -4a=80$$

$$\therefore a=-20$$

40 4명이 50분 동안 청소한 양과 x명이 y분 동안 청소한 양이 같으므로

$$4\times 50=x\times y \qquad \therefore y=\frac{200}{x}$$

이 식에 $y=20$을 대입하면

$$20=\frac{200}{x} \qquad \therefore x=10$$

따라서 10명의 학생이 필요하다.

1회 108~111쪽

1 ②	**2** ③	**3** ⑤	**4** ①	**5** ②	**6** ⑤
7 ②	**8** ④	**9** ②	**10** ③	**11** ⑤	**12** ③
13 ④	**14** ④	**15** ②	**16** ③	**17** ③	**18** ④
19 ②	**20** ①				

21 (1) $\dfrac{(x+y)h}{2}$ cm² (2) 24 cm²

22 6개　**23** 14　**24** (1) 30초 (2) 270 m

25 (1) $y=\dfrac{4}{3}x$ (2) 16번

1

① $x \div (y \times z) = x \div yz = x \times \dfrac{1}{yz} = \dfrac{x}{yz}$

② $x \div 2 \times y = x \times \dfrac{1}{2} \times y = \dfrac{xy}{2}$

③ $x \div (y \div z) = x \div \left(y \times \dfrac{1}{z}\right) = x \div \dfrac{y}{z} = x \times \dfrac{z}{y} = \dfrac{xz}{y}$

④ $2 \times x - y \div 3 = 2 \times x - y \times \dfrac{1}{3} = 2x - \dfrac{y}{3}$

⑤ $x \times x \times y \times y \times y = x^2 \times y^3 = x^2 y^3$

따라서 옳지 않은 것은 ②이다.

2

$-4x + 3xy^2 = -4 \times (-1) + 3 \times (-1) \times 2^2$
$= 4 - 12 = -8$

3

$\dfrac{1}{3}(15x-9) - \dfrac{1}{4}(8x-4) = 5x - 3 - 2x + 1$
$\qquad\qquad\qquad\qquad = 3x - 2$

4

직사각형의 가로의 길이는 $3x+12$, 세로의 길이는
$4+8=12$이므로
(어두운 부분의 넓이)
$=$(직사각형의 넓이)$-$(세 개의 삼각형의 넓이의 합)
$=(3x+12) \times 12$
$\quad - \left\{ \dfrac{1}{2} \times 3x \times 12 + \dfrac{1}{2} \times 12 \times 4 + \dfrac{1}{2} \times (3x+12) \times 8 \right\}$
$= 36x + 144 - \{18x + 24 + 4(3x+12)\}$
$= 36x + 144 - (18x + 24 + 12x + 48)$
$= 36x + 144 - (30x + 72)$
$= 36x + 144 - 30x - 72$
$= 6x + 72$

5

$\square = 7x - 4y - (-4x + 3y)$
$\quad = 7x - 4y + 4x - 3y$
$\quad = 11x - 7y$

6

① $\dfrac{a}{4} = \dfrac{b}{3}$의 양변에 12를 곱하면 $3a = 4b$

② $a = b$의 양변에 a를 더하면 $2a = a + b$

③ $a = b$의 양변에서 5를 빼면 $a - 5 = b - 5$

④ $3x = -6y$의 양변을 3으로 나누면 $x = -2y$

⑤ $x = 3y$의 양변에서 2를 빼면 $x - 2 = 3y - 2$

따라서 옳지 않은 것은 ⑤이다.

7

② $\underline{5} + x = 3 \ \Rightarrow \ x = 3 - 5$

8

① 분모에 문자가 있는 식은 다항식이 아니므로 일차방정식이 아니다.

② 일차식

③ $x(x-1) = 0$에서 $x^2 - x = 0$

④ $4(x^2 + 2) = 4x^2 - x$에서 $4x^2 + 8 = 4x^2 - x$
$\quad \therefore \ x + 8 = 0$

⑤ $-(x+2) + 2 = -x$에서 $-x - 2 + 2 = -x$
$\quad \therefore \ 0 = 0$

따라서 일차방정식인 것은 ④이다.

9

① $-3(x+2) = 6$에서 $-3x - 6 = 6$
$\quad -3x = 12 \qquad \therefore \ x = -4$

② $5x - 7 = 8x + 2$에서 $-3x = 9$
$\quad \therefore \ x = -3$

③ $4x + 5 = 2x - 3$에서 $2x = -8$
$\quad \therefore \ x = -4$

④ $2(3x-4) = 5x - 12$에서 $6x - 8 = 5x - 12$
$\quad \therefore \ x = -4$

⑤ $-5(x+4) = -3(x+4)$에서
$\quad -5x - 20 = -3x - 12$
$\quad -2x = 8 \qquad \therefore \ x = -4$

따라서 해가 나머지 넷과 다른 하나는 ②이다.

10

$x - \dfrac{3x-1}{2} = 5 - 4x$의 양변에 2를 곱하면
$2x - (3x-1) = 10 - 8x$
$2x - 3x + 1 = 10 - 8x$
$7x = 9 \qquad \therefore \ x = \dfrac{9}{7}$

11

직사각형의 가로의 길이와 세로의 길이의 비가 $4:3$이므로
가로의 길이와 세로의 길이를 각각 $4x$ cm, $3x$ cm라 하면
$2(4x + 3x) = 154$
$14x = 154 \qquad \therefore \ x = 11$
따라서 직사각형의 가로의 길이는
$4x = 4 \times 11 = 44(\text{cm})$

12

시속 60 km로 간 거리를 x km라 하면 시속 80 km로 간 거리는 $(360 - x)$ km이므로
$\dfrac{x}{60} + \dfrac{360 - x}{80} = 5$
양변에 240을 곱하면
$4x + 3(360 - x) = 1200$
$4x + 1080 - 3x = 1200 \qquad \therefore \ x = 120$
따라서 시속 60 km로 간 거리는 120 km이다.

13 학생 수를 x라 하면

$5x-7=4x+3$ $\quad\therefore x=10$

따라서 학생 수는 10이므로 볼펜의 수는

$4\times10+3=43$

14 점 $(a,\,b)$가 제2사분면 위의 점이므로

$a<0,\,b>0$

① $b>0,\,a<0$이므로 점 $(b,\,a)$는 제4사분면 위의 점이다.

② $-a>0,\,b>0$이므로 점 $(-a,\,b)$는 제1사분면 위의 점이다.

③ $b>0,\,-ab>0$이므로 점 $(b,\,-ab)$는 제1사분면 위의 점이다.

④ $a-b<0,\,-b<0$이므로 점 $(a-b,\,-b)$는 제3사분면 위의 점이다.

⑤ $ab<0,\,b-a>0$이므로 점 $(ab,\,b-a)$는 제2사분면 위의 점이다.

따라서 제3사분면 위의 점은 ④이다.

16 ① $y=x+5$

② $x+y=120$ $\quad\therefore y=120-x$

③ $y=\dfrac{1}{2}\times x\times5$ $\quad\therefore y=\dfrac{5}{2}x$

④ $60=x\times y$ $\quad\therefore y=\dfrac{60}{x}$

⑤ $y=\dfrac{200}{x}$

따라서 y가 x에 정비례하는 것은 ③이다.

17 $y=ax$의 그래프가 제2사분면과 제4사분면을 지나므로

$a<0$

또 $y=-2x$의 그래프가 $y=ax$의 그래프보다 y축에 더 가까우므로

$|a|<|-2|$ $\quad\therefore a>-2$

따라서 a의 값이 될 수 있는 것은 ③이다.

18 점 D의 y좌표가 5이므로 정사각형 ABCD의 한 변의 길이는 5이다.

이때 점 A의 x좌표는 $8-5=3$, y좌표는 5이므로

A$(3,\,5)$

따라서 $y=ax$의 그래프가 점 A$(3,\,5)$를 지나므로

$y=ax$에 $x=3$, $y=5$를 대입하면

$5=3a$ $\quad\therefore a=\dfrac{5}{3}$

19 $y=\dfrac{a}{x}$로 놓고 이 식에 $x=-5$, $y=6$을 대입하면

$6=\dfrac{a}{-5}$ $\quad\therefore a=-30$

따라서 $y=-\dfrac{30}{x}$이므로 이 식에 $x=3$을 대입하면

$y=-\dfrac{30}{3}=-10$

20 $y=\dfrac{a}{x}$에 $x=4$, $y=-3$을 대입하면

$-3=\dfrac{a}{4}$ $\quad\therefore a=-12$

따라서 $y=-\dfrac{12}{x}$이므로 이 식에 $x=-2$, $y=b$를 대입하면

$b=-\dfrac{12}{-2}=6$

$\therefore a+b=-12+6=-6$

21 (1) $\dfrac{1}{2}\times(x+y)\times h=\dfrac{(x+y)h}{2}$ (cm^2)

(2) $\dfrac{(x+y)h}{2}$에 $x=3$, $y=5$, $h=6$을 대입하면

$\dfrac{(3+5)\times6}{2}=24$

따라서 구하는 사다리꼴의 넓이는 $24\,\text{cm}^2$이다.

22 초콜릿을 x개 샀다고 하면 젤리는 $(8-x)$개 샀으므로

$1200x+1500(8-x)+600\times4=12600$ $\quad\cdots\cdots$ ①

$1200x+12000-1500x+2400=12600$

$-300x=-1800$ $\quad\therefore x=6$ $\quad\cdots\cdots$ ②

따라서 초콜릿을 6개 샀다. $\quad\cdots\cdots$ ③

단계	채점 기준	배점
①	방정식 세우기	2점
②	방정식의 해 구하기	2점
③	초콜릿을 몇 개 샀는지 구하기	1점

23 $2a-6=3a+5$이므로 $a=-11$ $\quad\cdots\cdots$ ①

$4-b=3b-8$이므로 $-4b=-12$ $\quad\therefore b=3$ $\quad\cdots\cdots$ ②

$\therefore b-a=3-(-11)=14$ $\quad\cdots\cdots$ ③

단계	채점 기준	배점
①	a의 값 구하기	2점
②	b의 값 구하기	2점
③	$b-a$의 값 구하기	1점

24 (1) 높이의 변화가 없는 것은 출발한 지 20초 후부터 40초 후까지, 70초 후부터 80초 후까지이므로 놀이기구가 정지한 시간은 $20+10=30$(초)이다.

(2) 놀이기구가 지면에 다시 내려올 때까지 이동한 거리는

$90+60+45+75=270$ (m)

25 (1) 톱니가 20개인 톱니바퀴 A가 x번 회전할 때, 톱니가 15개인 톱니바퀴 B는 y번 회전하므로

$20\times x=15\times y$ $\quad\therefore y=\dfrac{4}{3}x$

(2) $y=\dfrac{4}{3}x$에 $x=12$를 대입하면

$y=\dfrac{4}{3}\times12=16$

따라서 톱니바퀴 B는 16번 회전한다.

2회

1 ②	**2** ①	**3** ⑤	**4** ④	**5** ③, ④	**6** ④
7 ①	**8** ⑤	**9** ②	**10** ③	**11** ②	**12** ②
13 ③	**14** ④	**15** ②	**16** ①	**17** ⑤	**18** ③
19 ⑤	**20** ④	**21** $\dfrac{19}{6}$	**22** 30	**23** 200	**24** -7
25 42					

1 ㄴ. 한 변의 길이가 $a\,\mathrm{cm}$인 정사각형의 넓이는 $a^2\,\mathrm{cm}^2$이다.
ㄹ. 포도 주스 $a\,\mathrm{L}$를 6명에게 똑같이 나누어 줄 때, 한 사람이 받는 양은 $\dfrac{a}{6}\,\mathrm{L}$이다.
따라서 보기 중 문자를 사용하여 나타낸 식으로 옳은 것은 ㄱ, ㄷ이다.

2 ② 다항식의 차수가 2이므로 일차식이 아니다.
③, ⑤ 분모에 문자가 있으므로 일차식이 아니다.
④ $1-6x+6x=1$이므로 일차식이 아니다.
따라서 일차식인 것은 ①이다.

3 $(ax+b)\times\left(-\dfrac{3}{2}\right)=9x-6$이므로
$ax+b=(9x-6)\div\left(-\dfrac{3}{2}\right)$
$=(9x-6)\times\left(-\dfrac{2}{3}\right)$
$=-6x+4$
$\therefore a=-6,\ b=4$
$cx+d=(-3x+1)\div\dfrac{3}{2}$
$=(-3x+1)\times\dfrac{2}{3}$
$=-2x+\dfrac{2}{3}$
$\therefore c=-2,\ d=\dfrac{2}{3}$
$\therefore abcd=-6\times4\times(-2)\times\dfrac{2}{3}=32$

4 $(\text{둘레의 길이})=2\times\{x+6+(x+2+x)\}$
$\phantom{(\text{둘레의 길이})}=2\times(3x+8)$
$\phantom{(\text{둘레의 길이})}=6x+16$

5 ③ $(\text{우변})=3(x+3)=3x+9$이므로 $(\text{좌변})=(\text{우변})$
④ $(\text{좌변})=x+3-2x=-x+3$이므로 $(\text{좌변})=(\text{우변})$
⑤ $(\text{좌변})=2(x-3)=2x-6$,
$(\text{우변})=2(x-1)-x-4=2x-2-x-4=x-6$
이므로 $(\text{좌변})\neq(\text{우변})$
따라서 항등식인 것은 ③, ④이다.

6 ① $2\times5-4=6$
② $\dfrac{4-1}{3}=1$

③ $-3\times(-3)-2=7$
④ $0-3\neq3-0$
⑤ $2\times(-5+1)=-5-3$
따라서 방정식의 해가 아닌 것은 ④이다.

7 $0.3(x-2)=0.5x+1$의 양변에 10을 곱하면
$3(x-2)=5x+10,\ 3x-6=5x+10$
$-2x=16$ $\quad\therefore x=-8$

8 $-2(x+1)+ax=10$에 $x=2$를 대입하면
$-2\times(2+1)+2a=10,\ -6+2a=10$
$2a=16$ $\quad\therefore a=8$

9 가장 큰 수를 x라 하면 연속하는 세 홀수는 $x-4$, $x-2$, x이므로
$(x-4)+(x-2)+x=141$
$3x=147$ $\quad\therefore x=49$
따라서 가장 큰 수는 49이다.

10 현재 아버지의 나이를 x세라 하면 아들의 나이는 $(56-x)$세이므로
$x+2=3\{(56-x)+2\}$
$x+2=3(58-x)$
$x+2=174-3x$
$4x=172$ $\quad\therefore x=43$
따라서 현재 아버지의 나이는 43세이다.

11 미화네 집에서 학교까지의 거리를 $x\,\mathrm{km}$라 하면
$\dfrac{x}{3}-\dfrac{x}{5}=\dfrac{20}{60},\ \dfrac{x}{3}-\dfrac{x}{5}=\dfrac{1}{3}$
양변에 15를 곱하면
$5x-3x=5$
$2x=5$ $\quad\therefore x=2.5$
따라서 미화네 집에서 학교까지의 거리는 $2.5\,\mathrm{km}$이다.

12 점 $A(2a-1,\ -a+2)$는 x축 위의 점이므로
$-a+2=0$ $\quad\therefore a=2$
점 $B(3b-6,\ 2b+1)$은 y축 위의 점이므로
$3b-6=0,\ 3b=6$ $\quad\therefore b=2$
$\therefore a+b=2+2=4$

13 그릇의 폭이 일정하다가 위로 갈수록 점점 넓어지는 모양이므로 물의 높이가 일정하게 증가하다가 점점 느리게 증가한다.
따라서 그래프로 알맞은 것은 ③이다.

14 ③ 연우가 출발한 지 25분 후에 은수와 연우 사이의 거리는
$6-5=1(\text{km})$

④ 연우는 $6\,\text{km}$ 지점 이후부터 은수를 다시 앞서기 시작
하였다.

⑤ 은수는 $6\,\text{km}$ 지점에서 $35-25=10$(분) 동안 쉬었다.

따라서 옳지 않은 것은 ④이다.

15 $y=ax$로 놓고 이 식에 $x=2$, $y=-12$를 대입하면
$$-12=2a \qquad \therefore a=-6$$
따라서 $y=-6x$이므로 이 식에 $y=-18$을 대입하면
$$-18=-6x \qquad \therefore x=3$$

16 $y=ax$의 그래프가 점 $(2,\,-3)$을 지나므로
$y=ax$에 $x=2$, $y=-3$을 대입하면
$$-3=2a \qquad \therefore a=-\frac{3}{2}$$
따라서 $y=-\dfrac{3}{2}x$의 그래프가 점 $(b,\,6)$을 지나므로
$y=-\dfrac{3}{2}x$에 $x=b$, $y=6$을 대입하면
$$6=-\frac{3}{2}b \qquad \therefore b=-4$$

17 ① 점 $(-1,\,-2)$를 지난다.

② 좌표축에 한없이 가까워질 뿐 만나지는 않는다.

③ $x<0$일 때, 그래프는 제3사분면을 지난다.

④ $x>0$일 때, x의 값이 증가하면 y의 값은 감소한다.

따라서 옳은 것은 ⑤이다.

18 ① 그래프가 점 $(-1,\,2)$와 원점을 지나는 직선이므로
$y=ax$에 $x=-1$, $y=2$를 대입하면
$$2=-a \qquad \therefore a=-2 \qquad \therefore y=-2x$$

② 그래프가 점 $(-3,\,6)$을 지나는 한 쌍의 곡선이므로
$y=\dfrac{a}{x}$에 $x=-3$, $y=6$을 대입하면
$$6=\frac{a}{-3} \qquad \therefore a=-18 \qquad \therefore y=-\frac{18}{x}$$

③ 그래프가 점 $(2,\,4)$를 지나는 한 쌍의 곡선이므로
$y=\dfrac{a}{x}$에 $x=2$, $y=4$를 대입하면
$$4=\frac{a}{2} \qquad \therefore a=8 \qquad \therefore y=\frac{8}{x}$$

④ 그래프가 점 $(3,\,4)$와 원점을 지나는 직선이므로
$y=ax$에 $x=3$, $y=4$를 대입하면
$$4=3a \qquad \therefore a=\frac{4}{3} \qquad \therefore y=\frac{4}{3}x$$

⑤ 그래프가 점 $(4,\,2)$와 원점을 지나는 직선이므로
$y=ax$에 $x=4$, $y=2$를 대입하면
$$2=4a \qquad \therefore a=\frac{1}{2} \qquad \therefore y=\frac{1}{2}x$$

따라서 잘못 짝 지어진 것은 ③이다.

19 $y=\dfrac{a}{x}$의 그래프가 점 $(-3,\,-6)$을 지나므로
$y=\dfrac{a}{x}$에 $x=-3$, $y=-6$을 대입하면
$$-6=\frac{a}{-3} \qquad \therefore a=18 \qquad \therefore y=\frac{18}{x}$$
이때 점 P의 x좌표를 $p\,(p>0)$라 하면 $\mathrm{P}\left(p,\,\dfrac{18}{p}\right)$
$$\therefore (\text{직사각형 AOBP의 넓이})=p\times\frac{18}{p}=18$$

20 수족관에 들어가는 물의 양은
$$20\times90=1800(\text{L})$$
따라서 $x\times y=1800$이므로 $y=\dfrac{1800}{x}$
이 식에 $y=50$을 대입하면
$$50=\frac{1800}{x} \qquad \therefore x=36$$
따라서 매분 $36\,\text{L}$의 물을 넣어야 한다.

21
$$\frac{2(3x+1)}{3}-\frac{3(2x-1)}{2}=\frac{4(3x+1)}{6}-\frac{9(2x-1)}{6}$$
$$=\frac{12x+4-18x+9}{6}$$
$$=\frac{-6x+13}{6}$$
$$=-x+\frac{13}{6} \qquad\cdots\cdots ①$$
$$\therefore a=-1,\ b=\frac{13}{6} \qquad\cdots\cdots ②$$
$$\therefore |a|+|b|=|-1|+\left|\frac{13}{6}\right|$$
$$=1+\frac{13}{6}=\frac{19}{6} \qquad\cdots\cdots ③$$

단계	채점 기준	배점
①	주어진 식을 계산하기	3점
②	a, b의 값 구하기	1점
③	$|a|+|b|$의 값 구하기	1점

22 $\dfrac{2x+4}{3}=\dfrac{5}{4}x-1$의 양변에 12를 곱하면
$$4(2x+4)=15x-12,\ 8x+16=15x-12$$
$$-7x=-28 \qquad \therefore x=4$$
$$\therefore a=4 \qquad\cdots\cdots ①$$
$(x+1):3=(2x-7):5$에서
$$5(x+1)=3(2x-7)$$
$$5x+5=6x-21 \qquad \therefore x=26$$
$$\therefore b=26 \qquad\cdots\cdots ②$$
$$\therefore a+b=4+26=30 \qquad\cdots\cdots ③$$

단계	채점 기준	배점
①	a의 값 구하기	2점
②	b의 값 구하기	2점
③	$a+b$의 값 구하기	1점

23 작년의 남학생 수를 x라 하면 작년의 여학생 수는 $400-x$
이므로

(증가한 남학생 수)$=\dfrac{5}{100}\times x$

(감소한 여학생 수)$=\dfrac{3}{100}\times(400-x)$

이때 전체 학생이 4명 증가하였으므로

$\dfrac{5}{100}\times x-\dfrac{3}{100}\times(400-x)=4$ $\qquad$ …… ①

양변에 100을 곱하면

$5x-1200+3x=400$

$8x=1600$ $\quad\therefore x=200$ $\qquad$ …… ②

따라서 작년의 남학생 수는 200이다. $\qquad$ …… ③

단계	채점 기준	배점
①	방정식 세우기	2점
②	방정식의 해 구하기	2점
③	작년의 남학생 수 구하기	1점

24 점 $(a,\,-5)$와 x축에 대하여 대칭인 점의 좌표는
$(a,\,5)$

점 $(2,\,b)$와 원점에 대하여 대칭인 점의 좌표는
$(-2,\,-b)$ $\qquad$ …… ①

이때 점 $(a,\,5)$와 점 $(-2,\,-b)$가 같으므로

$a=-2,\,5=-b$

$\therefore a=-2,\,b=-5$ $\qquad$ …… ②

$\therefore a+b=-2+(-5)=-7$ $\qquad$ …… ③

단계	채점 기준	배점
①	x축, 원점에 대하여 대칭인 점의 좌표 구하기	2점
②	$a,\,b$의 값 구하기	2점
③	$a+b$의 값 구하기	1점

25 $y=-2x$에 $x=-6$을 대입하면

$y=-2\times(-6)=12$

$\therefore \mathrm{A}(-6,\,12)$

$y=\dfrac{1}{3}x$에 $x=-6$을 대입하면

$y=\dfrac{1}{3}\times(-6)=-2$

$\therefore \mathrm{B}(-6,\,-2)$ $\qquad$ …… ①

$\therefore$ (삼각형 ABO의 넓이)$=\dfrac{1}{2}\times\{12-(-2)\}\times 6$

$\qquad\qquad\qquad\qquad =\dfrac{1}{2}\times 14\times 6$

$\qquad\qquad\qquad\qquad =42$ $\qquad$ …… ②

단계	채점 기준	배점
①	두 점 A, B의 좌표 구하기	3점
②	삼각형 ABO의 넓이 구하기	2점

---

1 ③	**2** ③	**3** ③	**4** ①	**5** ③	**6** ④
7 ③	**8** ③	**9** ⑤	**10** ①	**11** ②	**12** ⑤
13 ②	**14** ⑤	**15** ①	**16** ④	**17** ⑤	**18** ④
19 ②	**20** ①	**21** $x+14$		**22** 1	

23 (1) 처음 수: $60+x$, 바꾼 수: $10x+6$ (2) 67 $\qquad$ **24** 420

25 3

1 $\dfrac{3}{a}-\dfrac{5}{b}+\dfrac{9}{c}=3\div a-5\div b+9\div c$

$\qquad =3\div\dfrac{1}{3}-5\div\left(-\dfrac{1}{5}\right)+9\div\left(-\dfrac{1}{6}\right)$

$\qquad =3\times 3-5\times(-5)+9\times(-6)$

$\qquad =9+25-54$

$\qquad =-20$

2 [1단계], [2단계], [3단계], [4단계], …에 배열되는 바둑돌
의 개수는 각각

$1,\,1+4\times 1,\,1+4\times 2,\,1+4\times 3,\,…$

즉, [n단계]에 배열되는 바둑돌의 개수는

$1+4\times(n-1)=1+4n-4=4n-3$

따라서 $4n-3$에 $n=20$을 대입하면

$4\times 20-3=77$

3 $a=2,\,b=3,\,c=-1,\,d=\dfrac{1}{2}$이므로

$a+b+c+d=2+3+(-1)+\dfrac{1}{2}=\dfrac{9}{2}$

4 $(3x-5)-\left\{\dfrac{1}{2}(8x-14)+1\right\}=(3x-5)-(4x-7+1)$

$\qquad\qquad\qquad\qquad\qquad\qquad =(3x-5)-(4x-6)$

$\qquad\qquad\qquad\qquad\qquad\qquad =3x-5-4x+6$

$\qquad\qquad\qquad\qquad\qquad\qquad =-x+1$

따라서 $a=-1,\,b=1$이므로

$a-b=-1-1=-2$

5 인쇄소 A에서 x장을 인쇄할 때 드는 비용은

$1500+200(x-10)=1500+200x-2000$

$\qquad\qquad\qquad\qquad\quad =200x-500$(원)

인쇄소 B에서 x장을 인쇄할 때 드는 비용은

$1700+140(x-10)=1700+140x-1400$

$\qquad\qquad\qquad\qquad\quad =140x+300$(원)

따라서 총비용은

$(200x-500)+(140x+300)=340x-200$(원)

6 $6x-3=a(2x+1)-b$에서

$6x-3=2ax+a-b$

이 식이 x에 대한 항등식이므로

$6=2a,\,-3=a-b$ $\quad\therefore a=3,\,b=6$

$\therefore a+b=3+6=9$

7 ㈎ 등식의 양변에 4를 곱한다. ➡ ㄷ

㈏ 등식의 양변에서 2를 뺀다. ➡ ㄴ

㈐ 등식의 양변을 3으로 나눈다. ➡ ㄹ

따라서 ㈎, ㈏, ㈐에 이용된 성질을 차례로 나열하면

ㄷ, ㄴ, ㄹ

8 $0.4x+1.4=\dfrac{9-2x}{3}$ 에서

$\dfrac{2}{5}x+\dfrac{7}{5}=\dfrac{9-2x}{3}$

양변에 15를 곱하면 $6x+21=5(9-2x)$

$6x+21=45-10x$, $16x=24$

$\therefore x=\dfrac{3}{2}$

9 ① $3(x-2)=5x+4$ 에서 $3x-6=5x+4$

$-2x=10$ $\therefore x=-5$

② $1.2x=0.7x+1.5$ 의 양변에 10을 곱하면

$12x=7x+15$, $5x=15$ $\therefore x=3$

③ $\dfrac{3-x}{6}=2x-\dfrac{5}{3}$ 의 양변에 6을 곱하면

$3-x=12x-10$, $-13x=-13$ $\therefore x=1$

④ $1.6x+0.3=\dfrac{x}{4}+3$ 에서 $\dfrac{8}{5}x+\dfrac{3}{10}=\dfrac{x}{4}+3$

양변에 20을 곱하면 $32x+6=5x+60$

$27x=54$ $\therefore x=2$

⑤ $(2x-8):(6-x)=2:3$ 에서

$3(2x-8)=2(6-x)$, $6x-24=12-2x$

$8x=36$ $\therefore x=\dfrac{9}{2}$

따라서 x의 값 중 가장 큰 것은 ⑤이다.

10 $3(2x-1)=21-a$ 에서 $6x-3=21-a$

$6x=24-a$ $\therefore x=\dfrac{24-a}{6}$

이때 $\dfrac{24-a}{6}$ 가 자연수가 되려면 $24-a$가 6의 배수이어야

하므로 자연수 a의 값은 18, 12, 6이다.

따라서 구하는 합은 $18+12+6=36$

11 3을 a로 잘못 보았다고 하면

$ax-1=x+5$

이 방정식에 $x=2$를 대입하면

$2a-1=7$, $2a=8$ $\therefore a=4$

따라서 3을 4로 잘못 보았다.

12 x개월 후에 동생의 예금액이 누나의 예금액의 2배가 된다

고 하면

$10000+9000x=2(30000+4000x)$

$10000+9000x=60000+8000x$

$1000x=50000$ $\therefore x=50$

따라서 동생의 예금액이 누나의 예금액의 2배가 되는 것은

50개월 후이다.

13 철교의 길이를 x m라 하면 두 기차의 속력이 같으므로

$\dfrac{x+330}{30}=\dfrac{x+120}{24}$

양변에 120을 곱하면 $4(x+330)=5(x+120)$

$4x+1320=5x+600$ $\therefore x=720$

따라서 철교의 길이는 720 m이다.

14 세 점 A, B, C를 좌표평면 위에 나

타내면 오른쪽 그림과 같으므로

(삼각형 ABC의 넓이)

$=$(사각형 DBEF의 넓이)

$\quad-\{$(삼각형 DBA의 넓이)

$\quad\quad+$(삼각형 CBE의 넓이)$+$(삼각형 ACF의 넓이)$\}$

$=6\times6-\left(\dfrac{1}{2}\times5\times6+\dfrac{1}{2}\times6\times2+\dfrac{1}{2}\times1\times4\right)$

$=36-(15+6+2)$

$=36-23=13$

15 점 $(ab,\ -a+b)$ 가 제3사분면 위의 점이므로

$ab<0$, $-a+b<0$

$ab<0$ 이므로 a와 b의 부호는 반대이고, $-a+b<0$ 이므로

$a>0$, $b<0$

따라서 $-b>0$, $a>0$ 이므로 점 $(-b,\ a)$ 는 제1사분면 위의

점이다.

16 물통의 윗부분은 폭이 좁고 일정하고, 아랫부분은 폭이 넓

고 일정하다.

따라서 물의 높이가 빠르고 일정하게 감소하다가 느리고

일정하게 감소하므로 그래프로 알맞은 것은 ④이다.

17 ⑤ $\left|-\dfrac{5}{2}\right|<|-3|$ 이므로 $y=-3x$ 의 그래프가 $y=-\dfrac{5}{2}x$

의 그래프보다 y축에 더 가깝다.

18 그래프가 원점을 지나는 직선이므로 $y=ax$로 놓는다.

이 그래프가 점 $(-3, 5)$를 지나므로 $y=ax$에 $x=-3$,

$y=5$를 대입하면

$5=-3a$ $\therefore a=-\dfrac{5}{3}$

따라서 $y=-\dfrac{5}{3}x$ 이므로 이 식에 주어진 각 점의 좌표를 대

입하면

① $10=-\dfrac{5}{3}\times(-6)$ ② $\dfrac{20}{3}=-\dfrac{5}{3}\times(-4)$

③ $\dfrac{5}{3}=-\dfrac{5}{3}\times(-1)$ ④ $-\dfrac{15}{2}\neq-\dfrac{5}{3}\times2$

⑤ $-15=-\dfrac{5}{3}\times9$

따라서 주어진 그래프 위의 점이 아닌 것은 ④이다.

19 두 호스 A, B로 8분 동안 채운 물의 양은 $80\,\mathrm{L}$이므로 1분

동안 채운 물의 양은 $\dfrac{80}{8}=10(\mathrm{L})$이다.

또 호스 A로 18분 동안 채운 물의 양은 $60\,\mathrm{L}$이므로 1분 동

안 채운 물의 양은 $\dfrac{60}{18}=\dfrac{10}{3}(\mathrm{L})$이다.

$\therefore$ (호스 B로 1분 동안 채운 물의 양)

$\quad=$(두 호스 A, B로 1분 동안 채운 물의 양)

$\qquad\qquad\quad-$(호스 A로 1분 동안 채운 물의 양)

$\quad=10-\dfrac{10}{3}=\dfrac{20}{3}(\mathrm{L})$

이때 호스 B로 x분 동안 채운 물의 양을 $y\,\mathrm{L}$라 하면

$y=\dfrac{20}{3}x$

물통을 가득 채우려면 $140\,\mathrm{L}$의 물을 채워야 하므로

$y=\dfrac{20}{3}x$에 $y=140$을 대입하면

$140=\dfrac{20}{3}x \qquad \therefore x=21$

따라서 호스 B만 사용하여 물통에 물을 가득 채우는 데 걸리는 시간은 21분이다.

20 점 P의 x좌표를 $k\,(k>0)$라 하면

$\mathrm{P}\!\left(k,\dfrac{a}{k}\right)$

직사각형 AOBP의 넓이가 16이므로

$k\times\dfrac{a}{k}=16 \qquad \therefore a=16$

따라서 $y=\dfrac{16}{x}$의 그래프 위의 점 중에서 x좌표와 y좌표가

모두 정수인 점은

$(-16,\,-1),\,(-8,\,-2),\,(-4,\,-4),\,(-2,\,-8),$

$(-1,\,-16),\,(1,\,16),\,(2,\,8),\,(4,\,4),\,(8,\,2),\,(16,\,1)$

의 10개이다.

21 어떤 다항식을 $\square$라 하면

$\square+\dfrac{1}{2}(2x-10)=6x-11$

$\therefore \square=6x-11-\dfrac{1}{2}(2x-10)$

$\qquad=6x-11-x+5$

$\qquad=5x-6 \qquad\qquad \cdots\cdots$ ①

따라서 바르게 계산한 식은

$5x-6-2(2x-10)=5x-6-4x+20$

$\qquad\qquad\qquad\quad=x+14 \qquad\qquad \cdots\cdots$ ②

단계	채점 기준	배점
①	어떤 다항식 구하기	3점
②	바르게 계산한 식 구하기	2점

22 $0.2x+0.3=3.3-0.4x$의 양변에 10을 곱하면

$2x+3=33-4x,\ 6x=30$

$\therefore x=5 \qquad\qquad\qquad\qquad \cdots\cdots$ ①

따라서 $\dfrac{x+3}{2}-a=\dfrac{2x-a}{3}$에 $x=5$를 대입하면

$4-a=\dfrac{10-a}{3},\ 12-3a=10-a$

$-2a=-2 \qquad \therefore a=1 \qquad\qquad \cdots\cdots$ ②

단계	채점 기준	배점
①	일차방정식 $0.2x+0.3=3.3-0.4x$의 해 구하기	2점
②	a의 값 구하기	3점

23 (1) (처음 수)$=10\times6+x=60+x$

$\quad$(바꾼 수)$=10\times x+6=10x+6$

(2) $10x+6=(60+x)+9$이므로

$\quad 10x+6=x+69$

$\quad 9x=63 \qquad \therefore x=7$

$\quad$따라서 처음 수는 67이다.

24 주인이 종업원보다 3분 동안 9개의 만두를 더 만들므로 1분 동안 3개의 만두를 더 만든다.

즉, 종업원이 1분 동안 만든 만두의 개수를 x라 하면 주인이 1분 동안 만든 만두의 개수는 $x+3$이다.

이때 주인이 10분, 종업원이 25분 동안 만든 만두의 개수가 같으므로

$25x=10(x+3) \qquad\qquad\qquad \cdots\cdots$ ①

$25x=10x+30,\ 15x=30$

$\therefore x=2 \qquad\qquad\qquad\qquad \cdots\cdots$ ②

따라서 두 사람이 1시간, 즉 60분 동안 만든 만두의 개수의 합은

$2\times60+(2+3)\times60=120+300=420 \qquad \cdots\cdots$ ③

단계	채점 기준	배점
①	방정식 세우기	2점
②	방정식의 해 구하기	1점
③	두 사람이 만든 만두의 개수의 합 구하기	2점

25 $y=-\dfrac{16}{x}$의 그래프가 점 $(b,\,-4)$를 지나므로

$y=-\dfrac{16}{x}$에 $x=b,\ y=-4$를 대입하면

$-4=-\dfrac{16}{b} \qquad \therefore b=4 \qquad\qquad \cdots\cdots$ ①

따라서 $y=ax$의 그래프가 점 $(4,\,-4)$를 지나므로

$y=ax$에 $x=4,\ y=-4$를 대입하면

$-4=4a \qquad \therefore a=-1 \qquad\qquad \cdots\cdots$ ②

$\therefore a+b=-1+4=3 \qquad\qquad\qquad \cdots\cdots$ ③

단계	채점 기준	배점
①	b의 값 구하기	2점
②	a의 값 구하기	2점
③	$a+b$의 값 구하기	1점

MEMO

visang

ON1Y
META

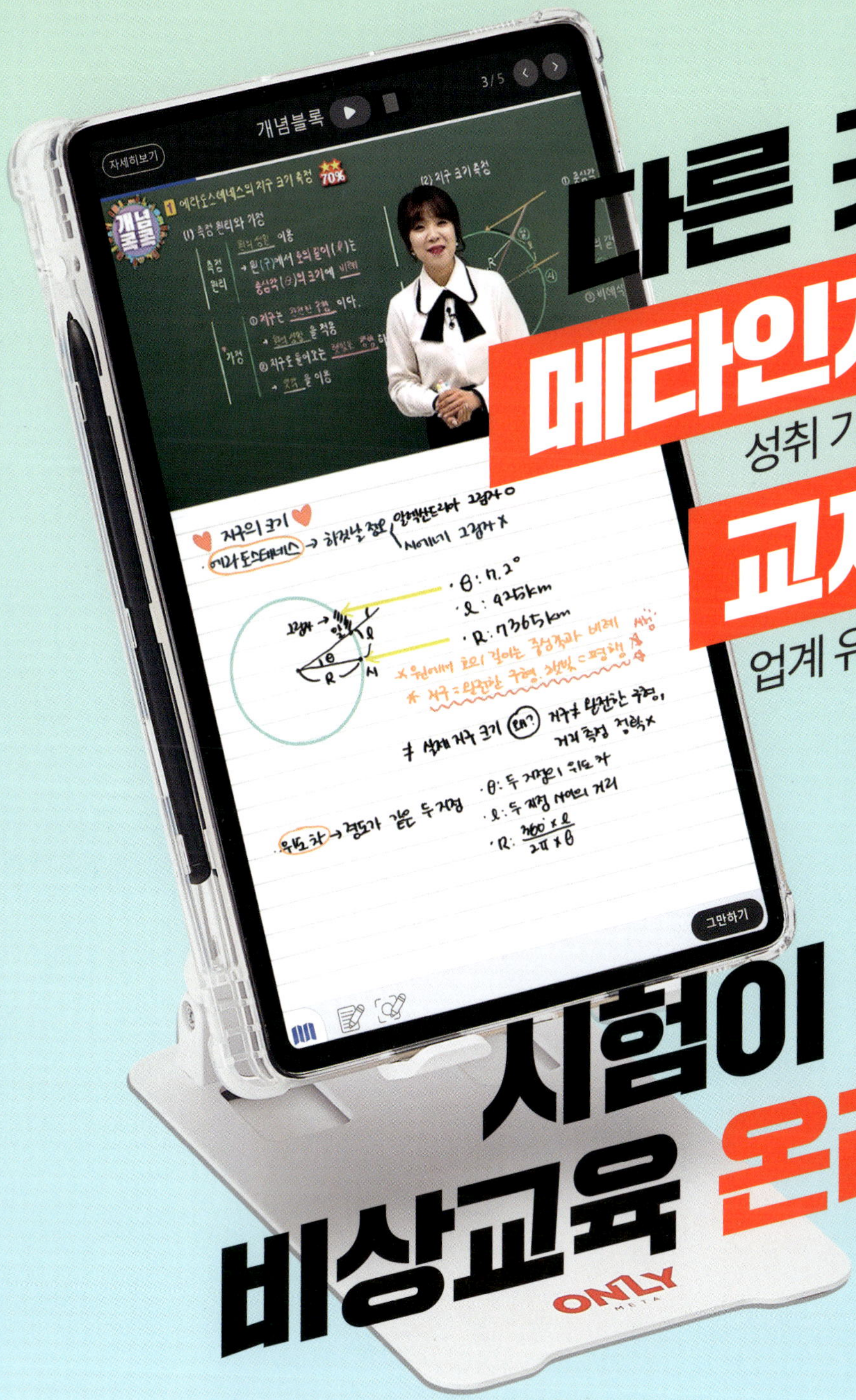

다른 곳엔 없는
메타인지 학습 과
성취 기반 AI메타보드·AI채움퀘스트
교재 강의 로
업계 유일한 비상교재, 쎈 강좌 보유
시험이 쉬워지는
비상교육 온리원 중등
ON1Y
META

0원 무제한 학습!
지금 신청하기

★★★ 10명 중 8명 내신 최상위권
★★★ 특목고 합격생 167% 달성
★★★ 1년 만에 2배 장학생 증가

※ 2023년 2학기 기말 기준, 전체 성적 장학생 중 모범, 으뜸, 우수상 수상자(평균 93점 이상) 비율 81.2% /
특목고 합격생 수 2022학년도 대비 2024학년도 167.4% / 21년 1학기 중간 ~ 22년 1학기 중간 누적 장학생 수(3,499) 대비
21년 1학기 중간 ~ 23년 1학기 중간 누적 장학생 수(6,888명) 비율

문의 1588-6563 | www.only1.co.kr

수학만 수학만의 알찬 구성으로 수학 100점에 도전합니다.